Research on the Interactive Mechanisms and Effects between Urbanization Process and CO_2 Emissions

城市化过程与CO_2排放的作用机理及效应研究

王少剑　编著

中山大學出版社
SUN YAT-SEN UNIVERSITY PRESS
·广州·

图书在版编目（CIP）数据

城市化过程与CO_2排放的作用机理及效应研究/王少剑编著．—广州：中山大学出版社，2020.12

ISBN 978-7-306-07018-0

Ⅰ．①城… Ⅱ．①王… Ⅲ．①城市化—二氧化碳—排气—研究—中国 Ⅳ．①X511

中国版本图书馆CIP数据核字（2020）第207738号

出 版 人：王天琪
策划编辑：曾育林
责任编辑：曾育林
封面设计：曾 斌
责任校对：梁嘉璐
责任技编：何雅涛
出版发行：中山大学出版社
电 话：编辑部 020-84111996，84113349，84111997，84110779
发行部 020-84111998，84111981，84111160
地 址：广州市新港西路135号
邮 编：510275 传 真：020-84036565
网 址：http://www.zsup.com.cn E-mail：zdcbs@mail.sysu.edu.cn
印 刷 者：广州市友盛彩印有限公司
规 格：787mm×1092mm 1/16 13.125印张 335千字
版次印次：2020年12月第1版 2020年12月第1次印刷
定 价：40.00元

前 言

由温室气体排放引起的全球气候变化是目前学术界和决策者面临的最具挑战性的科学问题之一。随着城镇化进程的快速推进，CO_2等温室气体排放不断增加，全球气候变暖和城市热岛效应日益成为城镇化健康发展的限制因素。当前国家大力发展低碳经济和推行新型城镇化发展，走可持续发展的新形势、新背景给理论研究提出了新的要求。此外，中国是CO_2排放大国，近年来不但面临着温室气体减排不同利益集团在政治外交上的博弈，也面临着维持国内经济平稳增长和资源环境承载力不足的巨大挑战，研究CO_2排放机理具有重要的实践意义。鉴于理论和实践的双重需要，迫切需要从多重角度综合解析城市化过程与CO_2排放的作用机理与效应。

针对国家大力发展低碳经济的政策背景，本书对城市化过程与CO_2排放作用机理进行了定量研究。通过理论分析和定量研究完成城市化过程与CO_2排放作用理论和方法体系的构建，以期为国家发展低碳经济和节能减排政策的制定提供理论和技术支撑。研究内容主要从以下六个方面展开：

第一，以理论分析为基础探讨城市化过程与CO_2排放的作用机理。以边际成本与收益曲线为基础定性分析城市化过程对CO_2排放的作用机理和CO_2排放对城市化过程的约束作用及二者之间的演化机制。总体来看，城市化进程中CO_2排放水平呈双指数曲线演化，也呈现出倒“U”型，而且其发展路径与城镇化过程基本吻合。

第二，揭示CO_2排放的多尺度时空格局及演变机理。在CO_2排放核算的基础上，基于多尺度（全国、区域和省区尺度）框架分析了CO_2排放的时空格局变化，揭示了其演变机理。在此基础上着重分析了CO_2排放的多尺度区域差异及差异贡献率，探求地理空间对区域差异尺度效应的影响作用。

第三，识别CO_2排放的影响因素和经济增长与CO_2排放的计量关系。本书首先从静态视角，基于生命周期、投入产出和地理加权回归分析了CO_2排放的影响因素；随后从动态视角，基于面板数据和STIRPAT模型探求了CO_2排放的影响因素；最后基于影响因素分析的结论（经济增长显著影响CO_2排放），着重分析了经济增长和能源消费与CO_2排放的计量关系。

第四，定量刻画城市形态和开发强度对CO_2排放的作用机理。本书借助遥感解译核算了城市形态相关指标，并创建城市开发强度综合指标体系，运用面板数据模型分析了城市形态对CO_2排放的作用机理，运用计量模型探测了城市开发强度对CO_2排放的作用机制。借助遥感影像和空间技术分析方法着重讨论城市形态与开发强度对CO_2排放的影响。

第五，核算CO_2排放绩效、减排潜力及其影响因素。本书首先基于DMSP/OLS夜间灯光数据模拟反演了全国343个地级城市单元的CO_2排放，分析其时空格局和排放类型转移；然后以中国20个城市群为研究单元，在核算CO_2排放强度和CO_2排放绩效的基础上分析城市群的减排潜力；最后基于面板模型分析CO_2排放绩效的影响因素，旨在为有效提高城市群节能减排效率和实现低碳城市化发展提供理论支撑和政策建议。

第六，模拟CO_2排放，选择最优发展模式。筛选重要变量，在科学分析的基础上，设置不同发展情景模拟未来CO_2排放，研究在哪种模式下，既能维持稳定的经济增长，又能有利于减缓CO_2排放。

通过对城市化过程与CO_2排放的作用机理与效应研究，本书认为未来我国应发展低碳城市和低碳经济，推行低碳发展模式，走新型城镇化和低碳城镇化道路，主要减排措施应从以下几个方面考虑：发展低碳经济和优化产业结构、改变城市形态和控制开发强度、发展低碳能源和提高CO_2排放绩效及倡导绿色消费和提高低碳意识等。

本书的主要创新点如下：

第一，运用GIS及空间计量分析方法定量揭示了城市化过程、城市形态、城市开发强度与CO_2排放的相互作用机理。

第二，利用DMSP/OLS夜间灯光数据核算了城市群地区的CO_2排

放绩效与减排潜力。

第三，通过情景模拟提出了不同 CO_2 排放情景下中国未来经济稳健发展和节能减排双约束的最优发展模式。

本书是笔者在博士学位论文的基础上修改而成的，衷心感谢导师方创琳研究员的悉心指导。由于笔者的水平有限，书中可能存在不足之处，敬请各位领域内的专家学者和读者批评指正！

王少剑

目　　录

1 导 论

1.1 问题提出

气候变化问题，已不仅是科学问题，同时上升为全球性的政治、经济、能源和环境问题（张征华等，2013）。政府间气候变化专门委员会（Intergovernmental Panel on Climate Change，IPCC）第四次评估报告认为，过去50年全球平均气温升高，90%以上与人类燃烧化石燃料排放的温室气体有关（IPCC，2007）。而CO_2作为重要的温室气体之一，气候变暖至少66%以上与人类活动排放的CO_2有关（IPCC，2007）。近年来，由于全球经济的快速发展，工业化和城市化进程快速推进，全球CO_2排放总量持续增加，由CO_2排放带来的全球环境问题日益引起国际社会的广泛关注。为了适应和减少气候变化效应，全球都在积极探索节能减排方案，旨在降低CO_2排放水平。1988年11月，政府间气候变化专门委员会（IPCC）成立；1995年《联合国气候变化框架公约》生效；1997年《京都议定书》正式通过，这些机构的成立和法律文件的签署是为了保护人类未来不再受全球变暖的危害。中国作为最大的发展中国家现已成为CO_2排放大国，为了履行节能减排责任，中国于2005年签署了《京都议定书》。同时，中国政府在“十一五”规划中提出，到2010年全国各省的单位GDP能耗（能源强度）平均降低20%。另外，在2009年哥本哈根气候变化大会上，中国承诺，到2020年，单位GDP的CO_2排放总量（CO_2排放强度）要比2005年下降40%～45%。在《中美气候变化联合声明》中，中国政府宣布计划在2030年左右实现CO_2排放峰值，明确了应对气候变化低碳发展的战略方向，也给节能减排提出了新的挑战。一系列减排目标表明，中国政府将同世界各有关国家一起，为减缓全球气候变化的进程发挥重要的作用。因此，有必要对城市化过程与CO_2排放相关的研究进行系统梳理和总结，并应用于未来城市化过程与CO_2排放协调发展中。

18世纪中期开始，欧美迎来了城市发展史上一个崭新的时期。在工业革命的浪潮中，城市发展之快、变化之巨，超过了以往任何时期。工业化带动城市化，是近代世界城市化的一个重要特点。欧美国家城市数目激增，城市规模快速增长，英国在1990年城镇人口达到了75%，成为世界上第一个城市化国家。近

代世界城市化的又一特点是亚非国家城市化的兴起，出现了由封建城市体系向封建城市和近代城市并存的二元结构转化。世界城市体系的出现，是近代世界城市化的第三个特点。1950 年，世界城市化水平上升到 29.2%。第二次世界大战之后，城市化开始形成世界规模。从 20 世纪 50 年代到 70 年代初期，资本主义国家经济增长较快，殖民地和半殖民地国家取得了政治上的独立之后，经济也有了一定的发展，这些都大大加快了世界城市化的进程。发展中国家已构成当今世界城市化的主体。2011 年，世界城市化水平达到了 52%，世界超过一半以上的人口居住在城市（国家统计局，2013）。然而，在全球快速城市化进程中，经济快速发展导致化石燃料（煤炭、石油等）消耗不断增长和森林植被被大量破坏和人为排放的温室气体不断增长。温室气体吸收长波辐射再反射回地球，从而减少向外层空间的能量净排放，大气层和地球表面将变得热起来，这就是“温室效应”。在温室气体中，CO_2 起重要作用，其次是氯氟烃（CFC）、甲烷（CH_4）和氮氧化物（NO_x）（表 1－1）。大气中的 CO_2 排放总量逐步上升，已经从 1959 年的 315.98×10^{-6}上升到 2013 年的 396.52×10^{-6}（图 1－1）。而全球气候变化问题是当前全球面临的最具挑战性问题之一，并越来越受到社会各界包括政策决策者的广泛关注（樊杰，2011；戴钰等，2013）。与天气和气候有关的灾害给人类生命财产造成的损失日益增大，社会与生态系统似乎变得日益脆弱。对主要国家或地区的几十年乃至近百年的观测资料显示气候变化的总体趋势为：温度增加、降水增多和极端天气频繁发生等（雷 Wen 等，2003）。而温室气体排放及由其引发的全球气候变暖是全球气候变化的一个重要方面，同时也会导致一系列自然和社会问题，如全球气温上升会导致极地冰川融化、海平面上升等问题。在新的形势下，城市化将会是创造世界经济增长的新引擎，所以伴随着新一轮城市化浪潮的出现，城市化过程与 CO_2 排放的关系开始引起实业界与学术界的关注。在这一背景下研究城市化过程与 CO_2 排放效应问题对未来实现低碳城市化和低碳经济发展显得非常有必要。

表 1－1　主要温室气体及种类

气体	大气中浓度/10^{-6}	年增长率/%	生存期/年	温室效应（$CO_2=1$）	现有贡献率/%	主要来源
CO_2	355	0.40	50～200	1	55	煤、石油、天然气、森林砍伐
CFC	0.00085	2.20	50～102	3400～15000	24	发泡剂、气溶胶、制冷剂、清洁剂
CH_4	1.714	0.80	12～17	11	15	湿地、稻田、化石、燃料、牲畜
NO_x	0.31	0.25	120	270	6	化石燃料、化肥、森林砍伐

资料来源：Global Environment Facility（1998）；CFC 表示氯氟烃，NO_x 表示氮氧化物。

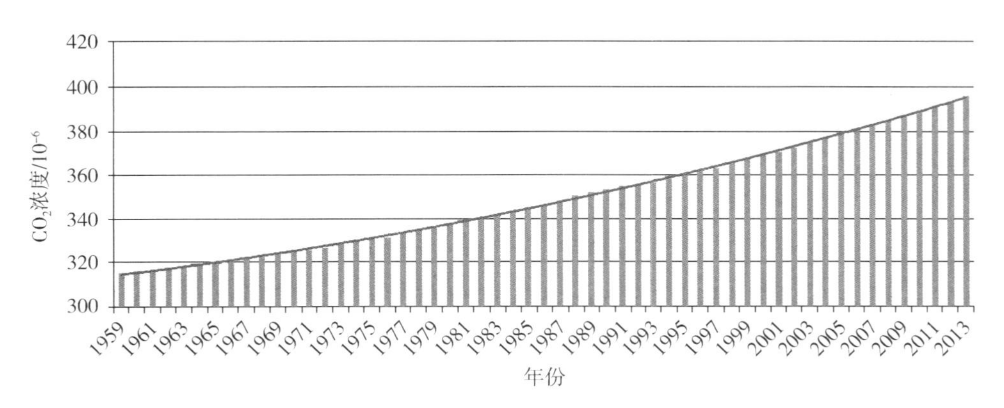

图 1－1 大气中 CO_2 含量变化（1959—2013 年）

资料来源：Scripps CO_2 Program（2013）（http：//scrippsco2. ucsd. edu/data/atmospheric_co2/）。

中国的城市化发展正在对经济全球化时代的中国与世界产生深远的影响（方创琳，2009）。美国经济学家、诺贝尔经济学奖获得者斯蒂格利茨（Joseph Stiglitz）早在 2000 年就指出："影响 21 世纪人类社会进程最深刻的两件事情，第一是以美国为首的新技术革命，第二是中国的城市化。"（国家统计课题组，2002）在未来城市化快速发展的几十年中，将有超过发达国家劳动力总数的乡村劳动力转移到城镇，并从低生产力水平转向高生产力水平，这是对人类社会进程的一个巨大促进。中国的城市化不仅决定着中国的未来，同时也决定着世界的城市化发展进程（方创琳，2009）。

资源短缺是中国城市化快速发展的瓶颈。快速城市化来源于对能源资源、土地资源和水资源等的需求和消费，势必对生态环境造成一定的压力。同时，中国的资源环境对城市化的约束将直接影响中国城市化的速度与质量。众所周知，资源环境保障（能源安全）程度高则国安，反之国家城市化的安全将受到威胁（方创琳，2009）。其中，能源资源保障和城市化健康可持续发展关系密切。随着国际气候博弈的加剧和我国改革开放的继续深入，以及我国工业化和城镇化的快速发展，能源消费增长中不平衡、不协调、不可持续问题十分突出，尤其是对煤炭能源的依赖，给社会经济发展带来能源利用效率低、经济效益差、产品缺乏竞争力、破坏生态环境等一系列问题，我国能源结构面临严峻挑战。以能源消费和城市化的关系为例，1980—2011 年城市化率与能源消费的变化情况如图 1－2 所示。

从图 1－2 来看，城市化水平从 1980 年的 19.39% 持续增长到 2011 年的 51.37%，年平均增长率为 1.03%，然而，这一增长过程大致可以分为两个阶段：第一阶段是 1980—1995 年，城市化率在 1980 年只有 19.39%；1980—1995 年的平均增长率也只有 0.64%，明显低于 1.03%，这一阶段是改革开放以来城市化

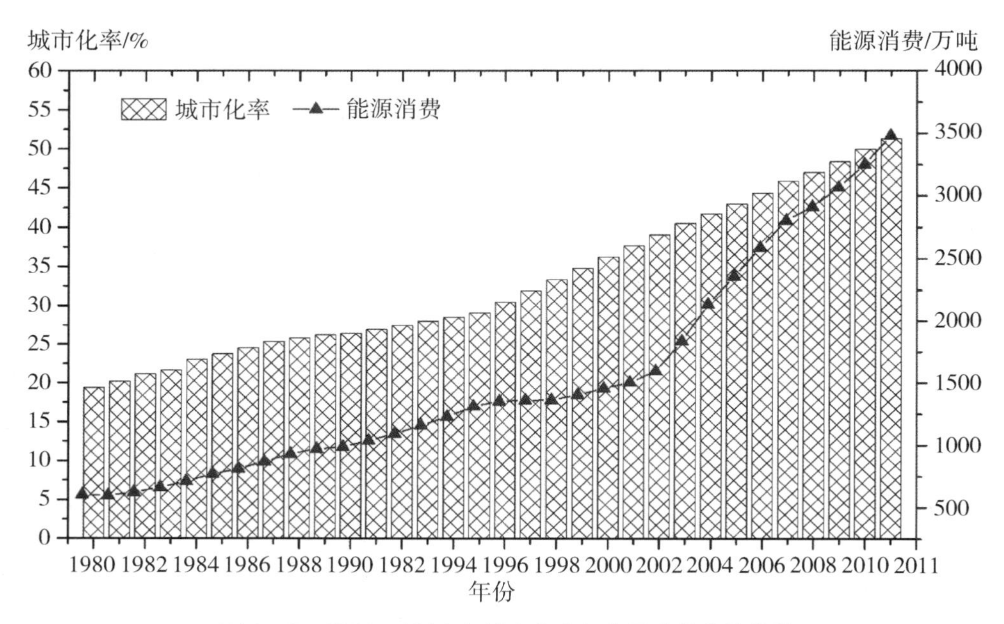

图1-2　1980—2011年城市化率与能源消费变化趋势

水平的缓慢增长阶段。第二阶段是1996—2011年，这一阶段的平均增长率接近1.39%，明显高于1.03%，属于城市化水平的快速增长阶段。城市化的发展离不开能源消费，快速的城市化过程促使能源消费急剧增长，同时期能源消费从60275万吨标准煤增加到348002万吨标准煤，2000年以前能源消费增长平稳，但进入21世纪以来，能源消费急剧增长。从图1-2中可以看出，城市化水平主要分布于25%～40%，集中分布于30%左右；而能源消费主要布局于98000万吨标准煤至200000万吨标准煤之间，集中分布于140000万吨标准煤左右。总的来看，城市化发展对资源环境的依赖性很大，然而资源量是有限的，所以快速城市化进程中势必会衍生出一系列资源环境剥夺问题和资源环境保障问题，解决这些问题的关键就是要以我国资源与生态环境保障程度为前提与约束条件，使城市化进程与新型工业化道路同步，与资源环境承载能力相适应，与全面建设小康社会目标相一致（方创琳，2009）。在新形式下，城市化速度依然快速推进，然而城市化与资源环境之间客观上存在着极其复杂的交互耦合关系，如何实现城市化与资源环境（能源）协调发展将是世界经济社会发展的核心议题，也是近年来国内外研究的热点命题。

1.2 相关文献述评

城市化过程与 CO_2 排放研究涉及城市化过程与 CO_2 排放的作用机理、CO_2 排放的核算、CO_2 排放的影响因素、CO_2 排放绩效、CO_2 排放预测等方面，既是一个综合性的跨学科研究课题，又是一个兼具复杂性和现实性的研究热点。因此，城市化过程与 CO_2 排放效应研究既要总结和提炼以前的研究成果，又要以全新的理念来把握最新进展。因此，本书从城市化过程与 CO_2 排放的相关基础理论入手，对已有的理论进行了梳理；继而从 CO_2 排放估算方法、CO_2 排放强度、CO_2 排放绩效、CO_2 排放影响因素、CO_2 排放模拟和预测等方面对研究进展进行了系统总结和梳理；最后基于多学科视角，对目前有关城市化过程与 CO_2 排放研究中存在的问题及解决路径进行了总结，并对未来提出了研究展望。

1.2.1 CO_2 排放估算方法述评

挪威奥斯陆国际气候与环境研究中心（Center for International Climate and Environmental Research - Oslo，CICERO）和英国廷德尔气候变化研究中心（Tyndall Centre for Climate Change Research）等机构的研究指出，目前所产生的人为 CO_2 排放主要来自化石燃料燃烧、工业生产（水泥生产）、森林砍伐以及其他土地利用变化。近年来，人为 CO_2 排放总量持续增加，而城市是人为 CO_2 排放的主要来源地，据估计，城市地区消费了世界 67% 的能源和排放了全球 71% 的 CO_2（IEA，2008）。其排放量中的一半留在大气中，其余的被海洋和陆地吸收。为减少 CO_2 排放，低碳发展已迫在眉睫，图 1 - 3 是低碳经济系统碳循环与碳平衡分析示意图。为了研究 CO_2 排放，首要条件是估算 CO_2 排放总量。因此，本节针对目前比较主流的能源消费 CO_2 排放估算方法进行了梳理，包括 CO_2 排放清单估算方法、生命周期法和投入产出法。

1.2.1.1 CO_2 排放清单估算方法

结合 IPCC 清单方法和能源统计年鉴及相关统计年鉴，对能源消费所产生的 CO_2 排放估算，通常利用 IPCC 和相关国家部门及相关学术研究成果提供的各种能源燃烧的 CO_2 排放系数乘以相应的能源燃烧量而得出的，能源消费 CO_2 排放清单估算方法大体可分为 3 类（高树婷等，1994；汪刚等，2006；何介南等，2008；刘竹等，2011；Du et al，2012；武红等，2013；Wang，Wu et al，2013）。一是分部门计算的一般方法。该算法结合自下而上模式，基于分部门统计不同行

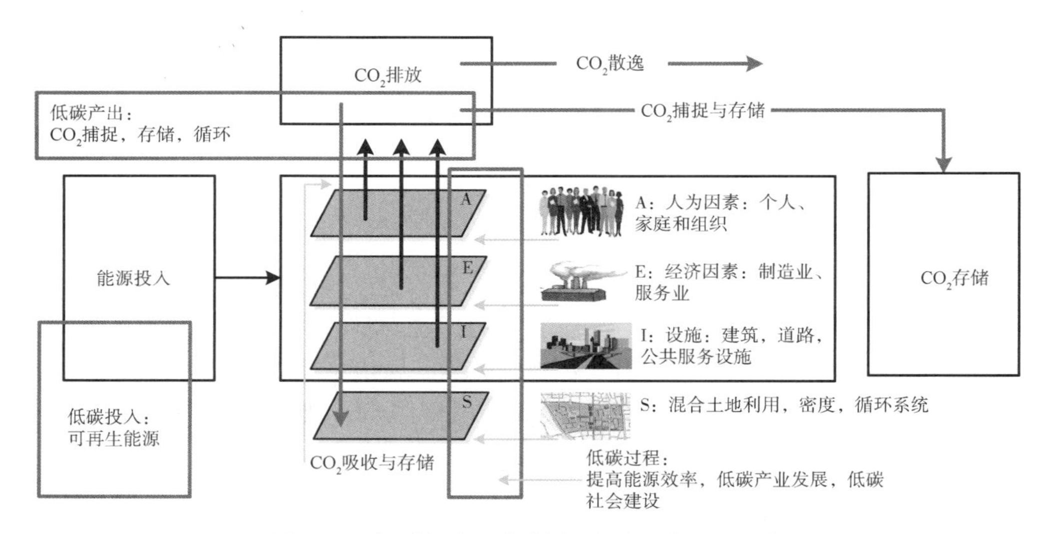

图1－3 低碳经济系统碳循环与碳平衡分析示意

资料来源：秦波等，2013。

业的各种能源消费量，尽可能消除非燃烧能源而带来的CO_2排放。二是分部门计算的实际方法。该方法估算原理与一般方法类似，不同之处为：一般方法采用IPCC默认的排放因子，而实际方法采用的是根据区域和行业特性而得到的排放因子，其理论上更具准确性，但由于测度的外部性和复杂性有可能对估算结果造成一定的不确定性。三是基于能源表现消费量的参考方法。这种算法采用自上而下模式，应用官方能源统计数据估算能源消费CO_2排放总量，这种方法对数据要求简单，在宏观尺度上估算还可消除由于统计口径而带来的差异性，其不足之处在于估算之前预先假设能源燃烧效率相同，从而增加了重复计算的可能性。

考虑到能源消费统计数据的可得性，目前大部分研究都是参照能源表消费量的参考方法（刘竹等，2011；赵荣钦等，2012）。CO_2排放因子的获取通常可采用IPCC的缺省值，但也可以根据具体情况参考其他科研单位的研究成果，其获取途径如表1－2所示。

表1－2 CO_2排放因子数值获取来源

文献类别	来源	说明
IPCC报告指南	IPCC网站	提供一般性的缺省因子
IPCC排放因子数据库	IPCC网站	提供一般性缺省因子和各国实践数据
国际能源署（International Energy Agency，IEA）	国家能源署网站	提供有用的缺省值或可用于对比检验

续上表

文献类别	来源	说明
美国能源情报署（Energy Information Administration，EIA）	美国能源情报署网站	提供有用的缺省值或可用于对比检验
EMEP/CORINAIR 排放清单指导手册	欧洲环境机构（European Environment Agency，EEA）网站	提供有用的缺省值或可用于对比检验
国家发展和改革委员会能源研究所国家气候变化对策协调办公室（针对中国）	国家发展和改革委员会网站	提供中国一般性缺省因子
国内外著名期刊	图书馆、期刊、Web of Knowledge 网站等	有针对性因子，但可得性和时效性较差
其他数据	大学等研究机构	需要检验数据的标准性和代表性

1.2.1.2 生命周期估算方法

生命周期评价（也称“生命周期分析”“生态平衡”“摇篮到坟墓分析”）是一种评价产品整个生命周期对环境影响的方法。产品生命周期通常包括原料加工、制造、流通、使用、维修和保养，以及处置或回收等阶段。CO_2 排放通常是指自然界（如自然碳源）及人类活动（如社会经济碳源）所排放的 CO_2 量。学者们研究中比较关注人为因素引起的 CO_2 排放水平的变化。与人类生产活动相关的 CO_2 排放在某种程度上可以分为个人 CO_2 排放、产品 CO_2 排放、企业 CO_2 排放、区域 CO_2 排放 4 个层面（Brown et al，2009；Kenny et al，2009；Piecyk et al，2010；石敏俊等，2012）。生命周期法（包括自上而下模式和自下而上模式）被运用到 CO_2 排放的估算中，通常测度的是单一产品或企业产品（产品 CO_2 排放和非生产性活动 CO_2 排放）和区域 CO_2 排放从“摇篮到坟墓”的整个生命周期中因燃料使用以及制造和运输过程中产生的 CO_2 排放。同时，生命周期法的企业 CO_2 排放通常涉及公司、物流运输企业、基于物质流分析的碳会计核算体系和水泥企业的生命周期评价等，旨在建立全面的估算体系，系统评估生命周期的每个环节，进而约束自身排放行为，达到减排的目的（Rawski，2001；Shui et al，2000；Munoz et al，2010）。生命周期法的使用通常需要与投入产出方法相结合。

1.2.1.3 投入产出估算方法

投入产出分析是研究经济系统中各个部分之间在投入与产出方面相互依存的经济数量的分析方法。为了研究经济中出现的问题，20 世纪 50 年代初，西方国家大多开始编制投入产出表并研究投入与产出间的关系（孙建卫等，2010）。随着经济的快速发展，全球气候变暖已成为世界经济增长背后的一大隐忧（Liu et al，2013）。近年来，伴随着 CO_2 排放总量持续升高，有关 CO_2 排放的研究已经

成为学术界关注的一个重要领域（唐志鹏等，2009；Wang et al，2014b）。而环境投入产出分析法逐步成为估算温室气体的有效方法（Leontief，1951，1986；Miller et al，2009）。投入产出分析从部门之间的投入产出关系出发，将产业间的密切关系联系在一起，通过列昂惕夫（Leontief）逆矩阵，计算出最终需求诱发的所有产业部门的直接和间接CO_2排放（石敏俊等，2012）。CO_2排放是以生命周期评价方法和投入产出分析为基础，测算最终需求所诱发的生命周期CO_2排放（石敏俊等，2012）。投入产出分析结合生命周期评价，是当前分析测算CO_2排放的主要方法。计算CO_2排放总量的投入产出表的基本形式如表1－3所示。

表1－3　投入产出表基本形式

<table>
<tr><td colspan="2" rowspan="2">基本形式</td><td>中间产品</td><td>最终需求</td><td>总产出</td></tr>
<tr><td>1，2，…，n</td><td></td><td></td></tr>
<tr><td>中间投入</td><td>1
2
⋮
n</td><td>中间产品流量</td><td>最终产品</td><td>总产品</td></tr>
<tr><td colspan="2">最初投入</td><td>最初投入</td><td rowspan="2"></td><td rowspan="2"></td></tr>
<tr><td colspan="2">总产出</td><td>总产出</td></tr>
<tr><td>能源投入</td><td>1
2
⋮
m</td><td>各部门各类能源投入量</td><td>最终需求领域的各类能源投入量</td><td>能源投入总量</td></tr>
<tr><td>CO_2排放</td><td>1
2
⋮
k</td><td>各部门CO_2排放总量</td><td>最终需求领域的各类CO_2排放总量</td><td>CO_2排放总量</td></tr>
</table>

1.2.2　CO_2排放强度述评

CO_2排放强度是指单位GDP的CO_2排放总量。从CO_2排放强度的定义来看，其指标值随着技术进步和经济增长而下降。CO_2排放强度的高低一般情况下取决于化石能源的CO_2排放系数、化石能源的结构、化石能源在能源消费总量中的比例、能源强度以及技术进步、经济增长、经济结构变化、农村工业化和城市化进程等，但CO_2排放强度的高低并不表明效率高低。例如，发展中国家的CO_2排

放强度一般较高，但其效率并不高。需要注意的是，CO_2 排放强度随着时间而下降，因为在这一过程中，经济是不断增长的，技术是不断进步的。

当前，国内外关于能源 CO_2 排放强度的研究主要集中在强度测度、空间分异特征及其影响因素等方面。前者如 Greening 等（1998）以 10 个 OECD 国家为例，测算了 1971—1991 年制造业部门 CO_2 排放强度并比较了国家间 CO_2 排放强度的变化；赵荣钦等（2010）采用 2007 年中国各省区不同产业的各种能源消费等数据，通过构建能源消费 CO_2 排放和碳足迹模型对各省区不同产业空间 CO_2 排放强度和碳足迹进行了对比分析，得出了各地区碳足迹差异明显，不少省份甚至存在生态盈余的结论；赵雲泰等（2011）采用泰尔指数和空间自相关方法，研究了 1997—2010 年中国多尺度 CO_2 排放强度特征及空间差异；Cheng et al（2014）测度了 1997—2010 年中国的 CO_2 排放强度变化。后者如王伟林等（2008）通过分解模型从横向和纵向两个方面分析影响江苏省 CO_2 排放强度变化的因素；刘广为等（2012）对 CO_2 排放强度影响因素进行了动态冲击效应分析，结果显示能源结构对 CO_2 排放强度的冲击效应最弱，能源强度稍强，第三产业比重效果最为显著；李健等（2012）基于灰色关联分析方法分析了 CO_2 排放强度与三次产业间的关联性，得出第二产业是影响地区 CO_2 排放强度的主要因素、第三产业对地区 CO_2 排放强度的降低效应并不明显和第一产业对 CO_2 排放强度的影响最小的结论。

以上关于 CO_2 排放强度空间格局演变及其影响因素的研究多基于计量经济学的视角，将研究单元等同均一化，分析 CO_2 排放强度的时空变化格局。实际上，空间单元并不是独立的，而是往往表现出显著的空间依赖。从地理学和空间相互作用关系出发，现有研究缺乏对 CO_2 排放强度空间异质性的探讨，同时也缺乏对影响因素空间相互作用关系的分析；未来的研究可以更多地考虑地理因素和空间权重，更多地借用地理学典型的空间分析方法来丰富现有关于 CO_2 排放强度的研究。

1.2.3 CO_2 排放绩效述评

CO_2 排放绩效作为环境绩效评价的一种，已成为研究减缓和适应全球变化的热点领域（刘明磊等，2011）。从已有研究成果来看，学者们从各自不同的研究视角出发，根据不同研究范围、不同研究时段和不同方法体系，形成了一些指标来评价 CO_2 排放绩效。从单要素指标来看，其发展历程大致经历了以下几个阶段：20 世纪 90 年代，由于《京都议定书》的制定和实施，以国家为单元进行排放量计算的指标（国别指标）最早开始应用，此后又逐步形成其他一些指标（王群伟等，2010），如 CO_2 排放总量（Wang et al，2005；Stern，2007；World

Bank，2010）、人均CO_2排放量（Stretesky et al，2009；Jobert et al，2010）、碳指数（Mielnik et al，1999）、能源强度（Ang，1999）、CO_2排放强度（Sun，2005）、CO_2生产率（Beinhocker et al，2008；潘家华等，2011）、工业累计人均CO_2排放量及人均单位 GDP 排放量（Zhang et al，2008）。表 1－4 系统总结了有关评价CO_2排放绩效的单要素指标。

表 1－4　评价CO_2排放绩效的单要素指标及其应用

指标	定义	作者和国家（地区）
CO_2排放总量	CO_2排放总量	Wang et al（2005）、中国；Stern（2007）、全球
人均CO_2排放量	CO_2排放/人口数量	Stretesky et al（2009）、169 个国家；Jobert et al（2010）、欧盟 22 个国家
碳指数	CO_2排放/能源消费	Mielnik（1999）、发展中国家
能源强度	能源消费/GDP	Ang（1999）、全球
CO_2排放强度	CO_2排放/GDP	Sun（2005）、全球；Greening et al，（1998）、OCED 成员国；Fan et al（2007）、中国
CO_2生产率	GDP/CO_2排放	Beinhocker et al（2008）、全球；潘家华等（2011）、中国
工业累计人均CO_2排放量	工业CO_2排放总量/人口数量	Zhang et al（2008）、中国

总的来说，以上所列指标都具有单要素特征，其中多数都是以CO_2排放总量与其他要素的比率来表示（王群伟等，2010）。单要素指标在测算和理解上相对比较容易，但CO_2排放绩效实质上是一种投入产出效率，它是经济发展过程、能源资本和劳动力投入、经济产出等诸要素共同作用的结果，在测度过程中要突出其“全要素”特点，必须考虑CO_2生产过程中相关要素投入产出的指标才更为合理（Ramanathan，2005；王群伟等，2010）。基于全要素和要素替代的思想，在环境生产过程中，资本、劳动力和能源作为投入要素形成国内生产总值一种期望产出和CO_2一种非期望产出，从而可以更加全面地评估CO_2排放绩效。在评价方法方面，数据包络分析（DEA）（Zaim et al，2000；Zofio et al，2001；Zhou et al，2006，2008）、环境生产技术（Wang et al，2013）、方向距离函数（Wang et al，2013）和 Mailmquist 指数法（王群伟等，2010）逐步成为主流分析方程。CO_2减排成本方面的研究大致可以分为两个方面：一是利用统计法，在碳减排政策实施后，对其成本进行统计分析，获取相关资料，从而达到估算不同政策措施的减排成本，以促进减排措施的进一步优化（Isaksson，2005；Becker，2005；刘

明磊等，2011）；二是在措施实施前进行评估，利用不同计量经济模型，如 LEAP 模型（Islas et al，2008）、CGE 模型（Klepper et al，2006）、MARKAL-MACRO 模型（高鹏飞等，2004）、多目标规划模型（Soloveitchik，2002；范英等，2010）和影子价格（刘明磊等，2011）等，研究不同模型和情景下的减排成本问题。此外，在 CO_2 排放绩效影响因素方面，不少学者仍热衷于从环境绩效评价出发，通过借鉴环境库兹涅茨曲线假设，从不同的视角分析经济社会发展要素与 CO_2 排放绩效是否存在倒"U"型曲线或线性关系。另外一些研究则多利用指数分解法（IDA）和结构分解分析法（SDA），从能源结构、能源强度、对外开放度、所有制结构和产业结构变化等多个方面分析对 CO_2 排放绩效的影响（Fan et al，2007；Zhang et al，2009；王群伟等，2010）。

综观国内外的研究现状发现，关于 CO_2 排放绩效的评价多为单要素和静态的，研究经历了从某一时间点的静态关系测度到不同时间点、具有"时间"序列的动态关系测度的发展历程。且大多数研究 CO_2 排放绩效的文献主要反映在国家尺度的横向对比或以单个国家为例，同时所得出的绩效值适合于国家尺度地区间的横向比较而不利于时间维度的纵向对比，而对"省级尺度"的研究不足，对国家内部由不同等级、不同规模城镇组成的省域和城市尺度的 CO_2 排放绩效的研究较少。有关 CO_2 排放绩效影响因素的识别与测度注重绩效与某一具体要素关系的检验，而基于指标特点从效率变化、技术进步角度的分析较少，也缺乏多要素共同作用的综合分析（王群伟等，2010）。

1.2.4 CO_2 排放影响因素述评

大部分研究表明，经济增长与科技进步是影响 CO_2 排放最重要的因素。基于 1960—1990 年 149 个国家的数据分析，Shafik 等（1992）证实了 CO_2 排放和人均收入之间存在正相关关系。Hatzigeorgiou 等（2011）分析了 1977—2007 年希腊主要经济部门的数据，发现经济增长和能源强度是影响 CO_2 排放的主要因素。郑长德等（2011）以中国各省份为例，发现 CO_2 排放在空间分布上表现出一定的空间正相关性。冯相昭等（2008）利用修改后的 Kaya 恒等式，对 1971—2005 年中国的 CO_2 排放进行了分解，结果表明经济增长和 CO_2 排放之间存在正相关关系。Li 等（2011）发现经济增长与 CO_2 排放之间存在倒"U"型曲线关系。Wang 等（2005）借助 LMDI 模型分析了 1975—2000 年中国的 CO_2 排放数据，发现能源强度即技术进步能降低 CO_2 排放，而经济增长则会增加 CO_2 排放。武红等（2013）以中国化石能源消费 CO_2 排放和经济增长为研究对象，得出高 CO_2 排放推动了经济增长，而经济增长并未导致明显的 CO_2 排放增加的结论。Wang、Wu 等（2013）以广东为例，通过扩展的 STIRPAT 模型，发现 CO_2 排放与经济增长、用全标、服务业比例具有正相关关系，而与对外贸易额、能源结构、技术进步呈负

相关关系。Siddiqi（2000）、徐国泉等（2006）、田立新等（2011）和霍金炜等（2012）也发现经济发展和科技进步是影响CO_2排放最重要的因素。

人口、城市化和其他社会因素对CO_2排放的增加也有明显的作用。Knapp等（1996）利用Gragner因果关系得出全球人口和CO_2排放之间不存在长期因果关系，但人口增长是影响CO_2排放的一个因素。Inmaculada等（2011）通过对发展中国家的实证研究发现，城市化水平与CO_2排放之间存在倒“U”型曲线关系。Phetkeo等（2010）也发现了类似的结果。然而，Zhu等（2012）对中国的研究发现，城市化和CO_2排放之间并不存在倒“U”型关系，而是存在非线性关系。关海玲等（2013）发现中国城市化水平与CO_2排放总量之间存在长期稳定的均衡关系。Salvador等（2008）利用Lotka－Volterra模型分别讨论了人口、GDP、能源消费和CO_2排放之间的关系，结果发现人口是CO_2排放最主要的驱动力，同时人口结构对CO_2排放也有一定的影响。孙昌龙等（2013）测度了城市化与CO_2排放的关系，发现不同城市化阶段二者之间的关系有所差别。Zha等（2010）利用指标分解方法发现，在中国城市和乡村地区，人口因素促进城市地区的CO_2排放却抑制乡村地区的CO_2排放。魏一鸣等（2008）借助STIRPAT模型分析了影响CO_2排放的因素，发现人口，特别是年龄在15～64岁之间的人口对CO_2排放有重要影响；同时还利用LMDI分解了CO_2排放，发现人口的重要性仅次于人均GDP。还有其他一些影响CO_2排放的因素被检测。Wang等（2012）检测了能源消费结构对CO_2排放的影响。Jayanthakumaran等（2012）测度了贸易开放度对CO_2排放的影响。Wang、Wu等（2013）检测了产业结构对CO_2排放的影响。Li等（2011）认为，当前的CO_2排放总量取决于过去时段的排放量（排放惯性）。Paul等（2009）发现，美国人均CO_2排放量与其出口量有显著关系。

总的来看，可将CO_2排放的影响因素总结为技术因素、结构因素和规模因素3个一级因素，具体包括经济规模、人口规模（城市化水平）、产业结构、能源消费结构、能源强度、CO_2排放强度6个二级因素。同时，研究发现技术因素、结构因素与CO_2排放呈负相关关系，这说明未来只有加快科技进步、优化能源和产业结构才能抵消由于经济规模和人口规模带来的正效应。总体而言，大部分研究倾向于分析影响CO_2排放的宏观机理，且大量研究是以全球和国家宏观尺度为例，以国家内部省级尺度和城市尺度面板数据为例的研究比较缺乏。众所周知，影响CO_2排放的主导因素可能在不同尺度上有所差异，未来的研究亟须加强多尺度对比研究。

1.2.5　CO_2排放模拟和预测方法述评

从方法上来看，现有的关于CO_2排放模拟和预测的方法主要可以分为4类：

1.2.5.1 指标分解模拟方法

比较有代表性的是 Kaya 恒等式，将 CO_2 排放分解为人口规模、人均 GDP、能源强度、基于能源消费的碳强度（Ang et al，1997；Zhang，2000；He et al，2005；Wang et al，2005；Wu et al，2005）。其次是 IPAT 环境影响评价模型以及其改进形式 STIRPAT 模型，将 CO_2 排放影响因素分解为人口、富裕程度和技术等因素（Fan et al，2007；Liu et al，2007；Feng et al，2009；Zhang et al，2009）。指标分解方法主要运用于国家尺度 CO_2 排放预测，根据分解公式和指标体系，对 CO_2 排放进行指标分解，几乎所有的分解方法都得出能源强度和经济增长分别会降低和提高 CO_2 排放的结论，而经济结构、排放系数和燃料转化的作用相对较小，并基于分解结果对未来 CO_2 排放趋势进行模拟。

1.2.5.2 自下而上分析方法

基于分部门数据，自下而上分析方法以历史（1 年）数据为基础，根据情景模拟预测未来的 CO_2 排放。基于此方法，He 等（2005）和 Wang 等（2007）预测了中国道路交通部门的能源消费和 CO_2 排放。Wang 等（2007）和 Cai 等（2007）分析了钢铁工业和电力工业能源消费和 CO_2 排放，发现在未来 10 年中，能源需求和 CO_2 排放将会持续增加，但减排潜力巨大。

1.2.5.3 系统优化模型

美国能源情报署（EIA）和国际能源署（IEA）分别基于世界能源投影系统（World Energy Projection System）和世界能源模型（World Energy Model），每年发布能源市场前景预测。国家发展和改革委员会国家能源研究所基于综合政策评估模型（Integrated Policy Assessment Model）已经发布了一系列关于中国能源需求和 CO_2 排放的预测（ERI，2009；Jiang et al，2006）。另外，李志鹏（2011）利用系统动力学模型预测了天津市“十二五”期间的能源消耗和 CO_2 排放情况。系统优化模型是通过一些线性或非线性的数学方法来动态模拟能源市场的变化。只有建立预测模型，学者们才能通过情景分析来预测能源需求和 CO_2 排放（国涓等，2011）。值得注意的是，所有的系统参数都是根据历史数据获得的。

1.2.5.4 投入产出模型和可计算一般均衡模型

投入产出模型的预测需要投入产出表数据作为支撑建立列昂惕夫矩阵，而中国一般每 5 年出一次投入产出表，由于时间跨度较大，不利于深入研究。Fan 等（2007）和 Liang 等（2007）基于投入产出模型的研究发现，即使随着能源利用效率的提高，中国的能源消费和 CO_2 排放也将会呈指数增长。在未来的 20 年里，很难维持低人均 CO_2 排放水平。可计算一般均衡模型是基于经济、能源、环境的模型，也是基于投入产出表而建立的模型。Garbaccio 等（1999）利用动态可计算一般均衡模型评估了中国经济的碳关税政策，研究结果发现，碳关税政策会降

低CO_2排放和促进长期的GDP增长和消费。另外，一些研究也可通过计算一般均衡模型预测不同地区的能源消费和CO_2排放（ERI，2009；刘亦文，2013）。

在CO_2排放建模和预测方面，目前大多数研究都是基于国家尺度或产业部门的时间序列数据，基于面板数据模型的研究还不够。由于面板数据模型通常需要大量的数据节点，而且该模型能在回归模型中通过引入单个效果项来捕捉相应数据的异质性，从而能够提高估计的准确性。

2 城市化过程与 CO_2 排放的基础问题、评价内容与作用机理

城市化和工业化进程快速发展的同时带动了能源消费量的迅速增长，能源供需之间的失衡越来越明显，同时能源也已经成为制约城市化发展的重要因素，能源消费急剧增长的同时，使得 CO_2 等温室气体的排放量逐年增加，由此而带来的全球气候变化等环境问题日益突出，越来越多的研究开始关注城市化进程中的 CO_2 排放问题，研究如何在保持经济快速增长的同时有效地降低 CO_2 排放强度，减缓全球气候变化效应。要降低 CO_2 排放强度，减缓温室效应，制定科学合理的区域 CO_2 减排政策的核心问题是：理解好城市化进程对 CO_2 排放的影响机理，以及城市化进程中能源和 CO_2 排放的约束效应；厘清能源消费和 CO_2 排放的空间分异及时空差异，探求其背后的影响因素，为有效减排奠定基础；技术进步（能源利用效率和 CO_2 排放绩效）和低碳城市建设（低碳城市规划）分别是从技术和规划上降低 CO_2 排放的关键步骤；通过不同情景模拟分析，可有效探测不同节能减排政策的实施效果，能为科学合理寻找低碳路径和发展模型提供有效帮助。总的来说，厘清城市化与 CO_2 排放的作用机理，将关系到未来城市化、能源安全、低碳发展和环境保护间的协调、健康和可持续发展。基于此，本章从基本概念和内涵入手对有关城市化过程和 CO_2 排放的相关研究内容进行梳理，从而构建整体的研究框架，对 CO_2 排放的空间分异、影响因素以及与经济发展之间的关系进行定量分析，继而运用情景模拟对减排潜力进行分析，总结低碳发展路径和模式选择。

2.1 城市化过程与 CO_2 排放的基础问题

2.1.1 CO_2 排放来源计算界定

大气中的 CO_2 排放总量可以分为自然碳源和人为碳源。自然碳源包括降解、海洋释放和呼吸作用等。人为碳源主要来自工业生产（如水泥生产）、森林砍伐和化石能源燃烧（如煤、石油和天然气等）。由于人类活动的影响，自工业革命以来，大气中的CO_2量正逐步增加，并达到了过去300万年以来的最高水平。虽然人为碳源相比于自然碳源来说比较少，但它已经打破了几千年来的自然碳平衡。自然碳平衡表示为自然碳汇的吸收量基本等于排放量，它们之间的相互作用使大气中的CO_2量一直维持在一定范围内。

自工业革命以来，人为CO_2排放总量一直在持续增加。人类活动，比如煤、石油和天然气的燃烧，以及森林破坏是大气中CO_2量增加的首要原因。化石能源燃烧排放的CO_2量占整个人为排放量的87%，土地利用变化排放量占9%，工业生产如水泥制造占4%（图2－1）。

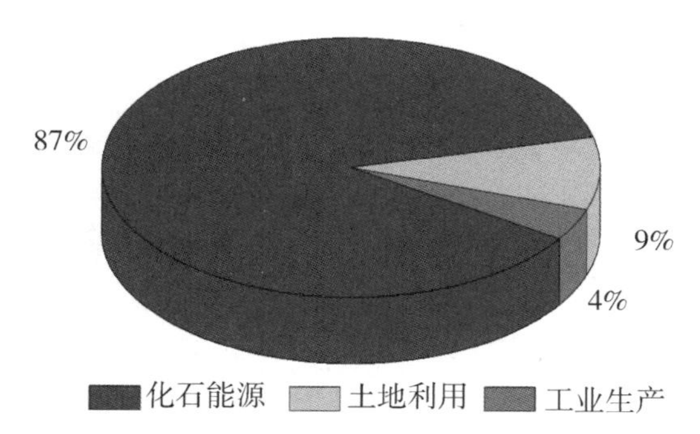

图2－1　人为碳源（化石年能源、土地利用变化和工业生产）比例

资料来源：Le Quéré，C. et al，2013。

化石能源燃烧所产生的CO_2排放是最主要的人为碳源，其占人为碳源的87%。化石能源燃烧主要用于电力生产部门和交通部门。煤、石油和天然气是最主要的化石能源类型。煤占化石能源消费量的43%左右，石油占36%左右，天然气占20%左右。电力、交通和工业部门是消耗化石能源量最多的3个经济部门。在化石能源燃烧所排放的CO_2中，41%来自电力和热量生产部门，22%来自交通部门，20%来自工业部门，6%来自居民生活，10%来自其他利用（图2－2）。

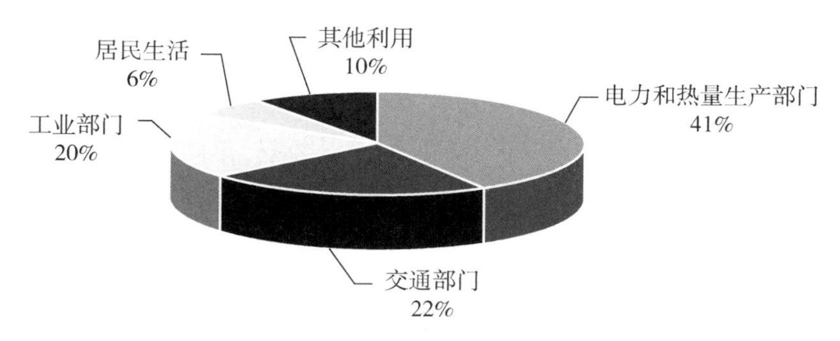

图2－2　分部门化石能源消费CO_2排放比例

资料来源：IEA，2012。

在本章中，CO_2 排放总量的计算主要来自化石能源燃烧和工业生产（特别是水泥生产），一方面考虑到化石能源燃烧占人为 CO_2 排放总量的87%，另一方面考虑到能源消费 CO_2 排放总量的计算具有一定的连续性。土地利用变化所产生的 CO_2 排放总量占人为 CO_2 排放总量的9%，不同的地区还要考虑其特定的差异，但土地利用变化产生的 CO_2 量的监测和获得不具有连续性，因为土地利用/土地覆被变化产生的 CO_2 量通常是通过遥感手段获得的，而土地利用变化产生的 CO_2 量具有阶段性特征，通常是10年左右。所以本章在估算 CO_2 排放总量的时候，主要是估算化石能源消费和工业生产中所排放的 CO_2 排放总量。

2.1.2 人均与总量指标

世界顶级学术期刊《自然》杂志的《自然·气候变化》专刊在线发表了全球气候变化研究领域最具权威的学术机构——英国丁铎尔气候变化研究中心（UK Tyndall Centre）的“全球碳计划”2012年度研究成果。根据最新年度数据，全球 CO_2 排放将在2012年进一步增加，预计较去年增加幅度为2.6%，达到创纪录的356亿吨。研究显示，2011年全球 CO_2 排放最多的国家和地区包括：中国（28%）、美国（16%）、欧盟（11%）和印度（7%）。研究发现，尽管 CO_2 排放总量偏高，中国的人均排放量仅为6.6吨，与美国的人均排放量17.2吨相差甚远。同时，欧盟的人均排放量降至7.3吨，仍高于中国的人均排放量水平。

从以上分析可以看出，人均 CO_2 排放量和 CO_2 排放总量具有不同的含义。尽管有些地区 CO_2 排放总量较大，但由于这些地区人口较多，所以其人均 CO_2 排放量还是较少的。近年来，从 CO_2 排放总量来看，一些新经济体的 CO_2 排放总量在持续增加，尽管其经济发展还相对落后。所以，从二者指标来看，可以揭示不同的经济发展现象，从 CO_2 总量来看，其基数较大说明，其工业（尤其是重工业）发展所占的比重较大，进一步说明其经济发展所处的阶段仍属于落后地区。如果从人均 CO_2 排放量来看，在考虑 CO_2 排放总量的同时也必须考虑其人口基数，因为从人均来看，虽然发达国家的相对 CO_2 排放总量较小，但其人均 CO_2 排放量较大，发达国家须对大气中 CO_2 的增加负主要责任。一些发展中国家目前的 CO_2 排放总量虽然比较高，但其历史排放总量较小，其所负的减排责任理应较小，而不是根据其现有的发展状态，规定各自的减排责任。所以，本章研究 CO_2 排放是从总量和人均共同出发的，以此来比较我国省级和市级 CO_2 排放水平的空间差异分布规律，探求 CO_2 排放的时空格局变化。

2.1.3 总量与强度指标

CO_2 排放强度是指单位GDP的 CO_2 排放总量，计算公式为 CO_2 排放总量/

GDP（杜官印等，2010）。首先需要说明的是，CO_2 排放强度高低并不代表效率高低，比如贫穷的农业国家 CO_2 排放强度较低，但其能源利用效率并不高；反之，CO_2 排放强度高，也并不表示效率低，如产品的能源利用效率高，但并没有全部卖出，没有得到货币实现，则 CO_2 排放强度依然很高。通常情况下，从其计算公式可以发现，CO_2 排放强度是随着科技进步（排放效率变小）和经济增长（GDP 变大）而下降的。同时可以发现，CO_2 排放强度是随着时间推移而下降的，这是因为技术进步和经济增长都会随着时间推移而变化，这是蕴涵在经济发展之中的过程。所以，任何国家和地区按这一自然趋势下降而做出的承诺是没有任何实际意义的，而是 CO_2 排放强度的下降趋势低于这一自然趋势才能体现出责任国家和地区所做出的减排贡献。而这种迫于减排义务而做出的责任承诺对不同国家和地区的作用是有差异的。例如，对于发展中国家而言，如果有外界的资本、技术的不断输入，则强度责任承诺在近期是可取的；但经济规模的扩大需要同一技术的重复利用，因而强度并不能随经济增长而线性递减，因而从长远看，对发展中国家可能不利。对于发达国家，由于资金、技术和完善的市场制度的保障，在短期水平，采用强度承诺是可行的；在长期水平，由于规模扩张较为有限（人口稳定、发展饱和），强度承诺也不会有不利影响。但在另一方面，由于发达国家的强度水平低，进一步大幅降低的难度较大。

CO_2 排放总量即为总量指标，CO_2 排放强度即为强度指标。相比于总量指标和强度指标，可以发现：在确定性方面，总量指标是优于强度指标的，这是因为后者的影响因素过于烦琐，如其高低要受化石能源结构、排放系数、比例等影响，同时还受技术因素、结构因素和规模因素，包括经济规模、人口规模（城市化水平）、产业结构、能源消费结构、能源强度、CO_2 排放强度等因素的影响。在科学性方面，总量指标可以根据人文发展需求或环境保护或其他目标来测算；强度指标则难以做出满足某一特定目标的测算。在经济性方面，总量指标可以将 CO_2 排放资源化，用于市场交易、进行 CO_2 排放买卖；强度指标则不可。在刚性方面，总量指标是绝对指标，刚性强，但如果总量较为宽松，则硬性约束小；强度指标具有相对性，弹性强，但它不分情况，对所有国家均一样，实际具有直接可比的硬性约束。在公平性方面，CO_2 排放强度指标一方面是公平的，所有国家均削减强度；另一方面，它是不公正的，忽略了发达国家与发展中国家的差异。在兼容性方面，总量指标可包括碳汇；强度指标与碳汇的直接联系不大。

2.1.4 能源效率与排放绩效

在衡量和评价一个国家（或地区）的能源效率水平，或者分析节能潜力时，人们通常会采用单位产值能耗、单位 GDP 能耗（单位能耗创造的 GDP）、单位产品能耗、单位服务量能耗、能源利用效率、通用产品的能源效率等指标。概括而

言，上述指标可以归为两类，即能源经济效率指标和能源技术效率指标。

能源经济效率指标，国外常用能源强度（energy intensity）来表示，它包括前面提到的单位产值能耗、单位 GDP 能耗（单位能耗创造的 GDP）、单位产品能耗、单位服务量能耗等指标。从中可以看出，能源经济效率指标（能源强度）是某项经济指标、实物量或服务量与所消耗的能源量的比值。能源技术效率指标：狭义的“能源技术效率”指“能源系统效率”，能源系统效率是指在使用能源（开采、加工、转换、储运和终端利用）的活动中所得到的有效能与实际输入的能源量之比，一般用百分率表示。能源系统的总效率一般由能源生产和中间环节效率（包括能源生产过程用能加工转换效率和储运效率）和终端利用效率组成。也有人主张把能源开采的回收率包括在内，但是，能源开采效率的定义难以确定。一方面，对资源开采中所占用资源总量的界定不清；另一方面，各国的资源禀赋条件不一样，采收率的高低除了与技术水平有关，还取决于资源的赋存条件。

CO_2 排放绩效也称 CO_2 排放效率，它实质上是一种投入产出效率。早期用来衡量 CO_2 排放绩效的指标都是单要素指标，如 CO_2 指数（单位能源消费的 CO_2 排放）、能源强度（单位 GDP 的能源消费量）、CO_2 排放强度（单位 GDP 的 CO_2 排放总量）、工业累计人均 CO_2 排放量和单位 GDP 排放量、CO_2 生产率（CO_2 排放的 GDP 产出水平，即单位 GDP 的 CO_2 排放总量的倒数）。这些指标基本上都是 CO_2 排放总量与某一要素的比值，并没有考虑 CO_2 排放的生产过程。随着理论创新与生产技术的进步，越来越多的学者开始关注 CO_2 排放的生产过程，开始关注经济增长、能源消费和劳动力投入等多种因素对 CO_2 排放的影响。CO_2 排放绩效的评价也逐步从单要素评价发展到全要素分析框架。在这一转变过程中，数据包络分析（DEA）发挥了不可替代的作用。众多学者开始基于 DEA 模型，采用 Malmquist 指数测度了不同地区的 CO_2 排放绩效，投入要素通常包括资本投入（资本存量）、劳动投入（从业人员数量）和能源投入（终端消费），当然还有学者也会加入一些其他指标，如外商直接投资（FDI）等，以考虑国际贸易对区域 CO_2 排放的影响。产出指标分为期望产出（好的产出）和非期望产出（坏的产出），期望产出通常以 GDP 或人均 GDP 表示，非期望产出就是 CO_2 排放总量。从 CO_2 排放绩效评价发展的历程来看，其大致经历了从静态评价到动态评价再到动静态结合评价的过程，从单要素指标到全要素分析框架的过程。现有的关于 CO_2 排放绩效评价的研究，对于进一步研究不同国家和地区落实减排政策有很好的借鉴作用。

2.2 城市化过程与CO_2排放的评价内容

在梳理了城市化过程与CO_2排放研究的相关概念、内涵和相关研究内容设定后，此处重点讨论本书的基本框架。城市化过程与CO_2排放的作用机理及效应研究是新型城镇化背景下城市化过程与CO_2排放协调发展的核心内容，是为低碳城市发展、低碳空间规划、区域节能减排政策制定，缩小区域差异等实践工作提供理论、技术、方法和政策支持的重要研究领域。其研究主要内容包括：基本概念内涵分析、相关研究设定、相互作用机理、演化规律分析、演化机制分析、基础数据分析、测度模型选择、模型评价、空间分异、影响因素、关系计量分析和绩效分析、情景模拟分析和相关对策建议。从研究体系来看，主要包括基础理论研究、测度模型选择、实证分析、情景模拟和对策建议 4 个核心。

2.2.1 理论分析

主要内容包括：①理论基础主要包括人地关系地理系统理论、环境库兹涅茨曲线理论、交互胁迫理论和可持续发展理论；②相关内容设定包括CO_2排放来源的估算界定、人均和总量指标分析、总量与强度指标分析、能源效率与排放绩效辨析；③主要对影响CO_2排放的因素进行预先定性分析，如经济增长、技术进步、人口规模和产业结构等因素是如何影响CO_2排放总量的等；④相互作用机理、演化规律与演化机制包括城市化过程对CO_2排放的影响分析及城市化过程中CO_2排放的约束作用。

城市化过程与CO_2排放研究理论分析的主要目的是通过理论分析构建城市化过程与CO_2排放研究理论体系，为量化方法、实证分析和情景模拟奠定坚实的理论基础。

2.2.2 量化方法

对于CO_2排放的测算，本章拟选用 IPCC CO_2排放清单估算方法来估算。首先选用传统区域差异量化方法来定量研究不同尺度的CO_2排放差异指数，方法选用如变异系数；其次是空间量化方法，如 Moran 指数（全局 Moran 指数和局域 Moran 指数以及 Moran 散点图）和空间转移矩阵；然后是影响因素和空间计量分析，所选用方法包括单位根检验和面板单位根检验、协整检验和面板协整检验、

FMOLS 方法、因果检验和面板因果检验、指数分解法、Kaya 恒等式和地理加权回归等。CO_2 排放绩效方面，首先基于投入产出模型，选定投入要素如资本、劳动力、能源等，期望产出经济增长（GDP），非期望产出如 CO_2 排放等环境问题指标，选用方法如环境生产技术、DEA 模型以及 Malmquist 指数；对于情景模拟，主要根据不同的情景分析设定对未来我国 CO_2 排放增长的趋势进行定量预测，根据情景模拟结果，筛选可持续发展模式。

2.2.3　实证分析

实证分析是将城市化过程与 CO_2 排放研究的基本理论和量化方法落到不同尺度。首先，选择不同尺度进行总体的 CO_2 排放分析，并在总量上和增长趋势上总结排放特征及增长特点：首先，在区级尺度上重点分析 CO_2 排放增长的差异，同时结合各地区的发展特点，诊断差异产生的原因；然后是省级层面，数据收集为 30 个省份（不包括西藏和台湾），在省级层面重点选用空间分析技术探讨 CO_2 排放的省级差异及其特征、影响因素分析；最后是城市尺度，以全国 30 个主要城市和 5 个特大城市为例，分别探求城市形态和城市开发强度对 CO_2 排放的作用机理。其次，利用 DMSP/OLS 夜间灯光数据模拟反演全国地级城市单元的 CO_2 排放，在此基础上分析城市群地区的 CO_2 排放强度和排放绩效，并分析城市群的减排潜力。

2.2.4　情景分析

情景分析是以不同情景发展模式分析未来我国 CO_2 的排放趋势，从而对发展低碳经济提供决策支持。该部分将依托空间计量方法，以历史数据为基底，是基本理论和量化方法、情景构建和实践的综合反映。根据所得分析结果，从而定量评估我国未来的减排潜力，为制定 CO_2 减排政策提供科学依据。

2.2.5　对策建议

目前，全球气候变化（全球变暖）已成为不争的事实，且严重影响了人类的生活与社会的生产和发展，减少和适应全球气候变化已成为全球性的一项议题和挑战。基于对城市化过程和 CO_2 排放的相互作用机理的研究，综合解析 CO_2 排放的社会经济和规划影响因素，CO_2 排放绩效和研究区的减排潜力。通过实证探求 CO_2 减排措施和对策建议，如优化产业结构、调整能源结构、调控城市形态、控制开发强度及提高能源效率和排放绩效等。

2.3 城市化过程与 CO_2 排放的作用机理

2.3.1 CO_2 排放关键影响因素定性分析

研究中国的 CO_2 排放及低碳发展策略，必须考虑三个问题：第一，中国经济增长还可能持续相当长的时期；第二，经济持续高增长意味着能源消费持续扩大，与此同时，城市化、工业化（尤其是重工业）意味着能源强度很难降低；第三，中国以煤为主的能源结构在中短期不会有大的改变，而煤炭是污染排放量最高的化石能源。这种结构以及世界油气资源价格的冲击可能进一步推动对煤炭的需求，意味着中国的经济增长面临着资源及环境约束（魏巍贤等，2010）。在保持经济增长的同时，将 CO_2 排放控制在容许范围，减缓对全球气候变化的影响，这就需要制订合理可行的 CO_2 减排措施、政策及战略，因此，研究 CO_2 排放总量的影响因素显得尤为重要。

2.3.1.1 经济增长

经济增长通常是指一个国家或地区在一定时期内，由于生产要素投入的增加或效率的提高等原因，经济规模在数量上的扩大。其衡量指标有国内生产总值、国民收入等总量指标（王中英等，2006）。随着经济增长的不断加快，生产要素的投入也不断增加，资本、劳动力、能源资源等作为投入要素，进而产生一些产出，同时产出又可分为期望产出和非期望产出，期望产出如 GDP 等好的产出，非期望产出如温室气体等坏的产出。在经济发展的前中期，理论上 CO_2 排放是随着经济增长而不断增加的，经济发展越快，排放量也就增加越快。根据库兹涅茨（Kuznets）曲线理论，理论上经济增长与环境恶化间（这里指 CO_2 排放总量）呈倒“U”型曲线关系（EKC 曲线）。当一个国家经济发展水平较低的时候，CO_2 排放总量较低，但是随着人均收入的增加，CO_2 排放总量由低趋高，温室效应随经济的增长而加剧；当经济发展达到一定水平后，也就是说，到达某个临界点或称拐点以后，随着人均收入的进一步增加，CO_2 排放总量又由高趋低，其温室效应的程度逐渐减缓，环境质量逐渐得到改善，这种现象被称为环境库兹涅茨曲线。本章也将借助环境库兹涅茨曲线理论，进一步以中国作为案例，来研究中国的经济增长与 CO_2 排放之间是否也存在倒“U”型曲线关系？还是经济增长与 CO_2 排放的理论拐点没有到来？还是中国的经济发展水平仍处于粗放式的增长过程中？在本章中，我们将检测这些假设，以验证在经济增长是 CO_2 排放的主要因

素的前提下，目前经济增长与 CO_2 排放之间是否存在倒“U”型曲线关系。

2.3.1.2　人口与城市化水平

人口因素是影响能源消费 CO_2 排放的一个重要指标。人口因素可以分为人口总量、人口结构和城市化率等具体影响指标。通常，随着经济的快速发展和城市化进程的快速推进，能源消费 CO_2 排放也在快速增长。人口规模对 CO_2 排放的影响是不言而喻的，因为随着人口规模的增大，所需的各种资源都相应增大，其中当然也包括能源资源。本章所讨论人口结构指的是城市人口与农村人口结构，在某种意义上也就是城市化过程。

城市化是一个经济、社会、文化等多种因素综合发展的过程，实质上也是以内向式集聚为主和外向式推延为辅的综合作用的过程。它不仅表现为人口由农村向城镇的转移集聚、城镇人口逐步增加，还表现为农业景观向城市景观转换、农业地域向城市地域转换导致城镇数量的增加和城镇规模的扩大；不仅表现为农业活动向非农业活动转换、城市产业结构的转型升级，还表现为城市经济和生活方式向广大农村地区扩散。基于这种认识和过程，城市化的内涵可以概括为人口城市化、空间城市化、经济城市化和社会城市化四个方面。人口城市化通过人口由农村向城镇转移集聚，伴随而来的是城镇人口快速增长。研究表明，城镇人口对于能源消费的量是农村人口的3.5～4倍，人口城市化过快，势必对能源资源产生更大的需求，能源资源消费量增加，那么，相应的 CO_2 排放总量也就会增长，所以人口城市化是与 CO_2 排放总量成正相关关系的。空间城市化主要体现为城市密度的增加和城市地域范围的扩展，在这一过程中城市用地不断增加，造成土地资源紧张，同时衍生而来的城市交通扩展也给生态环境带来了景观破坏和噪声污染等问题，同时空间城市化的扩张势必造成城市面积扩大，城市交通通勤时间长，也就是说所需的能源消费量也在不断加大，空间城市化加大城市地域面积，衍生的交通问题也会同时促进能源资源消耗的增加，所以空间城市化也与 CO_2 排放总量成正相关关系。经济城市化表现为农业活动向非农业活动转换，以及城市经济的转型提升。由于规模经济带动了产业集聚，从而提升了经济总量，同时消耗更多的资源能源，增大了生态环境压力，造成能源消费的增加，农业活动向非农业活动转化这一过程本身就蕴涵着能源消费的增加，所以经济城市化也势必造成 CO_2 排放的增加，预测经济城市化也与 CO_2 排放成正相关关系。社会城市化主要表现为城市经济和生活方式向广大农村地区蔓延扩散。它是城市化外向式推延的过程，对城市化的提升具有辅助作用，通过改变人们的生活方式和传统消费理念来影响资源利用方式和环境保护治理效果，资料显示城市生活方式和消费观念所消耗的能源是乡村生活方式和生活理念的好几倍，所以社会城市化在一定程度上也促进了能源资源的利用，相应地提高了 CO_2 排放水平，预测社会城市化也与 CO_2 排放呈正相关关系。以上说明城市化过程中的每个方面都会对能源消费带

来一定的影响，进一步提升CO_2排放水平。所以，预测人口与城市化水平对CO_2排放的作用是正向的。

2.3.1.3 技术进步水平

技术进步在城市化过程CO_2排放的研究中体现为能源强度、CO_2排放强度、能源效率和CO_2排放绩效等指标。Grossman 等（1995）提出影响环境的三大主要因素，即规模效应、结构效应和技术效应。随着经济规模的提高，生产要素诸如资源投入和能源消耗增加，所产生的CO_2排放总量也就相应增加，简单理解这就是规模效应；随着城市化进程和工业化进程的加快，能源消耗速度也不断加快，而能源资源是不可再生资源，再加上环境承载力的限定，导致人地环境关系恶化，当经济发展到一定水平或者更高水平时，产业结构从能源密集型为主的重工业向以服务业为主的第三产业转移，进而能源资源消耗量降低，其所产生的CO_2排放总量也就相应地减少，温室效应下降，环境污染减少，简单理解这就是结构效应；根据内生增长理论，技术进步会自然提高能源资源的利用效率、排放效率，进而节省大量能源资源和促进资源的循环利用，同时由于技术进步，大量的可再生能源、清洁能源投入使用，在保证一定产出的情况下，能源资源的消耗量进一步降低，相应的CO_2排放总量也会减少，温室效应降低，环境污染减少，简单理解这就是技术效应。在研究CO_2排放的过程中，技术进步指标主要指能源强度（单位 GDP 能耗），也可以称为能源效率，CO_2排放强度和CO_2排放绩效等。技术进步水平的提高，可以进一步提高能源资源的利用效率和CO_2排放效率，减少能源消费量和CO_2排放总量。

2.3.1.4 产业结构

产业结构也可以称为经济结构（按三次产业划分）。产业划分从大类来看，一般可分为农业、工业和服务业三大类，这种划分也是目前普遍认可的划分方式。产业结构的划分在一定程度上凸显了人类活动发展的基本过程。众所周知，土地资源所承载的是以农业为主的第一产业（农业）的发展，矿产资源（能源）通常支撑的是以工业为主的第二产业（工业）的发展，并与人力资本投入和生态环境资源开发共同托起了以服务业为主的第三产业的发展（张雷，2003）。产业结构通常用百分比来表示，如人们常用 10：30：60 来表示国民经济发展第一产业、第二产业和第三产业的比例。产业结构高度化或高级化通常是国民经济的发展重心由第一产业向第二产业或第三产业转化，标志着一国经济发展水平的高低、发展阶段和发展方向。不同的产业结构很显然所需的资源消耗也是不同的。主导产业结构往往决定国民经济发展的命脉，改革开放以来，我国经济快速发展，但产业结构慢慢由以第一产业为主转移为以第二产业为主的结构。中国经济发展过分依赖第二产业（尤其是重工业）决定了中国经济目前仍是外延性和粗放型增长。在产业结构的影响因素方面，一切决定和影响经济增长的因素都会不同程度上对产业结构的变动产生直接的或间接的影响。比如，知识与技术创新、

人口规模与结构、经济体制、自然资源禀赋、资本规模、需求结构、国际贸易等是一国产业结构演变过程中的基本制约因素。未来我国经济还将继续快速发展，在短期内经济结构仍需以第二产业为主，所以能源资源的消耗量也将进一步增加，伴随而来的 CO_2 排放总量也将进一步扩大。

2. 3. 1. 5　能源消费结构

能源结构通常可分为生产结构和消费结构。能源生产结构是指各类能源产量在能源总生产量中的比例，能源消费结构是指各类能源消费量在能源总消费量中的比例。此处的能源结构是指能源消费结构。能源结构调整是中国能源发展面临的重要任务之一，也是保证中国能源安全的重要组成部分。调整中国能源结构就是要减少对化石能源资源的需求与消费，降低对国际石油的依赖，降低煤电的比重，大力发展新能源和可再生能源，把清洁能源应用放到重要地位。由于人为 CO_2 排放主要来自化石能源消费（占全球人为 CO_2 排放来源的91%），所以降低以化石能源为主的能源消费结构能有效地降低 CO_2 排放水平。改革开放以来，我国经济发展迅速，工业化和城市化进程快速推进，工业也一跃成为国民经济发展的主导产业结构，工业所占的比重远远超过发达国家，在工业各部门中，高能耗产业所占的比重高，发展速度快，且能源利用效率也低于发达国家，这种长期的高投入、高消耗、高污染、低效率的粗放型经济增长方式已经造成了全国性及区域性的生态破坏。随着近年来全球变暖的趋势加快，世界各国都面临着巨大的发展压力，1988 年 11 月 IPCC 成立，1995 年《联合国气候变化框架公约》生效，1997 年《京都议定书》正式通过，这些机构的成立和法律文件的签署是为了人类未来不受全球变暖的危害。中国作为最大的发展中国家，为了履行节能减排责任，中国于 2005 年签字同意了《京都议定书》。同时，在《中美气候变化联合声明》中，中国政府宣布计划在 2030 年左右实现 CO_2 排放峰值，明确了应对气候变化低碳发展的战略方向，也给节能减排提出了新的挑战。中国政府制定的一系列减排目标旨在为加强全球共识和减缓全球气候变化的过程中发挥关键作用。

能源消费结构对 CO_2 排放的影响是巨大的，CO_2 排放与能源消费保持着高相关和消长异步的特性，针对 CO_2 排放、产业结构和能源结构的特点，未来低碳发展策略应加快产业结构调整、加快能源结构演进、发展低碳技术、开发新能源等。

2. 3. 2　城市化过程对 CO_2 排放的作用机制

城市化也称为城镇化，是由农业（第一产业）为主的传统乡村社会向以工业（第二产业）、服务业（第三产业）、高新技术产业和信息产业（第四产业）为主的现代城市社会逐渐转变的历史过程。具体包括人口职业的转变、产业结构的转变、土地及地域空间的变化。而这一过程主要发生在工业革命之后，伴随着

城市化进程的快速推进，化石能源消费剧烈增加，工业污染迅速蔓延，生态环境日益恶化。在全球环境问题中，气候变化已成为当前关注的焦点，而温室气体排放是全球变暖的主要推动力，同时CO_2是最主要的温室气体。据相关研究表明，工业革命以来，世界城市化水平和CO_2排放总量一直保持着同步上升的趋势。例如，1960年世界城市化率为32.77%，大气中CO_2浓度为316.91×10^{-6}；2011年世界城市化率为52%，大气中CO_2浓度上升到391.65×10^{-6}。有研究表明，大气中CO_2浓度迅速增加的原因是由各国城市化、工业化进程带来的大量化石能源燃烧、工业生产和土地利用方式转变而引起的。在人为CO_2排放中，化石能源消费排放量约占87%，工业生产（特别是水泥生产）排放量约占4%，土地利用方式转变排放量约占9%。从本质上来说，城市化进程主要通过人口集散、产业发展和空间扩张等手段影响CO_2排放，它首先通过以上手段刺激能源消费，使能源消费量迅速增加，进而产生了大量的CO_2排放，城市化进程与CO_2排放的相互作用关系可以表示为图2－3。同时，尽管大量的研究从定量分析的角度论证了城市化率与CO_2排放的关系，但城市化过程与CO_2排放之间的关系是复杂的，城市化对CO_2排放的作用机制也是复杂的，涉及很多方面和层次。进一步来说，城市化对CO_2排放的影响更多的是通过间接方式进行的，基于此，本节拟从经济增长效应、结构转化效应、消费升级效应和土地变迁效应等方面来分析城市化过程对CO_2排放的作用机制。

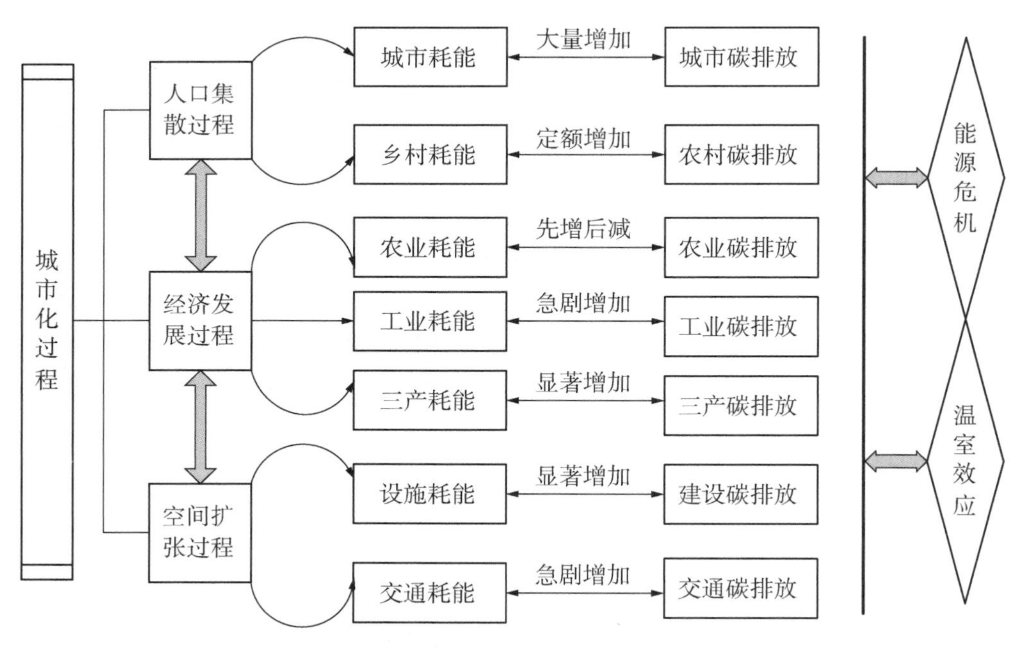

图2－3　城市化过程与CO_2排放的相互作用关系

2.3.2.1 城市化过程中的经济增长效应与 CO_2 排放

城市化过程是一个复杂的过程，其中经济城市化是城市化过程的一个重要方面。城市作为非农空间的主要载体，它和非农产业的集聚增长具有很高的相关性。尽管城市化发展具有很强的政策性，但其发展路径与经济增长协同。城市化过程对 CO_2 排放影响的一个主要方面就是通过经济城市化来实现的，即城市化通过影响经济增长进而影响 CO_2 的排放。可以看出，经济增长在城市化过程与 CO_2 排放作用机理中起到了一定的媒介作用。在一般情况下，经济增长效应对 CO_2 排放的影响可以表示为图 2－4。经济增长通过各个方面，如技术进步、人口增长等，影响能源消费，进而影响 CO_2 排放，这一连串的作用机制表明，经济增长效应对 CO_2 排放的影响也是复杂的和多渠道的。基于以上分析，下面主要从投资增长效应、人力资本累积效应和技术进步效应来衡量城市化过程中经济增长效应对 CO_2 排放的影响。

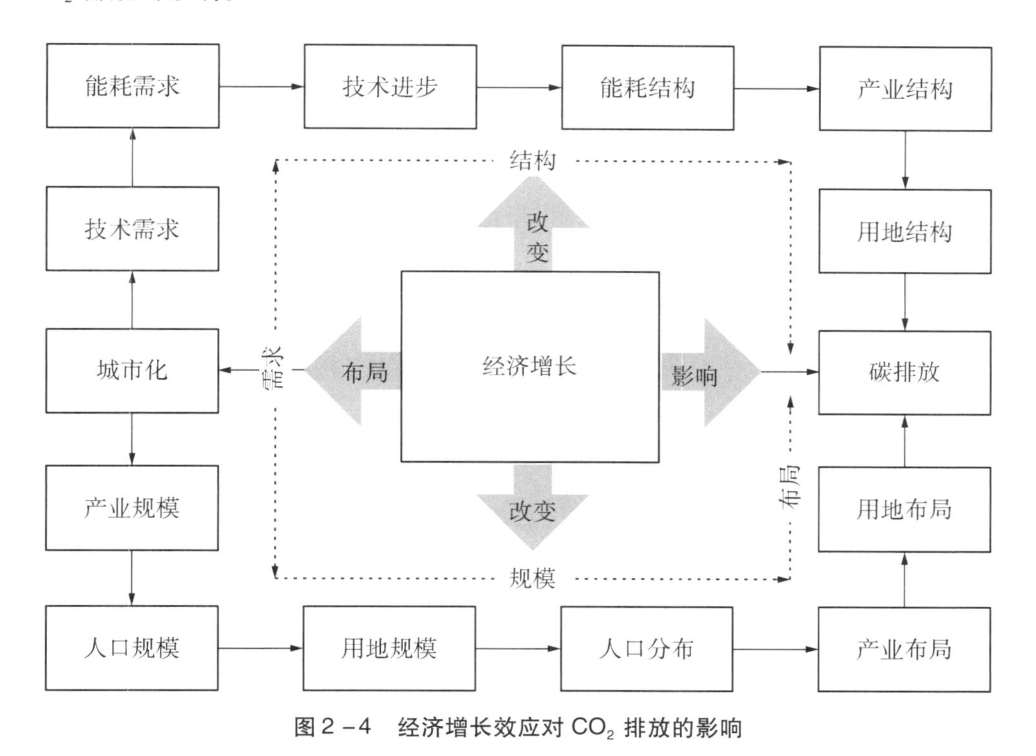

图 2－4 经济增长效应对 CO_2 排放的影响

（1）投资增长效应对 CO_2 排放的影响。投资是拉动经济增长的重要因素之一，在假定消费和出口增长稳定时，要刺激经济的快速发展，投资增长发挥了主要的推动作用。投资同时具有两重性，既对生产构成需求，又增加生产能力，从而提高产出能力。投资也是物质生产的基础，其规模大小对国民经济有很大的影响。改革开放以来，我国城市化进程快速发展，大量农村剩余劳动力涌入城市，

城市则集聚了大量的非农业要素，城市数量和规模都在不断增加。在城市内部，为保持城市快速发展，满足大量人口生产生活需求，城市不断兴建各种基础设施和公共服务设施，从而刺激了水泥、钢铁、能源、交通等相关行业的快速发展。特别是20世纪90年代以来，我国固定资产投资额飞速增长，从产业划分来看，第二产业和第三产业几乎占据了大部分的份额（图2－5）。从城乡划分来看，城市固定资产投资占70%以上（图2－6）。第二产业、第三产业、城乡投资拉动经济增长的同时，提高了居民的收入水平，进而提高了居民的生活水平，部分转为消费支出，部分通过金融融资转化为投资资本，形成固定资产投资的部分份额。

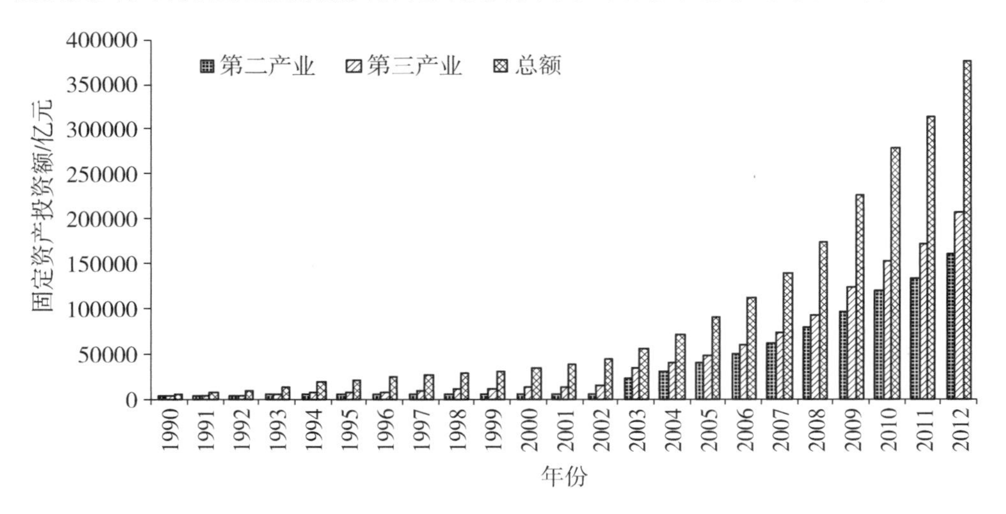

图2－5　1990—2012年中国按产业划分固定资产投资额增长趋势

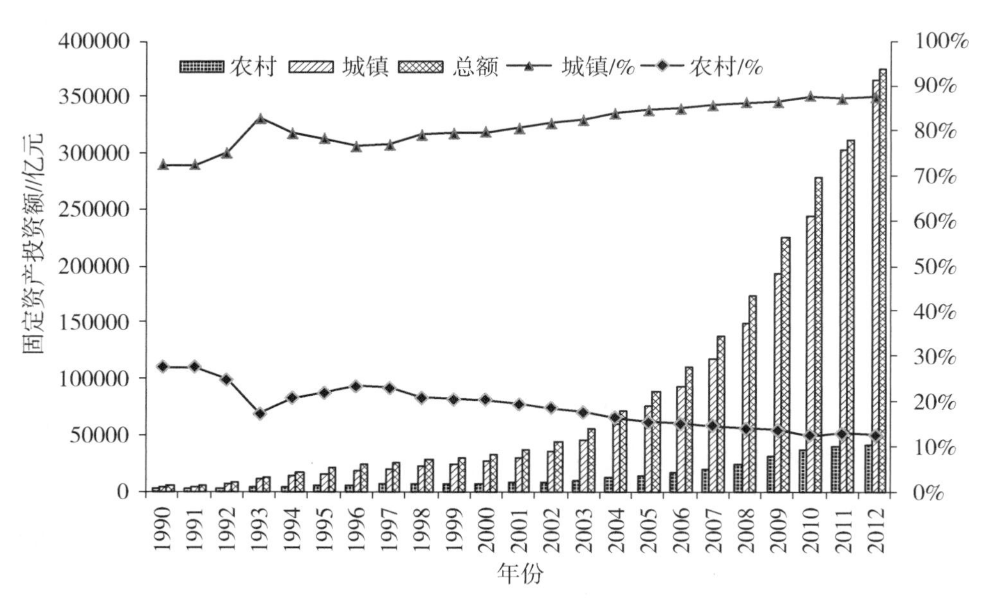

图2－6　1990—2012年中国按城乡划分固定资产投资额增长趋势

投资影响能源消费总量和能源利用效率进而影响 CO_2 排放。投资对 CO_2 排放的影响具有两面性和双重性。一方面，投资拉动基础设施和公共服务设施建设，刺激水泥、交通等行业的发展，进而间接增加了能源消费，这种作用既表现在设施的建设过程中，也表现在以后的使用过程中。投资促进能源消费总量的增加，进而提高 CO_2 排放，促进能源消费 CO_2 排放的快速增长。另一方面，随着投资规模的增加进而形成规模效应，大量的投资会促进技术的研发和科技进步，伴随技术水平的提高，能源利用效率就会协调提高，在能源消费总量不变的基础上，CO_2 排放总量就会下降。基于以上分析，城市化通过投资增长效应进而影响了 CO_2 排放。

（2）人力资本累积效应与 CO_2 排放。人力资本对经济增长的作用一般可以从两个方面来看，一是要素，二是效率。人力资本之所以能影响经济增长关键是其的生产功能。从生产过程来看，它具有要素和效率两个方面的功能。前者是人力资本生产过程中必不可少的投入要素，后者是人力资本提高效率的关键。一方面，人力资本投入的增加可以提高人力资本自身的生产效率；另一方面，人力资本投资增加可以提高其他生产要素的生产效率。作为生产要素的人力资本，一方面直接对经济增长做出贡献，另一方面它又通过促进科学和技术进步来促进经济的增长。科学和技术进步依赖人力资本的提高，而技术进步是人力资本规模收益率不下降或者提高的根本原因。可见，经济增长依赖于科学和技术的进步，同时也依赖于人力资本的增加（李建民，1999）。

城市化具有人力资本累积效应。在快速城市化进程中，城市发展迅速，产业兴旺，从而吸引了大量人口从农村涌入城市，由于城市教育水平先进于农村，所以人力资本迅速积累，随着经济人口的能力、素质、技能水平等日益提高，越来越多的人力资源可以驾驭现代科技，从而提高生产效率。人力资本的不断累积，既可以通过科技创新、降低要素成本等途径优化能源消费结构，又可以通过日常生活习惯，加强节能降耗意识，促进科学用能和节约用能，同时还可以在经济活动中发挥更大的协调、创新、研发和推广等优势，合理利用能源，发展循环经济，使经济发展方式由原来的高能耗、高碳排向资源节约、环境友好型方向转变。总的来说，人力资本累积效应能提高节能降耗的宣传教育，深入普及节约用能观念，使节约资源、保护环境成为每个公民的自觉行动，推动全社会节能，从而实现全社会经济又好又快地发展。总之，城市化通过人力资本累积有利于降低能源消耗，提高能源资源的利用效率，从而减少 CO_2 排放。

（3）技术进步效应与 CO_2 排放。将技术进步视为经济增长因素的经济增长模型，主要有两类：内生技术进步的经济增长模型，外生技术进步的经济增长模型。经济学中一般把那些将技术进步因素视为内生变量，在经济系统内部讨论技术进步的来源与演进，以及技术进步与其他经济变量之间相互关系的经济增长模型称为内生技术进步的经济增长模型。城市化过程通过经济增长具有技术进步效

应。众所周知，城市是以非农产业和非农人口集聚的空间载体，相比于农村有以下几个优势。这些优势有利于技术创新的形成和扩散，城市化通过技术创新这一中介作用促进经济的快速增长。首先，城市具有人力资本形成优势。人力资本形成的前提是靠要素的投入，城市作为第二、第三产业的经济活动区，资金要素更为充足，科技更为发达，教育设施更为完善，有助于提高人们的素质水平，促使人力资本累积形成累积效应，人力资本累积有助于技术创新、进步和完善，从而进一步提高生产效率。其次，城市具有多样性和专业化优势。城市是一个复杂的熔炉，它使不同产业、不同背景的人才、不同企业在此汇聚，实现人力资源、科技信息和要素等资源共享，从而形成某种潜在的或实际的互补性而产生了成本的节约，城市多样化推动科技进步；同时城市又具有专业化分工，只有合理的分工才能提高生产效率。再次，城市具有信息交流网络形成、交流效益提高优势。城市是一个巨大的网络，通过各个支端把信息汇集起来，编制成网，从而实现资源信息共享共建，提高交流效益，进而产生正向的外部性。最后，城市具有完善的基础设施等优势。城市具有先进而完善的基础设施，一直是高素质人才和高新技术产业的集聚地。我们知道，科学前沿的革命性突破越来越依赖于重大科技基础设施的支撑能力，技术创新和产业发展越来越需要重大科技基础设施提供强大动力，国际科技竞争合作越来越需要重大科技基础设施的牵引和依托。所以，完善的城市基础设施能进一步提高原始创新能力、促进科技长远发展。

科技进步对CO_2排放也具有双重性。一方面，科技进步和技术创新能促进经济的快速增长，进而增大经济规模，经济的快速发展，很显然需要消费更多的能源资源，进而提高CO_2排放水平。另一方面，技术进步又可以提高能源利用效率，在投入要素定量的前提下，能源效率提高，CO_2排放总量会相对减少。后者的作用显然大于前者。技术进步的关键作用还在于其能够提高能源利用效率，进而减少CO_2排放。另外，技术进步在提高效率的同时，还能优化产业和能源消费结构，减少化石能源消费，促进可再生能源和新能源的利用，进而减少CO_2排放。总之，技术进步通过影响经济增长进而影响CO_2排放。

2.3.2.2 城市化过程中的结构转化效应与CO_2排放

配第－克拉克（Petty－Clark）定理以三次产业分类法为基本框架，使用了劳动力指标，通过分析就业人口在三次产业中分布结构的变动趋势，研究经济发展中产业结构的演变规律，并得出以下结论：随着经济的发展与人均国民收入的提高，劳动力首先由第一产业向第二产业转移；当人均国民收入进一步提高时，劳动力就向第三产业转移，劳动力在产业间的分布状况是，第一产业将减少，第二、第三产业将增加。城市化进程为产业重心由第一产业向第二、第三产业提供了推动力。城市化进程的作用符合配第－克拉克定理，城市化过程中的人口城市化，可简单地理解为农村人口向城镇转移，其实质也是人口从第一产业向第二、第三产业转移的过程。同时，城市化的发展，也需要农村大量剩余劳动力逐步向

城镇转移。城市化推进第一产业向第二、第三产业转移也符合产业结构转移的基本规律。纵观世界各国现代经济发展的历史，三次产业结构演进都符合在三次产业结构之间，第一产业呈不断减少的趋势，第二产业先是迅速增加，然后趋于稳定，第三产业则呈不断上升的趋势。城市化过程实际上就是需求结构的升级过程、资本积累的过程、技术进步和技术累积的过程和产业结构优化的过程。城市化过程的这些基本特征都符合了产业结构演进的条件和决定因素。因此，城市化过程往往伴随着产业结构演进过程，产业结构的升级在一定程度上依附城市化，而城市化过程又可以充当产业结构演进的载体。可以说，城市化过程也是产业结构升级演进的过程。

第二、第三产业的发展推动了城市化进程，同时城市化又积极作用于第二、第三产业的发展。这种说法也可以称为产业结构的城市化。产业结构的城市化其实质是指产业结构的升级换代，即第一产业、第二产业以及第三产业符合经济规律（比较利益、规模经济等）的演变和发展过程，是实现城市化的过程。产业结构城市化是城市化的主线之一，城市化过程就是产业结构不断由低层次向高层次演进的伴生发展过程，也即从第一产业到第二、第三产业转移的过程。产业结构的城市化是经济城市化的一部分，因为正是伴随着经济的发展，经济的比较利益原则和规模经济原则等无形中就要求和指导着产业结构的优化，否则，经济的增长将不可能持续，也是没有动力的。

从图 2－7 和图 2－8 可以看出，1990 年以来，随着城市化进程的推进，第一产业呈下降趋势，就业比重由 1990 年的60. 1% 下降到2012 年的33. 6%，产值比重从 27. 1% 下降到 10. 1%；第二产业增长快速，就业比重由 1990 年的 21. 4% 上升到 2012 年的 30. 3%，产值比重从 41. 3% 上升到 45. 3%，有力地推动了城市化

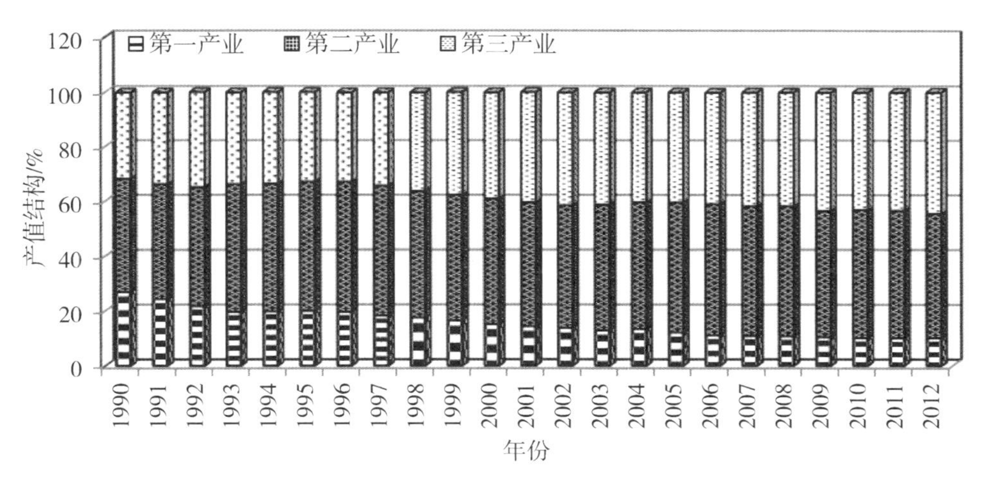

图 2－7　1990—2012 年中国三次产业产值结构演进趋势

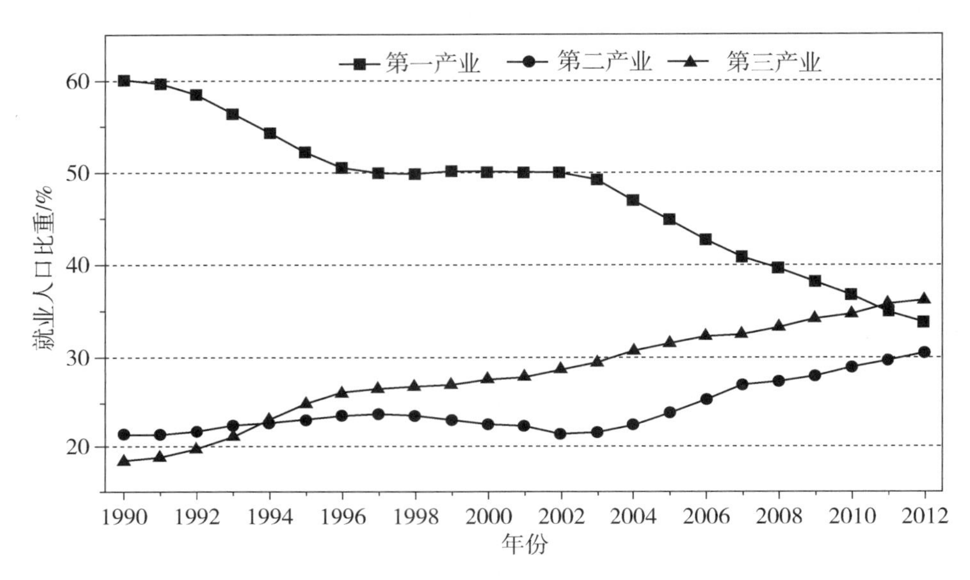

图2－8　1990—2012年中国三次产业就业人口比重演化趋势

进程；第三产业多样化发展，就业比重由1990年的18.5%上升到2012年的36.1%，产值比重从31.5%上升到44.6%，渐进成为城市化进程的主力军。随着城市化的快速发展，第二、第三产业的产值比重逐步增加，第一产业逐渐缩小，同时第二、第三产业就业比重也不断增加。整体来看，第二产业在经济增长中还是占主导地位，其产值比重仍大于第三产业，但其就业比重从1994年以来就开始低于第三产业。还可以看出，第三产业无论在产值比重还是在就业比重方面其增速都快于第二产业。同时，第一产业的产值比重和就业比重持续下降，其劳动力转移满足了第二、第三产业加速扩展所形成的对劳动力的需求，从而提高了资源的边际生产率，各产业对国民经济的贡献份额发生了有益于增进经济效益的结构性转变，第二产业及第三产业就业产值及就业比重持续上升，符合配第－克拉克定律，同时这种产业结构的演进也符合城市化进程的推进。

产业结构影响能源消费总量，主要是因为三次产业的产值比重和能源强度不同。从图2－9和图2－10可以看出，三次产业的能源消费量都在增加，但能耗比重有所差异。第一产业能源消费量从1990年的4851.8万吨标准煤上升到2012年的6784.4万吨标准煤，其能耗比重从4.91%下降到1.88%；第二产业能源消费量从1990年的67577.8万吨标准煤上升到2012年的252462.8万吨标准煤，产值能耗比重波动中有所变化，基本维持在70%左右；第三产业能源消费量从1990年的26273.7万吨标准煤上升到2012年的102484.8万吨标准煤，产值能耗比重在波动中略有上升。从消费量上看，第二产业能源消费总量比重最大，其次是第三产业，第一产业能耗量相对较小。所以，第二、第三产业能耗不断增长是

我国能源消费量不断增加的主要原因。从图 2 - 11 可以看出，三次产业的能源强度都呈下降趋势，说明我国的科技水平一直在进步，能源利用效率在逐步提高。从强度高低来看，第二产业的能源强度最大，其次是第三产业，第一产业的能源强度最小。改革开放以来，我国第二产业发展迅速，尤其是以重工业为主导的内部结构，加之以煤为主导的能源结构促进了能源消费量的快速增长，第三产业能源增加主要是交通和基础设施建设能源消费的快速增长。

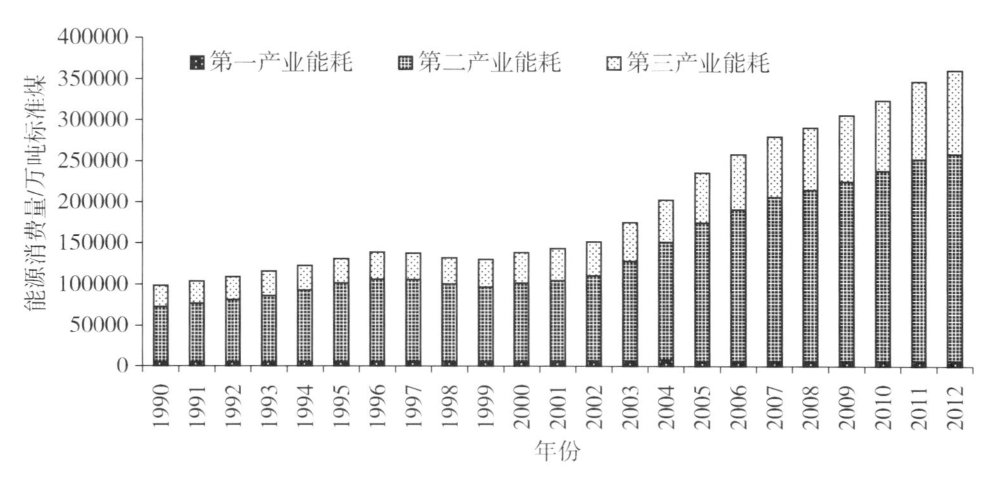

图 2 - 9　1990—2012 年中国三次产业能源消费总量

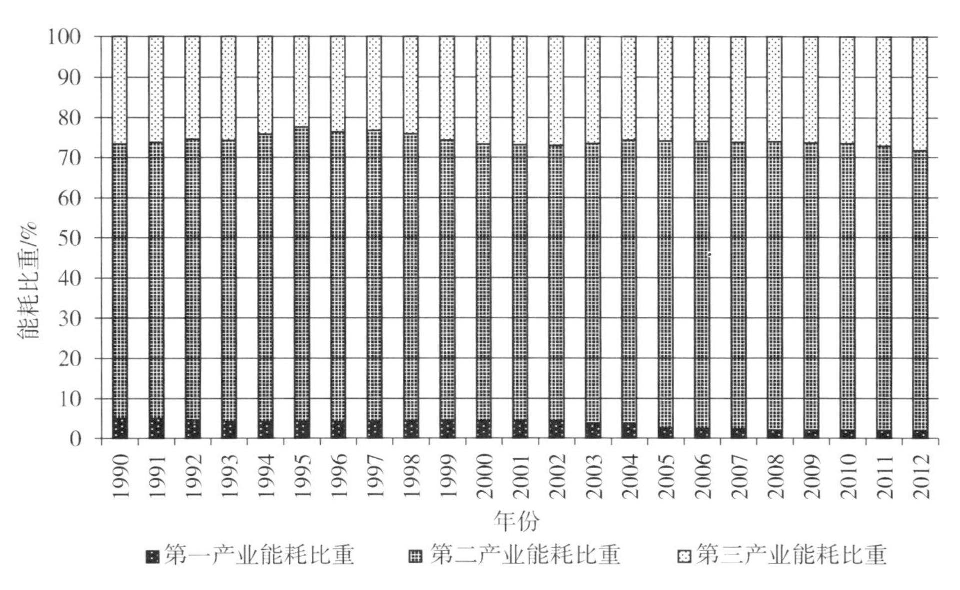

图 2 - 10　1990—2012 年中国三次产业能源消费比重

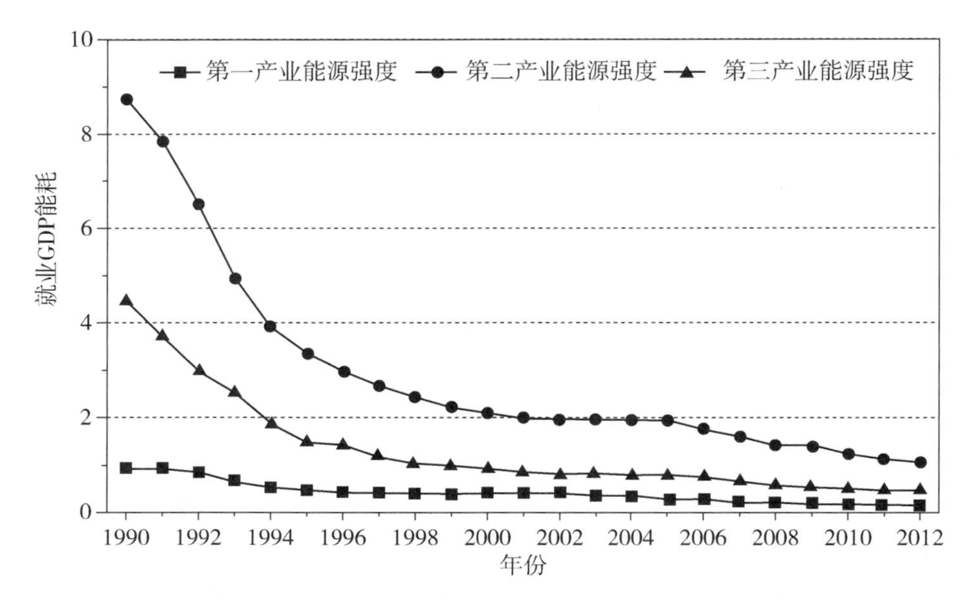

图2－11　1990—2012年中国三次产业能源强度演化趋势

城市化有助于产业结构演进。在城市化初期阶段，农业经济仍是经济结构的主要组成部分，人们对物质产品的需求也较为简单，只需对农产品进行轻加工就可以满足需求，所以第一产业和轻工业为主导产业。随着人口从农业部门流向城市，农业生产效率也会提高，但第一产业的比重会受到影响而逐步下滑，第二产业和第三产业比重逐步增加，同时现有研究表明，农业部门的回报率低于工业部门，而工业部门的回报率又低于第三产业部门，农业部门生产效率相对较低，在很大程度上是因为农业部门存在大量的农村剩余劳动力。随着城市化进程的加快，农村剩余劳动力大量涌入城市，城市产业主导结构由农业转化为第二产业，到城市化后期，第三产业比重逐步上升，并成为主导产业。

所以，城市化影响产业结构变化，最终影响CO_2排放。产业结构变化首先影响能源消费。由于不同的产业结构所消耗的能源量是不同的，第一、第三产业相比于第二产业能耗系数较小，若经济结构中能耗系数较大的产业为主导，自然而然能源消费量就会增大，反之降低。城市化影响产业结构，进而影响能源消费，最终影响CO_2排放。产业结构不同，能源消费结构也不尽相同，图2－12为1990—2012年中国能源结构演进趋势，不同产业所消耗的能源组成（煤、石油、天然气等）是不一样的，不同的能源结构所排放的CO_2也是不相同的，因为不同能源的CO_2排放系数不同。总之，城市化通过影响产业结构进而影响能源消费和能源结构，最终影响CO_2排放。

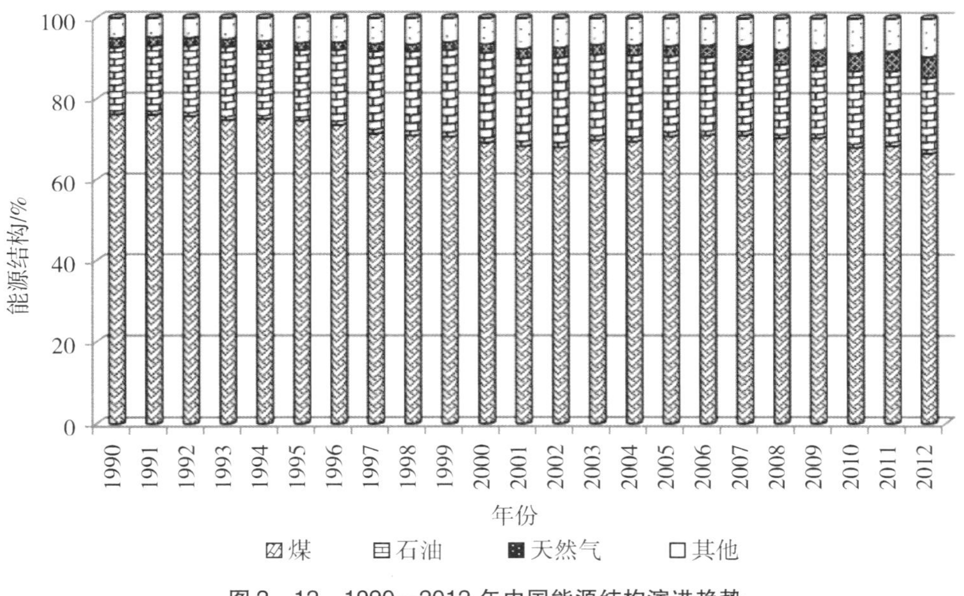

图 2－12　1990—2012 年中国能源结构演进趋势

2. 3. 2. 3　城市化过程中的消费升级效应与 CO_2 排放

城市化与消费升级相互影响、相互推进。城市化推进的过程实质上是人口从乡村向城市过渡的过程、农业劳动力向非农业劳动力转化的过程，以及生产方式和生活方式由农村型向城市型转化的过程。城市化的发展改变了农村传统的生产方式和农村经济结构，农村人口开始从事非农职业的数量迅速增长。农村城市化一个重要的方面是农村生活方式逐步向城市生活方式演进。城市生活方式相比于农村质量较高，基础人均收入高于农村的同时增长幅度也同样高于农村，于是进一步吸引农村剩余劳动力转移到城市，并在城市集聚，从而推动了城市化水平的提高。城乡生活方式和城乡消费方式的差异在一定程度上是城市化进程的微观推动力。据相关研究表明，城市化影响消费具有五大效应：收入效应、示范效应、联动效应、累积效应和挤出效应。城市化通过影响消费结构和消费心理导致的消费方式转变是靠城市化的累积效应和挤出效应来完成的。消费方式不同进而导致了城乡差异。消费同时受收入制约，随着城市化水平的不断提高，城镇居民可支配收入增加，进而提升了消费水平，促进了消费升级。总之，城市化促使生活方式转变进而促进消费增长和升级。

从图 2－13 和图 2－14 来看，城镇生活用能一直高于农村生活用能，二者之间的差距从 1990 年以来更为明显。2012 年城镇生活用能是农村生活用能的 1. 53 倍。1990 年以来城镇人均生活用能和农村人均生活用能都经历了先降后升的过程，虽然两者之间差异有逐步缩小的趋势，但 2012 年城镇人均生活用能仍然是

农村人均生活用能的1.38倍。1990年以来，城镇生活用能从1990年的8998万吨上升了2012年的24130万吨，几乎增加了近两倍，同时农村也增加了一倍多。可以看出，城市化进程的快速推进通过消费升级效应对居民生活能耗有正向促进作用，进而增加了CO_2排放总量。

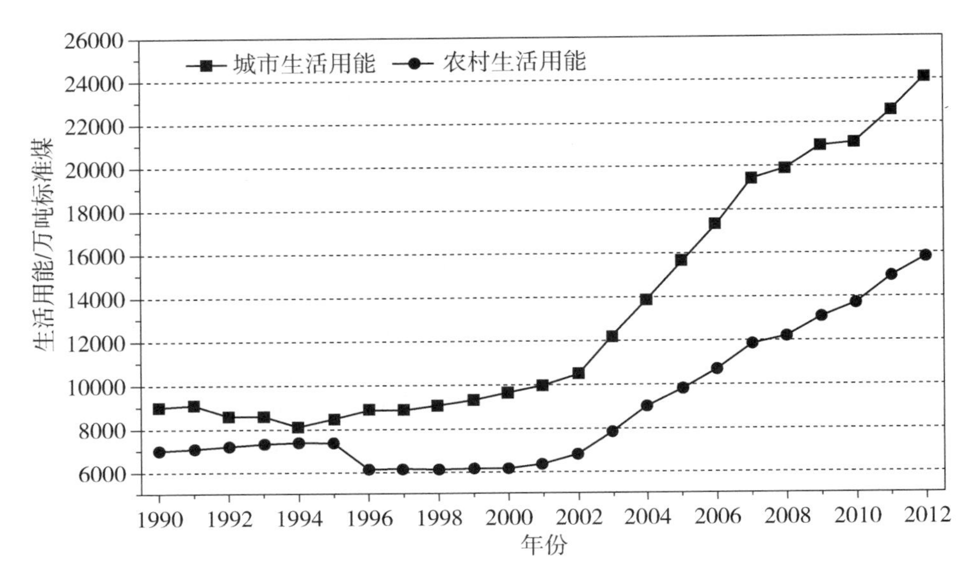

图2－13　1990—2012年城乡生活用能演变趋势

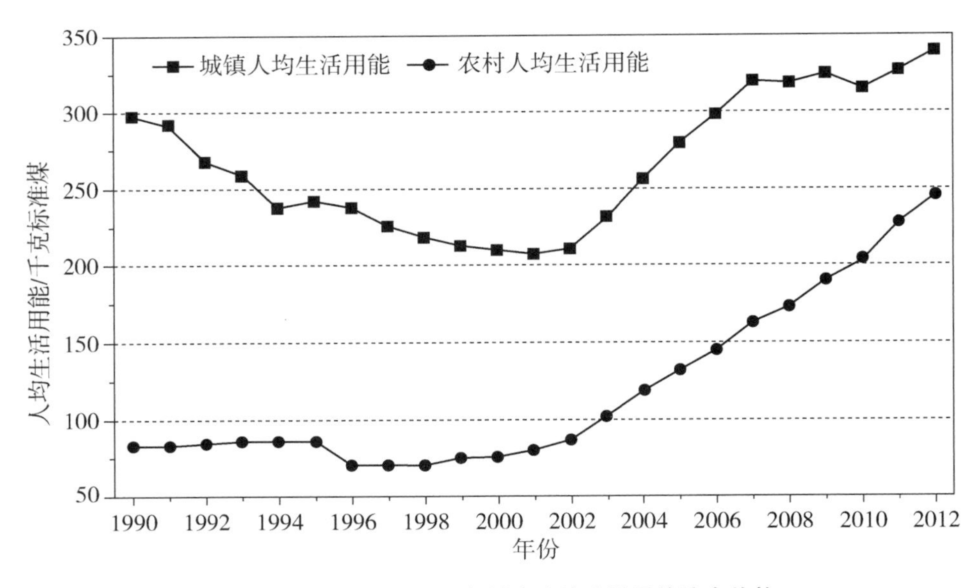

图2－14　1990—2012年城乡人均生活用能演变趋势

2.3.2.4 城市化过程中的土地变迁效应与 CO_2 排放

城市化过程加速土地变迁效应。土地利用变化已成为仅次于化石能源燃烧的第二大人为 CO_2 排放源。土地利用变化导致 CO_2 排放的作用机理比较复杂，不确定因素多，一度成为研究全球气候变化的热点和难点。据科学研究表明，土地利用变化既可以发挥碳源作用，又可以发挥碳汇作用，但事实表明，前者的作用大于后者，也就是说土地利用变化起到了 CO_2 排放源的作用。土地利用变化可以大致分为两类：一类是转变，一类是渐变。转变是指一种土地利用类型向另一种土地利用类型转变，这种转变改变了土地覆被原有的生态功能，如草地转化为建设用地等。渐变是指某种土地利用类型内部利用的变化过程，但是生态系统功能不会完全发生变化，如农田种植变化等。人为的土地利用变化大致可以分为三类：一是农用地、林地等向非农用地转化，二是农用地、林地等自身内部变化，三是非农用地内部变化等。在各种土地利用类型中，建设用地的 CO_2 排放总量最高。

快速的工业化和城市化进程导致了大量的农地、林地等转化为建设用地。在此转化过程中，植被大量减少，因而由植被而形成的碳汇作用也相应减少，同时大量的植被残体也作为碳源而排放 CO_2 等温室气体，进而由于植被的减少，土壤的碳汇作用也会相应降低。因此，农用地转化为建设用地将导致 CO_2 排放的增加。也有学者用定量的方法研究了农用地和建设用地的 CO_2 排放总量，以此来估算土地利用类型转换而形成的间接 CO_2 排放。有研究表明，农用地 CO_2 排放总量占各种土地 CO_2 排放总量的 1.84%，居民点用地及工矿用地和交通用地的碳强度分别为 33.64 t/hm^2、47.81 t/hm^2，远远大于农用地的 0.03 t/hm^2（卢娜，2008）。也有学者得出建设用地对各类土地类型 CO_2 排放总量的贡献份额为 96% 的结论（李颖等，2008）。可以看出土地利用变化也可以间接产生 CO_2 排放。

2.3.3 城市化过程中 CO_2 排放的约束机制

目前，大部分关于城市化过程与 CO_2 排放的研究都涉及了城市化对 CO_2 排放的作用机理，但很少有研究涉及 CO_2 排放对城市化进程的约束机制，本章参考徐安（2011）的研究成果，尝试用城市化的边际成本和收益曲线分析 CO_2 排放对城市化进程的约束作用。

2.3.3.1 城市化边际成本与收益曲线

阿隆索（Alonso，1971）提出了一个关于确定城市最优规模的成本—收益曲线模型，认为随着城市发展和规模的增长，城市边际收益和边际成本会随着城市规模的扩大而增加，但前者呈递减趋势为 S 型曲线，后者呈递增趋势为 U 型曲线，两条边际曲线的交点即为最优城市规模点。有关学者进一步研究了阿隆索的成本—收益曲线，认为城市的实际规模是由平均收益曲线和平均成本曲线的交点决定的，最优规模是边际成本曲线和边际收益曲线的交点决定的。由于平均收益曲线和平均成本曲线均在边际成本曲线和边际收益曲线的下方，所以最优规模位于实际规模的左侧，也就是城市的实际规模大于最优规模（陈卓咏，2008）。这说明，城市内部存在一个驱动力，使城市的实际规模大于最优规模，有关学者认为，这个内在驱动力的实质是城市聚集经济。

城市化过程是一个涉及人口、经济、社会和空间等方面的复杂过程，它通过各种驱动力使生产要素向城市空间集聚，进而产生集聚经济效应；任何事物发展都有“度”，如果超过了往往就会适得其反从而产生聚集不经济效应。在城市化发展的前中期，城市化就是通过集聚效应使城市化发展产生了边际成本递减和边际效益递增的。但是，当城市化发展达到一定水平时，集聚经济效应发挥到最优时，如果生产要素继续流入城市，就会过犹不及从而出现集聚不经济现象，此时，城市化发展将会停滞甚至倒退，出现郊区城市化和逆城市化现象，这是由于过度集聚导致了城市化边际成本递增而边际收益递减的结果（徐安，2011）。图2－15显示了6个城市化发展水平（阶段）（陈卓咏，2008）。

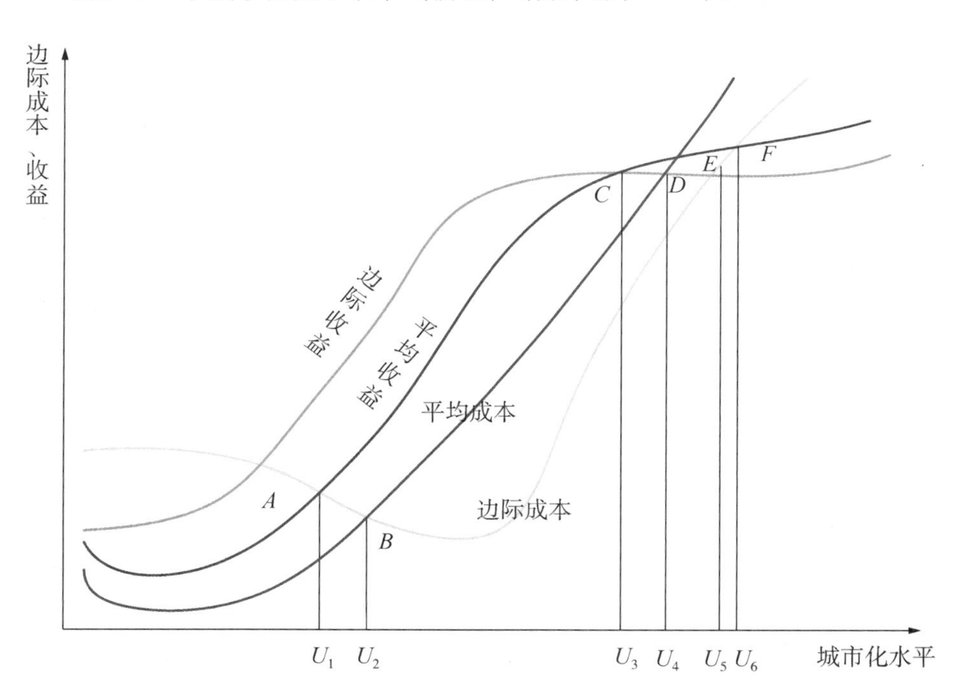

图2－15　城市化的边际成本与收益曲线

资料来源：陈卓咏，2008。

（1）最低城市化水平。点A代表平均收益上升和边际成本下降时两条曲线的交点。城市化过程首先应是一个人口集聚的过程，它通过产业集聚使人口向城

市集聚，难以产生集聚效应，*A* 点是产生集聚效应最低的城市化水平，如果城市人口规模比例低于 *A* 点，难以形成较强集聚效应，难以产生集聚效益。

（2）最低成本的城市化水平。点 *B* 是平均成本最低的点，但它并不是城市化水平发展的最佳均衡点，因为随着城市化的发展，城市化的平均成本增加的同时，平均收益也随着增长，但平均收益的增长快于平均成本，所以，随着城市化的进一步发展，城市化带来的净收益是增加的、高于 *B* 点的。*B* 点只是平均成本最低的点，但不是城市化发展的最佳均衡点。所以，*B* 点以后，城市化还会通过驱动力继续产生集聚效应，向最佳均衡点发展。

（3）人均净收益最大的城市化发展水平。*C* 点是平均收益与平均成本差距最大的点，城市化水平发展到 *C* 点时，人均收益达到最大，然而随着城市化的进一步推进，平均收益的增长幅度开始小于平均成本，城市化的净收益开始下降，当净收益逐步变小的时候，则可能出现郊区城市化或逆城市化现象。

（4）平均收益最大的城市化发展水平。点 *D* 为平均成本与边际收益两条曲线的交点。点 *D* 代表平均收益最大时的城市化发展水平，但它也不是最佳城市化发展水平点，因为此时，虽然平均收益达到最大，但平均成本也相应很大，继而平均收益与平均成本之间的差额并不是最大，随着城市化的进一步推进，平均收益开始下降，但 *D* 点并不是最佳城市化发展水平点。

（5）最佳城市化发展水平。点 *E* 是边际成本与边际收益两条曲线的交点，是理论上城市化水平发展阶段中收益最大的点，也即城市化发展的最佳点。

（6）平均收益大于边际成本的城市化发展水平。成本收益法最初用于研究城市最佳规模，其理论思路可以为研究城市化发展的边际成本—收益分析提供必要的理论支撑。借助成本收益法，可以厘清城市化发育发展的路径。

2.3.3.2 CO_2 排放对城市化进程的约束作用

气候变化是人类面临的共同挑战。国际社会普遍认为人类活动产生的温室气体特别是 CO_2 排放是导致全球气候变暖的主要原因，温室气体尤其是 CO_2 减排问题成为国际社会关注的焦点。为了减少 CO_2 排放、降低气候变化效应，在 2009 年哥本哈根气候变化大会上，中国政府提出了系列的节能减排措施，具体表现为：一是加强节能、提高能效工作，争取到 2030 年左右实现 CO_2 排放峰值；二是大力发展可再生能源和核能，争取到 2020 年非化石能源占一次能源消费比重达到 15% 左右；三是大力增加森林碳汇，争取到 2020 年森林面积比 2005 年增加 4000 万公顷，森林蓄积量比 2005 年增加 13 亿立方米；四是大力发展绿色经济，积极发展低碳经济和循环经济，研发和推广气候友好技术。在经济政策上，政府采取征收碳税，实施碳交易与市场机制，积极倡导低碳发展与新型城镇化策略，兼顾产业革命和科技革命，最终实现经济发展转型。政府限制 CO_2 排放的经济政策，会在一定程度上改变城市化的边际成本曲线，进而影响城市化的发展路径。

CO_2 排放对城市化过程的制约作用主要体现在 CO_2 排放的外部性，而这种外部性只是城市化环境成本的一种，然而 CO_2 排放的外部性并不像其他生态环境要素的外部性作用大，CO_2 排放的外部性与城市化进程之间现阶段并不存在所谓的交互胁迫效应，它只是在目前气候变化背景下限制城市化毫无节制的快速推进，CO_2 排放的制约作用在一定程度上会促进城市化的良性健康发展。总的来说，CO_2 排放对城市化进程的制约作用短期内可能影响城市化进程，但长期来看，它会促进城市化的健康低碳发展。

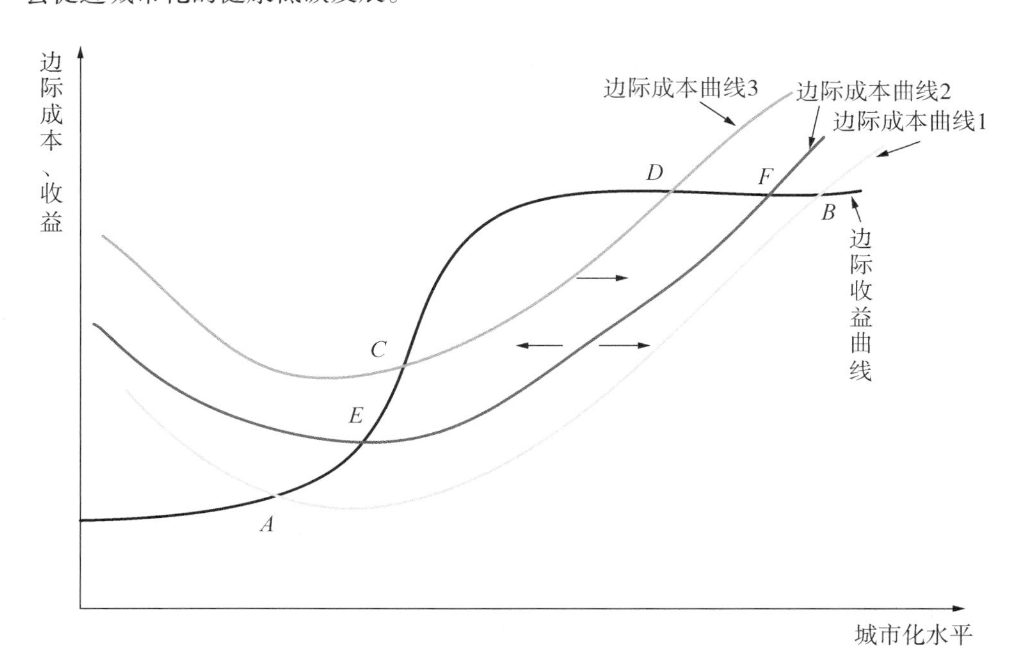

图 2－16　城市化与 CO_2 排放的边际成本、边际收益曲线变化

资料来源：徐安，2011。作者转绘。

本书参考已有研究成果（徐安，2011），引用城市化发展的边际成本与收益曲线理论试图阐述 CO_2 外部性对城市化过程的影响，如图 2－16 所示。城市化的边际成本曲线 1 是没有考虑城市化进程中所产生的 CO_2 排放外部性，边际成本曲线 2 是综合考虑了城市化进程中所产生的 CO_2 排放外部性，而边际成本曲线 3 是考虑通过相关手段消除 CO_2 排放外部性形成的城市化边际成本曲线。从边际成本曲线 1 来看，城市化在 A 点时开始进入良性发展阶段，在 B 点时达到最佳城市化水平。从边际成本曲线 2 来看，由于考虑到城市化进程中产生的 CO_2 排放的外部性，那么城市化在 E 点开始进入良性发展阶段，在 F 点达到城市化发展最佳点。相比曲线 1 可知，曲线 2 城市化进入良性阶段的时间要晚，但达到最佳城市化水平的时间却早于曲线 1。由于受全球气候变化的影响，CO_2 排放的外部性作用开

始凸显，人们需要在快速城市化进程尽可能地消除 CO_2 排放的外部性，以达到减少由外部性产生的各种环境成本。从边际成本曲线 3 来看，为了消除 CO_2 排放的外部性，需要采取一系列措施如征收能源税和碳税等经济手段来达到限制能源消费和减缓 CO_2 排放的目的（徐安，2011），这也同时意味着城市化进程中的平均成本和边际成本都将增加，从而导致城市化的边际成本曲线进一步移动，导致城市化在 *C* 点才开始进入良性发展阶段，在 *D* 点达到城市化发展的最佳均衡点。相比于曲线 1 和曲线 2，曲线 3 城市化进入良性发展的时间要晚，城市化进入良性发展的成本更高，城市化发展在此时面临的困难也越多，然而从另外一个角度来看，征收能源税和碳税会提高技术水平进而提高能源效率和排放绩效，从而导致能源消费量减少，导致城市化进程中的 CO_2 排放减少，这样能使城市化发展更加低碳化、健康化，从长远来看，城市化发展达到最佳均衡点时间要早于曲线 1 和曲线 2。

从整体上来看，考虑城市化进程中 CO_2 排放的约束作用，即 CO_2 排放的外部性，短期内会使城市化开始进入自我良性发育和推进阶段的时间延后，导致城市化进程需要在更高城市化水平才能达到良性发育的阶段；但从长期来看，城市化水平达到最佳点的时间会提前，在较长时间内会提高城市化的发育质量，使城市化进程得以低碳化、健康化。总的来说，CO_2 排放已经对我国城市化的进程造成了制约，一些减缓 CO_2 排放的政策和措施应该充分考虑我国城市化进程所面临的压力，在确保城市化健康、低碳发展的同时，实施节能减排政策需要控制好力度。

2.3.4 城市化过程与 CO_2 排放效应机理演化

通过对城市化过程中 CO_2 排放影响因素定性分析可以发现，城镇化和工业化是影响 CO_2 排放的两大核心要素。城市化过程与 CO_2 排放作用机理演化必然与城镇化和工业化发展紧密相连。为了说明城市化过程与 CO_2 排放作用机理的演化规律，借鉴方创琳（2008）提出的城市化发展阶段与经济发展阶段对应关系，尝试厘清城市化过程中 CO_2 排放水平的演化与城镇化和工业化发展阶段的对应关系（图 2 - 17）。总体来看，城市化进程中 CO_2 排放水平呈双指数曲线演化，也可以示意呈倒“U”型，而且其发展路径与城镇化过程基本吻合。

第一阶段：城镇化水平处于起步阶段，工业化水平同样处于初期阶段。由于这一时期经济增长速度缓慢，工业发展处于萌芽阶段，产业发展主要靠农业经济，由于传统的农耕阶段 CO_2 排放水平较低，对自然界的 CO_2 排放循环不构成影响，且这一阶段 CO_2 排放水平增长速度较慢，整体排放水平处于低级阶段。城镇化和工业化对 CO_2 排放的促进作用较弱。

第二阶段：城镇化水平处于中期阶段，工业化水平同样也处于中期阶段。这一时期由于经济快速增长，城市化和工业化进程快速推进，伴随而来的是大量农村人口涌入城市，城市基础设施和公共服务设施建设进程加快，产业发展主要靠工业经济，这一时期工业所占比例较高，第一产业和第三产业所占比例较低，这一阶段CO_2排放增长速度快，排放水平一直处于增长趋势。城镇化和工业化对CO_2排放起到强劲的推动作用。

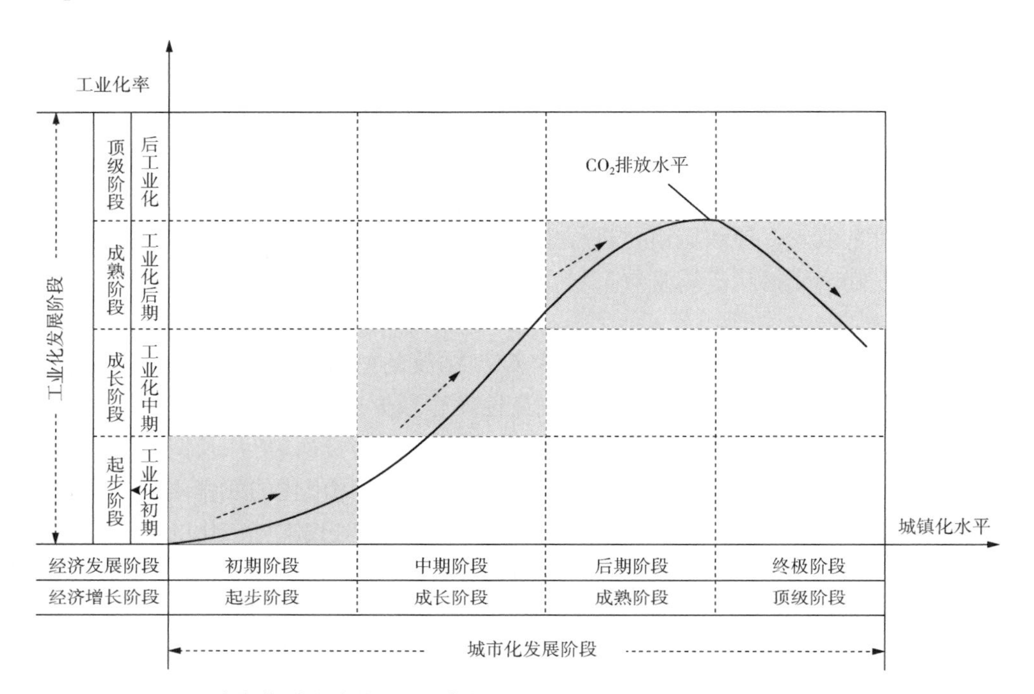

图2－17　城市化过程中CO_2排放水平演化与城市化和工业化发展阶段对照示意

第三阶段：城镇化水平处于成熟阶段，工业化水平处于后期阶段。这一阶段的主体特征表现为城镇化进程仍然在推进，但其发展速度已经变慢、变缓，已改过去快速增长模式，进入稳定成熟发展阶段；同时，伴随经济发展水平的提高，工业化发展处于后期阶段，工业经济所占比例开始下滑，而同时第三产业正蓬勃发展，这一降一升说明经济发展正驶向发达阶段，过去高消费、高污染、高排放的时代正逐步终结。由于城镇化和工业化进程放缓、放慢，产业发展开始以第三产业为主导、工业化为辅，这一阶段CO_2排放增长速度趋缓，并逐步趋于稳定。这一阶段城镇化和工业化对CO_2排放的驱动作用趋缓。

第四阶段：城镇化水平处于顶级阶段，工业化水平处于后工业化时代。这一阶段，工业化水平继续下滑，整体处于较低水平，而城镇化水平趋于稳定，变化微小。由于经济发展减速趋稳，进入高科技时代，产业发展以第三产业占绝对主导，这一阶段CO_2排放水平开始相比于前几阶段下滑，并逐步趋缓稳定。城镇化和工业化对CO_2排放的驱动作用微弱，出现负增长。

3 城市化进程中 CO_2 排放的时空格局

随着城市化进程的快速推进，CO_2 等温室气体排放量迅速增加，由此导致的气候变化是人类面临的共同挑战。本章从三个尺度对能源消费 CO_2 排放指标进行了时空格局变化研究，研究尺度包括全国、区域（四大地区）和省区尺度（由于地级城市统计资料限制，城市尺度的 CO_2 排放格局将在第七章探讨），研究指标包括 CO_2 排放总量、人均 CO_2 排放量和 CO_2 排放强度，每个尺度的研究都包括了时空格局刻画和演变机理分析。此外，还对每个尺度的人均 CO_2 排放进行了区域差异及贡献率分析，探求地理空间对区域差异尺度效应的影响作用。

3.1 CO_2 排放核算方法

相比其他国家，我国官方并没有公布历年的 CO_2 排放总量。为了研究节能减排政策的制定，学者们开始运用不同方法进行估算，值得提出的是，由于估算方法的不同，导致 CO_2 排放总量估算结果出现极大差异性。例如，徐国泉等（2004）利用因素分解模型计算得出我国 2004 年 CO_2 排放总量为 12.8 亿吨，魏一鸣等（2008）计算得出我国同年 CO_2 排放总量为 13.7 亿吨，刘红光等（2009）计算得出同年 CO_2 排放总量为 11.3 亿吨，这 3 种测算结果相差相对较小，而蒋金荷却计算得出我国同年 CO_2 排放总量为 46.11 亿吨，较前三者差距较大。刘强等（2008）计算得出我国 2005 年 CO_2 排放总量为 15.05 亿吨，而韦保仁（2007）得出同年 CO_2 排放总量为 12.82 亿吨。赵荣钦等（2010）计算得出我国 2007 年能源消费 CO_2 排放总量为 16.47 亿吨，而石敏俊（2012）得出同年 CO_2 排放总量为 60.1 亿吨。Wang 等（2014）计算得出 2010 年我国 CO_2 排放总量为 97.2 亿吨。从时间序列来看，不同方法测定的结果虽然不会影响研究 CO_2 排放的变化趋势，但如果测算的结果差异悬殊，特别是“十二五”期间各省市都将 CO_2 排放强度作为约束性指标进行考核以及国家发展和改革委员会将 CO_2 排放强度纳入政府政绩考核，不同的测算方法将最终影响考核质量。因此，当前更加紧迫的是统一口径、统一标准，使 CO_2 排放的计算更加精准（张征华等，

2013）。根据科学报道，人类活动CO_2排放主要来源于三个方面，其中91%来自化石能源的燃烧和水泥生产过程，9%来源于土地利用变化。所以，本章为了更加科学合理地核算CO_2排放总量，拟从化石能源消费、水泥生产等方面来进行整体估算。

由于统计数据限制，目前国内外能源消费CO_2排放研究大部分以基于能源表观消费量的参考方法为主（王冰妍等，2004；王铮等，2008）。本章在已有相关研究的基础上，参考了刘竹等（2011）基于能源表观消费量的3种能源消费CO_2排放核算方法，分别是基于能源平衡表、基于一次能源消费和基于终端能源消费的能源消费CO_2排放核算。同时，结合我国能源统计现状，参考IPCC（2006）温室气体排放清单编制方法和国家发展和改革委员会能源研究所国家气候变化对策协调小组办公室所公布的CO_2排放系数，根据相关研究（Du et al，2012），本章中能源消费CO_2排放总量的计算主要基于两个方面，一是来自化石能源燃烧，二是来自工业产品的生产过程，这里主要指水泥的生产。对于化石能源消费引起的CO_2排放的测算，根据Du等（2012）的相关研究，本章提出公式为：

$$CE = \sum_{i=1}^{7} CE_i = \sum_{i=1}^{7} PEC_i \times F_i \tag{3-1}$$

式中：CE表示基于化石能源消费CO_2排放总量；i表示化石能源类型，包括煤炭、焦炭、汽油、煤油、柴油、燃料油和天然气；PEC_i表示各类化石能源消费量；F_i表示各类一次能源的CO_2排放系数（表3－1）。

水泥生产过程的CO_2排放总量计算公式如下：

$$CC = Q \times F \tag{3-2}$$

式中：CC表示水泥生产过程中的CO_2排放总量；Q表示水泥的生产量；F表示水泥生产过程中的CO_2排放系数（表3－1）。

表3－1　不同能源的CO_2排放系数

碳来源	煤炭	焦炭	汽油	煤油	柴油	燃料油	天然气	水泥
CO_2排放系数	1.647	2.848	3.045	3.174	3.150	3.064	21.670	0.527

资料来源：IPCC（2006）和国家发展和改革委员会能源研究所国家气候变化对策协调小组办公室（2007）。

人均CO_2排放量计算公式为：

$$\text{人均}CO_2\text{排放量} = (CE + CC)/P \tag{3-3}$$

CO_2排放强度计算公式为：

$$CO_2\text{排放强度} = (CE + CC)/GDP \tag{3-4}$$

式中：CE表示基于化石能源消费CO_2的排放总量；CC表示水泥生产过程中的CO_2排放总量；P表示地区常住人口；GDP表示地区生产总值。

本章数据来源于《中国能源统计年鉴 1996—2012》《新中国六十年统计资料汇编》以及各省市统计年鉴，本章选取中国 1995—2011 年全国化石能源消费总量及各类能源的占比数据以及水泥生产数据，计算出各年份分品种化石能源消费引起的 CO_2 排放总量和水泥生产过程的 CO_2 排放，之后将各类化石能源消费和水泥生产引起的 CO_2 排放总量加总得到全国化石能源消费引起的 CO_2 排放总量。

3.2　全国 CO_2 排放的时空格局

中国是世界上经济发展最快的国家之一。工业化和城市化进程的快速推进，离不开巨大的能源消费，化石能源作为不可再生资源对经济增长的制约作用也越来越明显。而能源消费所带来的 CO_2 排放是温室气体的主要来源，由此引发的全球变暖、温室效应的问题值得长期被关注。本节的研究范围是全国尺度，为了能够充分揭示 CO_2 排放变化的内在规律，选取了 1995—2011 年时间序列数据进行研究，主要考察了 CO_2 排放的三个基本指标，即 CO_2 排放总量、人均 CO_2 排放总量和 CO_2 排放强度，分别计算了观察期内各个指标的变化量及变化趋势，并分析了时空格局，数据具体核算过程如图 3－1 所示。

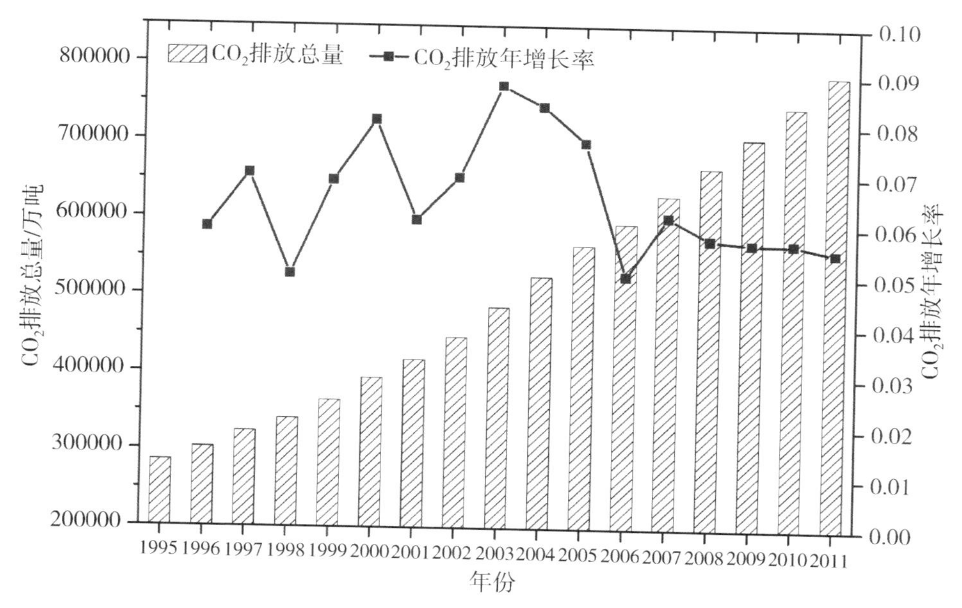

图 3－1　1995—2011 年中国 CO_2 排放总量及其年增长率

3.2.1 CO_2排放总量格局分析

总量指标可以用来反映社会经济现象在一定条件下的总规模、总水平或工作总量的统计指标。CO_2排放总量是用来衡量一个国家在一定时间内CO_2排放总规模或总水平的一个总量指标。1995—2011年，中国能源消费CO_2排放总量稳步上升（图3-1）。从总量上来看，具体表现为CO_2排放总量从1995年的28.55亿吨上升到2011年的78.75亿吨，后者是前者的2.75倍，年均增长量为2.94亿吨。从CO_2排放年增长率来看，年增长率均超过5%，1995—2007年存在较大波动，2007年后稳步下降。从2003年开始，我国的CO_2排放总量增长趋势有所缓和，CO_2排放年增长率逐步下降，这可能得益于我国节能减排政策的制定及实施，这种政策效应随着时间的推移而逐步得到显现。

3.2.2 人均CO_2排放量格局分析

3.2.2.1 人均CO_2排放量基本态势分析

人均指标相比于总量指标在一定程度上更能反映一个国家的贫富状态、生活水平，比如人均GDP和人均收入等。人均CO_2排放量指标则恰恰相反，它是一个反向指标，它在一定程度上可以用来衡量区域CO_2排放绩效水平，人均CO_2排放水平越低，CO_2排放绩效水平则越高。1995—2011年，人均CO_2排放量和CO_2排放总量相似，均呈稳步增长态势（图3-2），具体从1995年的2.37吨上升到了2011年的5.89吨。从人均CO_2排放年增长率来看，2005年以前处于波动上升阶段，2005年以后，特别是2007年以来，人均CO_2排放年增长率处于稳定状态，维持在5%左右。总的来看，1995年以来，我国的人均CO_2排放水平是在不断增长的，虽然节能减排政策的实施在一定程度上减缓了其增长，但并没有起到显著的效果。面对国内外巨大的减排压力，未来我国将继续加大节能减排力度，为减缓全球气候变化做出应有的贡献。

3.2.2.2 人均CO_2排放量与人均GDP的关系拟合

曲线拟合是一种数据处理方法，它可以通过选择适当的曲线类型来拟合观测数据，并用拟合的曲线方程分析两变量间的关系。为了表征人均CO_2排放量和人均GDP的关系，本节将人均CO_2排放量和人均GDP数据进行了拟合。通过拟合发现，二者之间的相关关系系数为0.986（图3-3）。随着人均GDP的增加，人均CO_2排放水平也逐步升高。所以，拟合曲线及拟合方程在一定程度上可以很好地反映人均CO_2排放量和人均GDP的相关关系。

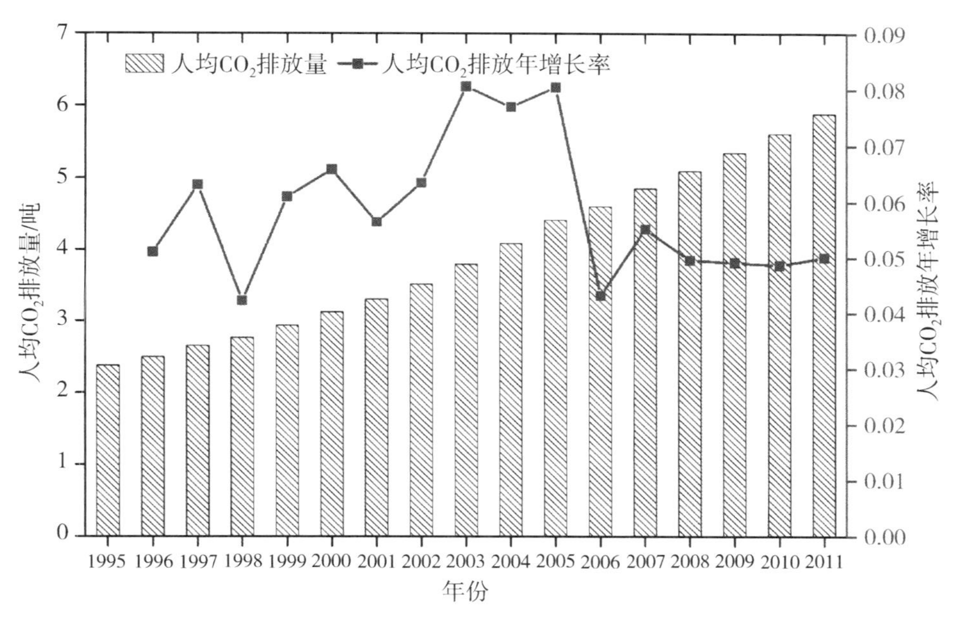

图 3-2 1995—2011 年中国人均 CO_2 排放量及其年增长率

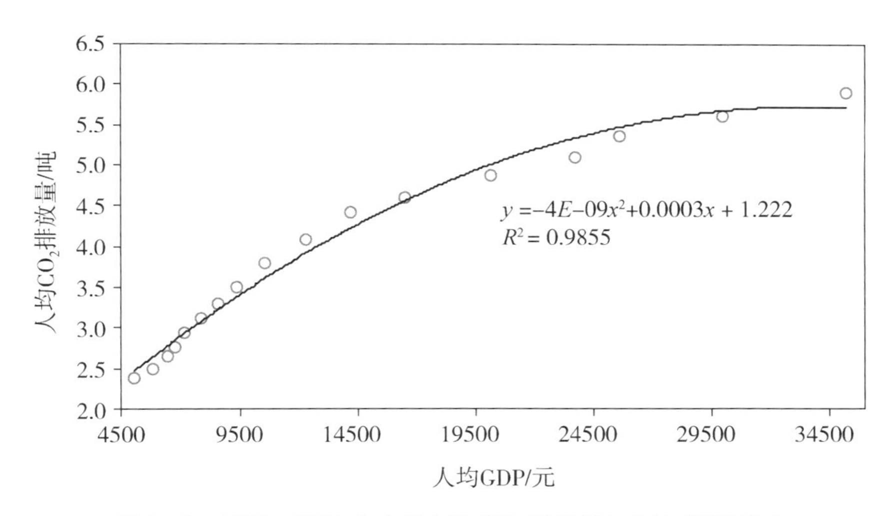

图 3-3 1995—2011 年中国人均 CO_2 排放量与人均 GDP 拟合

3.2.3 CO_2 排放强度格局分析

CO_2 排放强度是指每单位国民生产总值（GDP）的增长所带来的 CO_2 排放总量，可表示为 CO_2 排放强度 = CO_2 排放总量/GDP。该指标主要用来衡量一国经

济与CO_2排放总量之间的关系，如果一国在经济增长的同时，每单位GDP所带来的CO_2排放总量在下降，那么说明该国就实现了一个低碳的发展模式。此外，CO_2排放强度的高低在一定程度上还可以表示区域能源利用效率和CO_2排放绩效的高低，如果CO_2排放强度降低，那么说明区域能源利用效率和CO_2排放绩效是上升的。

1995—2011年，我国的CO_2排放强度逐步降低（图3-4），特别是2005年以来，CO_2排放强度迅速下降。虽然CO_2排放总量和人均CO_2排放量是增加的，但CO_2排放强度是逐步降低的，这在一定程度上也说明了我国的能源利用效率是逐步提升的，同时也说明我国科技水平的提高在节能减排中发挥了重要的作用。此外，CO_2排放强度年增长率在波动中上升，这在一定程度上也反映了CO_2排放强度下降的趋势。

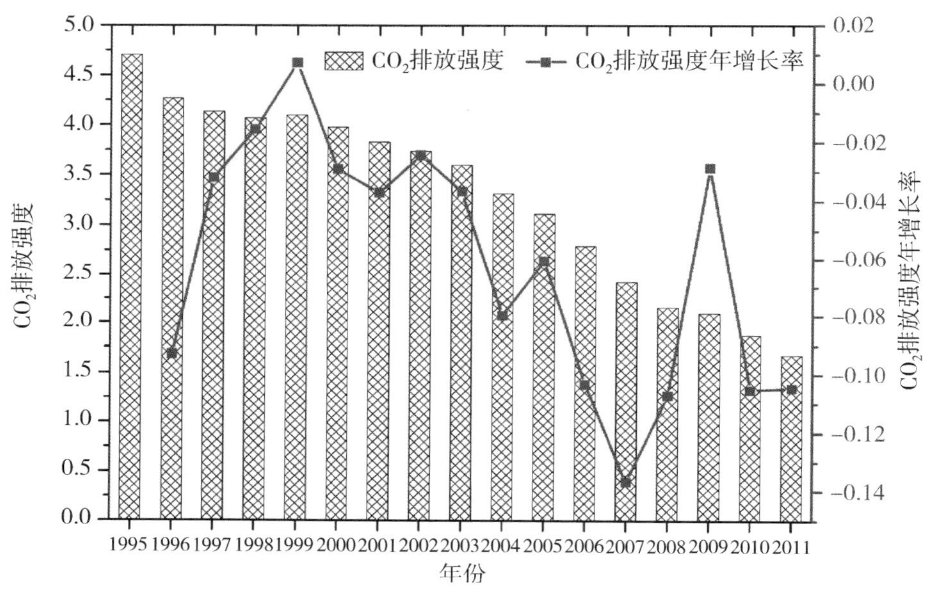

图3-4　1995—2011年中国CO_2排放强度及其年增长率

3.2.4　CO_2排放时空格局的演变机理——城市化与CO_2排放关系研究

随着城市化进程的加快，能源消费急剧增长，CO_2排放持续增加，而CO_2是引起气候变化的重要推动力，由此引发的城市化与CO_2排放协调发展的问题值得长期被关注。本节以我国1995—2011年城市化与CO_2排放数据为研究对象，建立了系列时间序列数据模型，重新探讨了城市化与CO_2排放的相关关系，进一步

明确了它们之间存在的因果关系。研究表明，正确认识城市化与 CO_2 排放的关系，采取恰当的城市化发展模式和节能减排政策，对促进城市化与 CO_2 排放协调和可持续发展具有重要的理论和现实意义。

3.2.4.1 问题提出

改革开放以来，我国工业化和城市化进程加快，经济发展和生活水平提高带来的能源需求日益增加，加之以煤为主的能源结构，使得 CO_2 排放持续攀升。城市化的发展对能源消费有着很强的依赖性，能源作为稀缺自然资本对城市化进程的制约作用已越来越明显，城市能源供应开始面临严峻挑战。伴随着新一轮经济发展和城市化浪潮的出现，能源消费和节能减排压力问题将越来越突出，可能成为城市化发展的瓶颈，在这种背景下分析城市化水平与 CO_2 排放的动态关系，厘清二者之间的交互作用机理与效应，对促进城市化进程与 CO_2 排放的协调和可持续发展具有重要推动作用。

总体而言，城市化过程的复杂性决定了其对 CO_2 排放的影响也是极为复杂的，其中可能存在多种影响路径及作用机制，所以已有研究成果存在差异性的原因就在于忽略了研究路径的复杂性，以及很少关注研究尺度、研究方法和研究时间不同而带来的差异性。综观已有的研究成果可以发现，中国城市化与 CO_2 排放关系依然不清晰、不明确，亟待采用合理的多种方法、长期稳定的数据进行深入研究。基于此，本节选自 1995—2011 年作为观察期，以城市化与 CO_2 排放数据为研究对象，建立了系列时序数据模型来重新探讨城市化与 CO_2 排放的相关关系与因果关系。首先，运用 3 种单位根检验来探测城市化与 CO_2 排放数据变量的平稳性；进而在平稳性检验的基础上运用协整检验和误差修正模型分析了城市化与 CO_2 排放的相关关系，并检验了当期与前期变量间的弹性关系；基于 VAR 模型，利用脉冲响应函数直观刻画了我国城市化与 CO_2 排放之间的动态交互作用及其效应，进一步揭示了二者之间的短期动态关系；最后基于 Granger 因果关系检验来探求城市化与 CO_2 排放的因果关系。

3.2.4.2 数据来源与预分析

本节城市化水平是根据常住人口统计口径来计算的，即城市人口占总人口的比重。能源消费及 CO_2 排放数据来源于《中国能源统计年鉴》及相关核算；人口与城市化数据来源于《中国统计年鉴》。图 3－5 描述了我国 1995—2011 年城市化（自变量）和 CO_2 排放（因变量）关系的拟合图，可以发现两变量之间存在指数函数关系，且具有较高的拟合度。图 3－6 是 1995—2011 年我国城市化与 CO_2 排放数据的相关统计性描述。从图 3－6 中可以看出，城市化水平主要分布在 35%～47% 之间，集中分布于 40% 左右；而 CO_2 排放主要布局于 36～63 亿吨之间，集中分布于 48 亿吨左右。另外，还可以清晰地观测其分布的 25%、50% 和 75% 分布线。

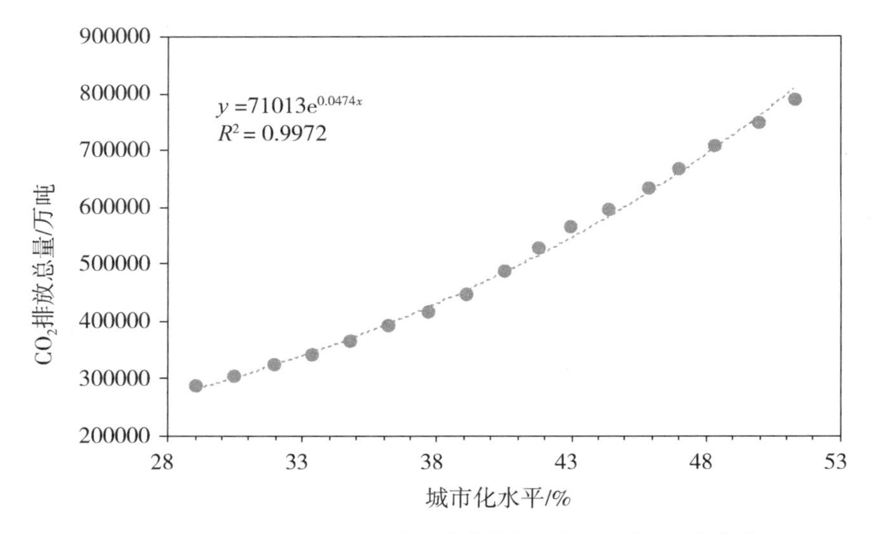

图 3-5　1995—2011 年中国城市化与 CO_2 排放的拟合曲线

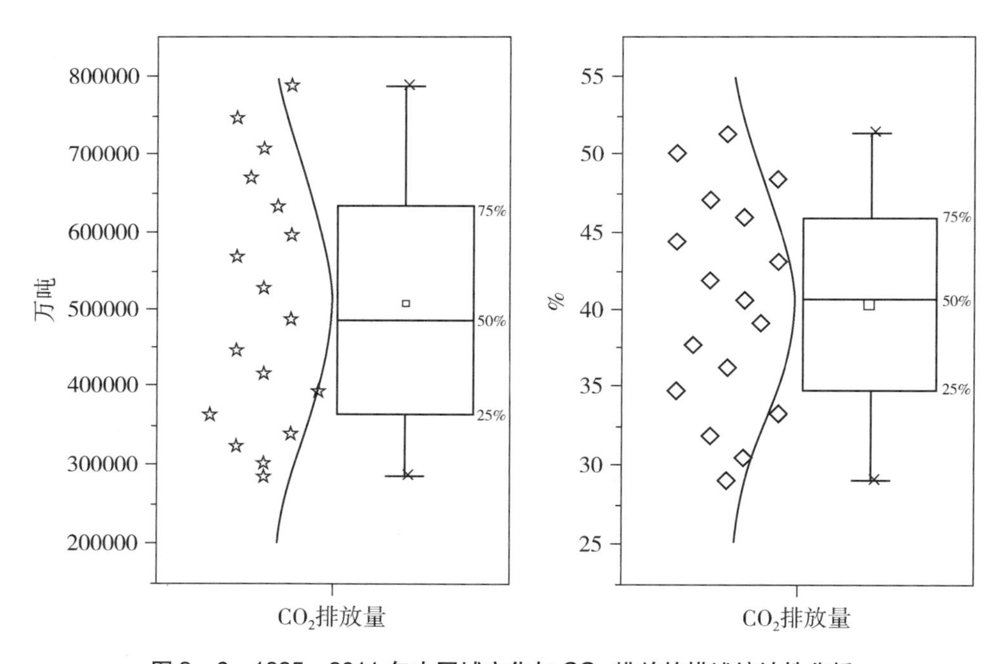

图 3-6　1995—2011 年中国城市化与 CO_2 排放的描述统计性分析

3.2.4.3　模型与方法

为了能更好地探求城市化与 CO_2 排放的关系，本节以城市化作为自变量，CO_2 排放作为因变量，建立了城市化与 CO_2 排放的关系模型，同时为探求变量的弹性作用，且消除数据异方差问题，本节对城市化与 CO_2 排放数据进行了对数化

处理，城市化与 CO_2 排放关系模型具体如下：

$$CE_t = \alpha + \beta URBAN_t + \varepsilon_t \quad (3-5)$$

式中：$URBAN$ 代表城市化水平；CE 代表 CO_2 排放总量；t 代表年份；α 代表截距；ε 代表随机残差项。

（1）时间序列数据的平稳性与单位根检验。时间序列分析的一个热点问题是关于时间序列数据的平稳性检验。一般对时间序列进行分析的前提是保证序列的平稳性，如果使用经典回归建模分析不平稳的时间序列，则可能出现“虚假回归”现象。如果序列平稳，则可继续建模，如果不平稳，则需进行差分处理。通常，时间序列平稳性的判断可以分为两种，一是通过图形直接判断，二是运用统计量进行统计性检验。相比于这两种方法，统计量检验则显得尤为准确和重要。而单位根检验是检验时间序列是否存在单位根的一种重要方法，如果序列存在单位根，则不平稳。本章将引用 3 种单位根检验，即 Augment Dickey – Fuller（ADF）检验、Dickey – Fuller GLS（DF-GLS）检验和 Phillips – Perron（PP）检验来检测城市化与 CO_2 排放变量的平稳性。

（2）长期均衡关系与协整检验。经济理论指出，某些经济变量间的确存在着长期均衡关系（李子奈等，2012）。这种长期均衡关系表示序列变量之间存在一种纠偏的内在机制。如果序列受到一定的冲击后偏离其原有的状态点，则其内在机制将会在未来时间内进行纠偏以使变量重新回到均衡状态。同时，这种长期均衡关系在计量上通常表示为协整关系，在对两个变量的协整关系进行一阶检验时，最常用到的是 Engle – Granger（E – G）检验。为了检验两个均呈现平稳性的序列变量 y_t、x_t 是否为协整，Engle – Granger 于 1987 年提出了两步法，也称为 E – G检验，具体检验步骤如下：

假设变量 y 与变量 x 存在长期均衡关系，则可表示为：

$$y_t = \alpha_0 + \alpha_1 \chi_t + \mu_t \quad (3-6)$$

式中：μ_t 是随机干扰项；t 表示年份。

用普通最小二乘法（OLS）估计方程（3 – 6）并计算非均衡误差，得到：

$$\hat{y} = \hat{\alpha}_0 + \hat{\alpha}_1 x_t \quad (3-7)$$

$$e_t = y_t - \hat{y}_t \quad (3-8)$$

然后检验 e_t 的单整性。如果 e_t 为稳定序列，则认为变量 y_t、x_t 为协整，否则认为 y_t 与 x_t 不存在协整关系。

（3）误差修正模型。对于不平稳变量，通常是通过取差分的方法使其平稳，然后才能建模。但是，这种方法会引起一个问题，就是采用差分形式进行估计时，往往会忽略变量水平值的重要信息，这时揭示的只是变量间的短期关系，并没有揭示长期关系（李子奈，2012）。由此可见，差分形式并非能够完全解决变量的不平衡性问题，所以，误差修正模型才得以建立。误差修正模型（error correction model，ECM）是一种具有特定形式的计量模型，它的建立一

方面避免了回归不平稳性变量所引起的“虚假回归”问题，另一方面也解决了采用差分形式而忽略变量水平值重要信息的问题，从而揭示了变量间的长期关系。

假设变量 y 与变量 x 的均衡关系如（3－4）式所示，但在现实中，观察变量很多都是处在均衡点邻域内，并不一定恰好在均衡点上，因此，我们实际上揭示的往往只是变量间的短期关系或其他关系，所以我们要考虑其分布滞后形式：

$$y_t = \beta_0 + \beta_1 x_t + \beta_2 x_{t-1} + \delta_{y_{t-1}} + \mu_1 \tag{3-9}$$

从（3－9）式可以看出，y_t 值的变化不仅取决于 x_t 值的变化，还取决于下一期 x_{t-1} 的值及变量 y 的自身状态。考虑到变量不平稳的问题，因此不能直接用 OLS 进行直接估计。所以需要对（2－7）式进行变形得：

$$\begin{aligned}\Delta_{y_t} &= \beta_0 + \beta_1 \Delta x_t + (\beta_1 + \beta_2) x_{t-1} - (1-\delta) y_t - 1 + \mu_t \\ &= \beta_1 \Delta x_t - (1-\delta)\left(y_{t-1} - \frac{\beta_0}{1-\delta} - \frac{\beta_1+\beta_2}{1-\delta} x_{t-1}\right) + \mu_t\end{aligned} \tag{3-10}$$

$$\Delta y_t = \beta_1 \Delta x_t - \lambda (y_{t-1} - \alpha_0 - \alpha_0 x_{t-1}) + \mu_t \tag{3-11}$$

其中，$\lambda = 1-\delta$，$\alpha_0 = \beta_0 /(1-\delta)$，$\alpha_1 = (\beta_1 + \beta_2)/(1-\delta)$。

（4）向量自回归模型与脉冲响应函数。向量自回归（vector autoregressive，VAR）模型是一种常用的计量模型。VAR 模型在单变量自回归（AR）模型的基础上，把系统中任一外生变量作为所有内生变量滞后值的函数来构造函数，从而将 AR 模型扩展，使容纳大于一个变量，成为多元的 VAR 模型，常用于多变量时序模型分析上。VAR（p）模型的具体表达式为：

$$y_t = A_1 y_{t-1} + \cdots + A_p y_t - p + B x_t + \varepsilon_t \tag{3-12}$$

式中：y_t是内生变量向量；x_t是外生变量向量；p 是滞后阶数；A_1，…，A_p和 B 是系数矩阵；ε_t是误差向量。

实际上，一般模型求的系数只是反映了一个局部的动态关系，并不能捕捉全面复杂的动态关系，而 VAR 模型是基于数据的统计性来建立模型的，关注的是一个变量变化对另一个变量的全部影响过程或者说模型受到某种干扰性冲击时对系统的动态影响，在这种情况下，通过绘制脉冲响应函数（impulse response function，IRF）可以形象地反映这种影响。IRF 函数能比较直观地刻画出变量之间的动态交互作用及其效应，并常用于分析 VAR 模型的变量之间的动态影响关系，具体见李敏和陈胜可（2011）的研究成果。

（5）Granger 因果关系检验。Granger 因果关系检验被广泛地应用到检测变量间的因果关系。其内涵可表示为当两个变量存在长期关系时，在统计上可以检测这种关系的方向性（单向或双向），也可以理解为一个变量过去的行为是在影响另一个变量的当期行为，还是双方的过去行为在相互影响着对方目前的行为。Granger 因果关系检验模型如下：

$$y_t = \alpha_0 + \sum_{i=1}^{m} \alpha_i Y_{t-i} + \sum_{i=1}^{m} \beta_i x_{t-i} + \varepsilon_t \tag{3-13}$$

$$x_t = \alpha_0 + \sum_{i=1}^{m} \alpha_i Y_{t-1} + \sum_{i=1}^{m} \beta_i x_{t-1} + \varepsilon_t \tag{3-14}$$

原假设是 $\beta_i = 0$，也就是 x 不是 y 的 Granger 原因；如果原假设不成立，那可以说 x 是 y 的 Granger 原因。同理，可以通过检测 β_i 是否为 0 来检验 y 是不是 x 的 Granger 原因。

3.2.4.4 结果

（1）单位根检验。在进行序列变量协整检验之前，必须确保变量的平稳性。然而，并不是所有变量都具有平稳性，因此需要对序列变量 *URBAN* 和 *CE* 进行单位根检验，其原假设 H_0 为：*URBAN* 和 *CE* 均存在一个单位根。在对变量进行单位根检验时，滞后期是根据 SIC 准则自动选取的，其原序列 3 种单位根检验的结果如表 3－2 所示。从表 3－2 可以看出，*URBAN* 和 *CE* 两个变量在原序列水平检验时不存在显著性，因此不能拒绝原假设，所以 *URBAN* 和 *CE* 序列不平稳，存在单位根。

通常，对于不平稳性序列需对其做差分处理，然后再判断其平稳性。分别对 *URBAN* 和 *CE* 做一阶差分，分别用 $\Delta URBAN$ 和 ΔCE 表示。其 3 种单位根检验的结果如表 3－2 所示。从表 3－2 发现，一阶差分后的 *URBAN* 和 *CE* 检验都具有显著性，从而拒绝了原假设，所以 *URBAN* 和 *CE* 在一阶差分时具有平稳性。

表 3－2　城市化与 CO_2 序列的单位根检验

检验方法	*URBAN*		$\Delta URBAN$		*CE*		ΔCE	
	截距	截距及趋势项	截距	截距及趋势项	截距	截距及趋势项	截距	截距及趋势项
DF-GLS	0.646	－2.207	-4.180^{a}	-4.647^{a}	－0.549	－1.286	-2.491^{b}	-3.068^{c}
ADF-Fisher	1.748	－2.155	-3.707^{b}	-4.347^{a}	5.207	－2.338	-3.642^{b}	-3.652^{c}
PP-Fisher	－2.452	－2.051	-4.263^{a}	-6.107^{a}	4.485	－2.920	-3.490^{b}	-3.613^{b}

注：Δ 表示一阶差分；a表示 10% 的显著性，b表示 5% 的显著性，c表示 1% 的显著性。

（2）协整关系检验。通过单位根检验，发现城市化与 CO_2 排放序列均是单整序列，即 $\Delta URBAN$ 和 ΔCE 是平稳的，符合协整检验的前提。具体的协整检验可以依据 E－G 两步法进行：第一步首先参照（3－5）式建立城市化与 CO_2 排放的关系模型，然后用 OLS 法对回归方程进行估计，得出残差序列 e_t；第二步检验 e_t 的平稳性，这里可选用 ADF 单位根进行检验，具体的检验结果如表 3－3 所示。从表 3－3 可以看出，序列 e_t 是平稳的，说明城市化与能源消费是协整的，存在长期均衡关系。然后可以估计其回归方程：

$$CE = 0.623URBAN + 18.901 \quad (3-15)$$
$$(30.189^{***})(25.473^{***})$$

协整方程表示的含义可以理解为：城市化每增加1%，CO_2排放则会增加0.623%。可以看出，城市化对推动CO_2排放具有一定的正向作用。同时，得出CE的调整系数为-0.542，$URBAN$的调整系数为-0.335，二者的调整系数都为负，说明偏离的非均衡误差将会得到修正。

表3-3　残差序列e_t的单位根检验

序列	ADF检验	1%水平	5%水平	10%水平	结果
e_t	-3.237	-3.647	-3.264	-2.946	平稳*

注：*表示10%的显著性。

（3）误差修正模型分析。误差修正项ecm_t是误差修正模型的核心部分，但是协整关系式并不能确切说明各个解释变量之间的长期均衡关系和趋势，也有可能是短期波动。误差修正模型的建立具有许多优点，一阶差分消除了变量可能存在的趋势因素，避免了“伪回归”问题，同时也保证了变量水平值的信息没有被忽视，所以，可以建立误差修正模型来探测城市化与CO_2排放的长期均衡和短期波动。其回归结果为：

$$\Delta EC_t = 0.172 + 0.304\Delta EC_{t-1} + 0.741DURBAN - 0.082ecm_{t-1} \quad (3-16)$$
$$(0.475)\quad(6.784^{*})\quad(8.346^{**})\quad(-2.607^{**})$$

从公式（3-16）中可以看出CO_2排放的短期波动变化。当CO_2排放受到外界变量及自身冲击的时候，往往会偏离原来的均衡，形成短期波动及非均衡状态，而误差修正项系数正好可以说明这一波动的大小及调整力度。具体而言，误差修正项ecm_{t-1}系数表示的含义为：在考虑控制变量的情况下，当短期波动偏离长期均衡时，CO_2排放在第t期的变化可以消除前一期8.2%的非均衡误差，从而作反向调整，将非均衡状态回复到均衡状态；而上期CO_2排放同时也会引起当期CO_2排放的变化，长期弹性系数为0.304。同时可以看出，尽管城市化与CO_2排放的关系在受到不确定因素冲击后，可能会短暂偏离均衡状态，但长期内表现出的还是均衡关系。

（4）脉冲响应函数分析。脉冲响应函数用于衡量来自随机扰动项的一个标准差冲击，对内生变量当前和未来取值的影响的变动轨迹，能比较直观地刻画出变量之间的动态交互作用及其效应。本节基于VAR模型，将刻画城市化与CO_2排放之间的脉冲响应函数（IRF），进一步分析二者之间的短期动态关系。图3-7是脉冲响应函数结果。

如图3-7所示，Response of CE to CE部分显示的是CO_2排放对自身的脉冲响应函数图，从脉冲响应值的轨迹中可以看出，CO_2排放第一期就对自身的冲击

做出了反应，之后一直变弱，最终这种影响趋于消失；Response of CE to URBAN 显示的是 CO_2 排放对于城市化的冲击的脉冲响应函数图，从脉冲响应值的轨迹可以看出，CO_2 排放在第 1 期就做出反应，并迅速增大，这说明城市化对 CO_2 排放的冲击作用是很大的，并且方向是正向的；Response of URBAN to CE 显示的是城市化对于 CO_2 排放的冲击的脉冲响应函数图，从脉冲响应值的轨迹来看，城市化对 CO_2 排放的冲击在第 1 期做出反应并下降，但从第 2 期开始响应值一直上升，并逐步平稳，这说明 CO_2 排放对城市化的冲击作用是正向的，随着期数的增加，这种作用逐步达成稳定；Response of URBAN to URBAN 显示的是城市化对自身的脉冲响应函数图，从城市化的脉冲响应值的轨迹来看，城市化在初期就迅速做出了反应，这种作用一直缓慢降低但并不明显，随着期数的增加，这种作用也逐步趋于稳定。

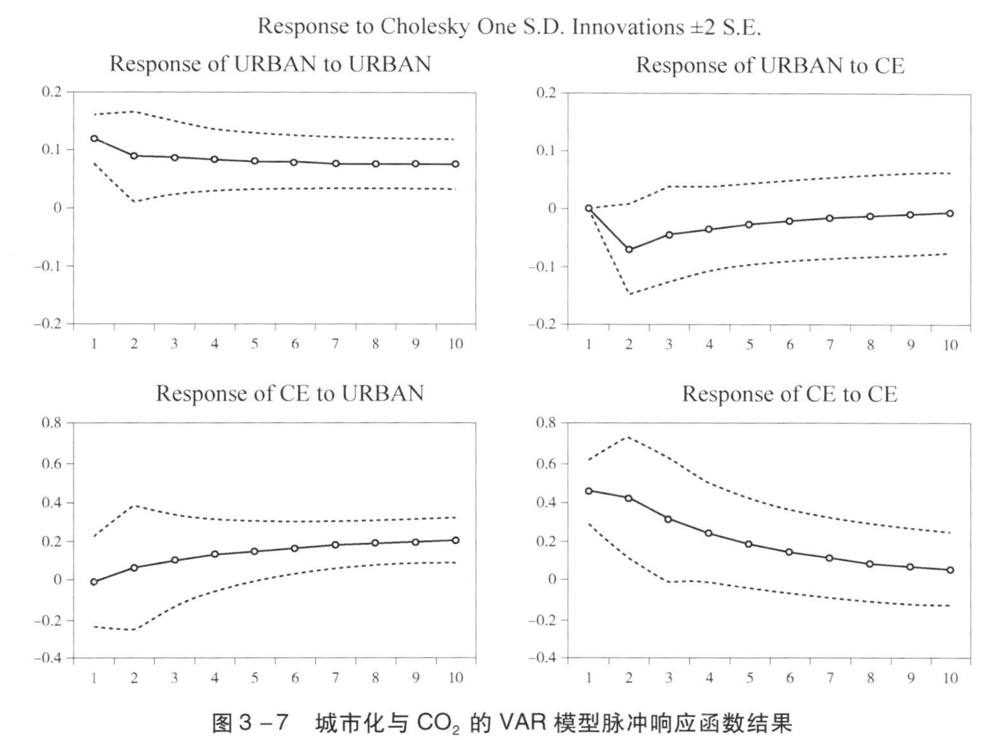

图 3－7　城市化与 CO_2 的 VAR 模型脉冲响应函数结果

注：图中实线为脉冲响应值，虚线为响应值 ±2 倍的标准差的置信带（95%）。

（5）Granger 因果关系检验。基于变量之间存在的协整关系，以及误差修正模型探测的短期波动和长期均衡联系，本节将对城市化与 CO_2 排放进行 Granger 因果关系检验，从而进一步明确两变量之间存在的影响是正向、逆向，抑或是双向的。Granger 因果关系检验检验某个变量的所有滞后项是否对另一个或几个变量的当期值有影响。如果影响显著，说明存在 Granger 因果关系；如果不显著，

则不存在 Granger 因果关系。本节选择的滞后期分别为2、3、4、5，具体检验结果如表3－4所示。从表3－4中可以发现，当原假设为*URBAN*不是*CE*的Granger原因时，检验结果显著，拒绝了原假设，说明城市化是CO_2排放的Granger原因；当原假设为*CE*不是*URBAN*的Granger原因时，统计检验结果均不显著，不能拒绝原假设，说明CO_2排放不是城市化发展的Granger原因。所以，城市化与CO_2排放之间是存在因果关系的，只不过这种因果关系是单向的，同时也说明城市化的快速发展促使了CO_2排放的急剧增长。

表3－4　Granger 因果关系检验结果

原假设		滞后期			
		2	3	4	5
*URBAN*不是*CE*的Granger原因	*F*-统计	3.05807	3.06925	3.70101	3.78632
	*P*值	0.09200	0.08030	0.06305	0.06894
*CE*不是*URBAN*的Granger原因	*F*-统计	2.67799	1.90045	3.02535	5.18172
	*P*值	0.11710	0.21790	0.15450	0.32120

3.2.4.5　结论与讨论

基于时序数据模型，综合运用单位根检验、协整检验、误差修正模型、基于VAR模型的脉冲响应函数和Granger因果关系检验，借助分析技术对我国1980—2011年城市化与CO_2排放的关系进行了全面分析，旨在系统地揭示两者之间的内在机理。研究表明：

（1）通过3种单位根检验对城市化序列和CO_2排放序列进行平稳性检验，发现两者在原序列时均呈现出非平稳性，则需要进行差分处理，一阶差分后的两序列均呈现出平稳性。通过E－G协整检验发现，城市化与CO_2排放之间存在长期均衡的协整关系。用OLS法定量回归后发现，城市化每增加1%，CO_2排放则会增加0.623%，同时二者的调整系数都负，说明偏离的非均衡误差将会得到修正，协整关系有效，且可以看出城市化已成为推动CO_2排放增长的重要动力。

（2）协整关系只能说明变量之间的长期均衡关系和趋势，而误差修正模型可以基于变量间存在的协整关系将短期波动与长期均衡联系在一起。误差修正模型表示在城市化的影响下，CO_2在当期变化可以消除前一期8.2%的非均衡误差，而上期CO_2同时也会引起当期能源消费的变化，长期弹性系数为0.304。可以看出，尽管城市化与CO_2的关系在受到不确定因素冲击后，可能会短暂偏离均衡状态，但长期内表现出的还是均衡关系。

（3）基于VAR模型，脉冲响应函数可以更为形象地刻画出城市化与CO_2排放之间的动态交互作用及效应，以进一步分析二者在受到自身及外部变量冲击下的短期动态关系。其中，从CO_2排放对于城市化的脉冲响应值的轨迹中可以看

出，CO_2 排放在第一期就做出反应，并迅速增大，这说明城市化对 CO_2 排放的冲击作用是很大的，并且方向是正向的；从城市化对于 CO_2 排放的冲击的脉冲响应函数图来看，CO_2 排放对城市化的冲击作用是正向的，随着期数的增加，这种作用逐步达成稳定。

（4）以上模型探求的只是城市化与 CO_2 排放的长期均衡关系与动态调整机制，并没有揭示两者之间存在的因果关系，而 Granger 因果关系检验则可进一步明确二者之间存在的影响是正向、逆向，抑或是双向的。从结果来看，Granger 因果关系检验较好地提供了城市化与 CO_2 排放之间的因果作用方向，这种方向是从城市化到 CO_2 排放的，而反过来并不成立，意味着双向因果关系在经验上很可能不存在，也说明城市化的快速发展促使了 CO_2 排放的急剧增长。

（5）研究发现，基于时序模型，本节的分析框架是理解分析我国城市化与 CO_2 排放关系动态变化的有效方法之一。该分析框架强调层次性，实证研究结果能较好地切合我国发展的实际情况，研究结论能为我国区域 CO_2 减排政策和新型城市化发展思路的制定提供依据，因此，该分析框架还可以为国内其他变量间的研究提供新的方法思路。

3.3 区域 CO_2 排放的时空格局

本节的研究对象是区域尺度的 CO_2 排放，区域尺度在空间尺度级别上低于全国尺度，更加关注研究地域的系统性和连续性，研究视角更倾向于区域的基本特征和属性。根据《中共中央　国务院关于促进中部地区崛起的若干意见》《国务院发布关于西部大开发若干政策措施的实施意见》以及党的十六大报告的精神，为推进区域经济均衡发展，国务院将我国的经济区域划分为东部、中部、西部和东北四大地区，并提出了“中部崛起”“东北振兴”“西部开发”和“东部新跨越”的战略决策。具体而言，东部地区包括北京、天津、河北、上海、江苏、浙江、福建、山东、广东和海南 10 个省（直辖市）（台湾、港澳除外）；中部地区包括山西、安徽、江西、河南、湖北、湖南六省；西部地区包括陕西、内蒙古、重庆、四川、贵州、云南、甘肃、青海、宁夏、新疆、广西 11 个省（自治区、直辖市）（西藏除外）；东北地区包括黑龙江、吉林和辽宁三省。同时，本节的研究内容还是从 CO_2 排放总量、人均 CO_2 排放量和 CO_2 排放强度时空格局来分析，主要关注的是各大地区的指标变化趋势，其中各空间尺度的 CO_2 排放总量、人均 CO_2 排放量和 CO_2 排放强度数据具体核算过程见 3. 1 节。

3.3.1 CO_2 排放总量格局分析

图3－8是1995—2011年中国四大地区CO_2排放总量变化趋势图。从图中可以看出，四大地区的CO_2排放总量都呈逐步增长态势。就总量格局而言，四大地区之间CO_2排放总量呈现明显差异，东部地区CO_2排放总量最大，其次是中部地区和西部地区（2003年以后，西部地区开始超过中部地区），最后是东北地区，这种差异从1995年开始就一直存在，但2000年以后这种差异明显拉大。无论是增长趋势还是增长量，都是东部地区增长最快，东北地区增长最慢。另外，通过比较发现，四大地区CO_2排放增长率也是从2000年以后出现了明显的增长趋势。

单就CO_2排放总量而言，不同的划分方法会得到不同的结果。东北地区的CO_2排放总量最小，因为东北地区的行政单元较少，虽然其产业结构偏重于重化工业，煤炭资源集聚和CO_2排放系数较大，但其CO_2排放总量相比于其他地区（行政单元较多）还是较小的。所以，评价各个地区的能源利用效率，不能关注其CO_2排放总量大小，而是要评价其人均CO_2排放指标和强度指标。

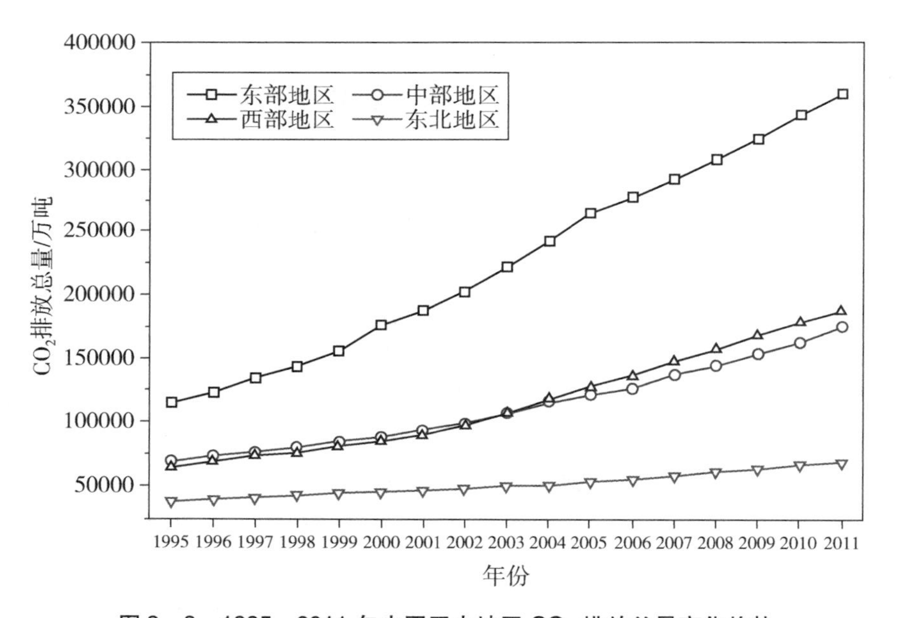

图3－8　1995—2011年中国四大地区CO_2排放总量变化趋势

3.3.2 人均CO_2排放量格局分析

图3－9是四大经济地区人均CO_2排放量格局。从图3－9可以看出，四大地

区的人均 CO_2 排放量都呈递增趋势。2002 年之前，人均 CO_2 排放格局为东北最大，其后依次是东部、中部和西部，究其原因是东北地区的产业结构偏重工业，特别是高耗能产业比重过高，CO_2 排放量较大，而人口规模较小，导致人均 CO_2 排放量大。2002 年之后，人均 CO_2 排放格局则变为东部最大，其次是东北、西部和中部，表明传统工业区和中部地区的技术进步更为明显，欠发达地区（西部）技术进步仍有较大的改进空间。就单个地区而言，东北、中部和西部的人均 CO_2 排放增长趋势比较稳定，观察期间 CO_2 排放量稳步提高，没有出现较大波动；东部地区 2005 年之前，人均 CO_2 排放量增长趋势较快，2005 年之后增长开始放缓，然而 CO_2 排放量在 2002 年之后开始超过东北地区，成为四大经济地区人均 CO_2 排放量最大的地区。

人均指标在一定程度上可以反映能源利用效率。2002 年之前，东北地区的人均指标最高，也突出了其 CO_2 排放系数偏高、能源利用效率较低的特点。东部地区人均指标偏大，其主要原因是经济规模较大，能源消费量较多，产生的 CO_2 排放总量偏高，从而造成人均指标也偏高。

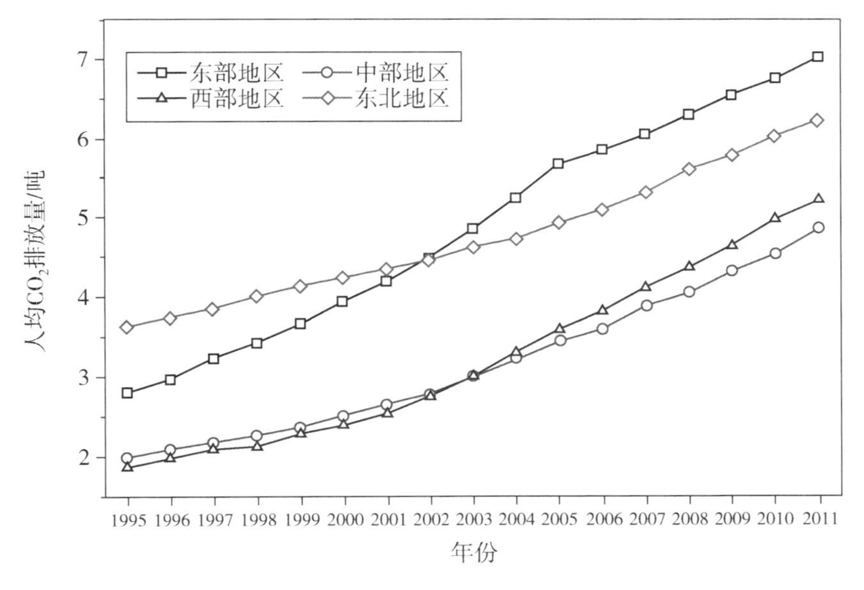

图 3－9　1995—2011 年中国四大地区人均 CO_2 排放量格局

3.3.3　CO_2 排放强度格局分析

图 3－10 是我国 1995—2011 年四大地区 CO_2 排放强度格局变化趋势图。从图中可以发现，四大地区在观察期间内的 CO_2 排放强度都是呈下降趋势的。其

中，最为明显是的东部地区 CO_2 排放强度在四大地区中一直处于最低值，并呈下降趋势，同时可以发现，虽然东部地区的 CO_2 排放总量和人均 CO_2 排放量都处于最大位置，但其 CO_2 排放强度则相对较低，这说明东部地区的能源利用效率和 CO_2 排放绩效较高，同时也证明了经济发展水平越高，CO_2 排放强度越低，排放绩效越高的事实。另外，从 CO_2 排放强度格局来看，在 1999 年之前，东北地区的 CO_2 排放强度是最高的，其次是西部地区、中部地区和东部地区。西部地区在 1999 年之后超过了东北地区成为全国 CO_2 排放强度最高的地区，其后依次是中部地区、东北地区和东部地区。就东北地区而言，从 1995 年的高强度地区逐步下降到低于西部和中部地区，可见东北地区的技术进步和能源效率提高更为显著，相比之下，西部地区的技术进步缓慢，未来仍有很大的改进空间。

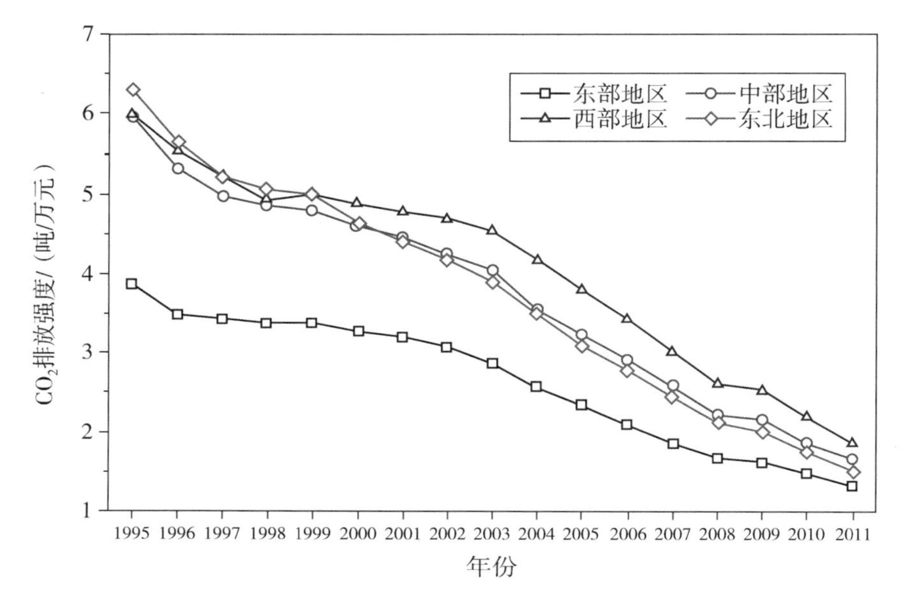

图 3－10　1995—2011 年中国四大地区 CO_2 排放强度

3.3.4　CO_2 减排类型划分及其格局分析

本节以四大地区为研究对象，对四大地区的 CO_2 排放指标进行叠加，叠加通常可以分为两类，一类是排放总量指标与人均指标叠加，另一类是总量指标与强度指标叠加，两类叠加其实质性意义是相似的。为了对四大地区的 CO_2 排放类型进行划分，选用排放总量指标和强度指标叠加。以研究对象历年所有的均值为划分标准，形成排放低区与排放高区，从而形成不同的组合（高高、高低、低低和低高），对四大经济区进行减排类型划分。为了缓解 CO_2 排放压力，政府开始实

施节能减排政策，然而我国地域辽阔，无论是在地形地貌、经济发展、基础设施、人口密度和生活方式等方面，还是在能源消费和 CO_2 排放方面都具有显著差异，因此，要针对不同的地区实施具有本地特色的、符合本地经济实际发展的 CO_2 减排政策与策略，从而能较为公平地解决 CO_2 排放问题。

图 3－11 是 1995—2011 年主要年份中国四大地区 CO_2 排放类型演化图。第一象限表示高排放量高强度区，第二象限表示高排放低强度区，第三象限表示低排放低强度区，第四象限表示低排放高强度区。从图 3－11 可看出，东部地区历年来一直处于高排放低强度区，而中部和西部地区则一直处于低排放高强度区。

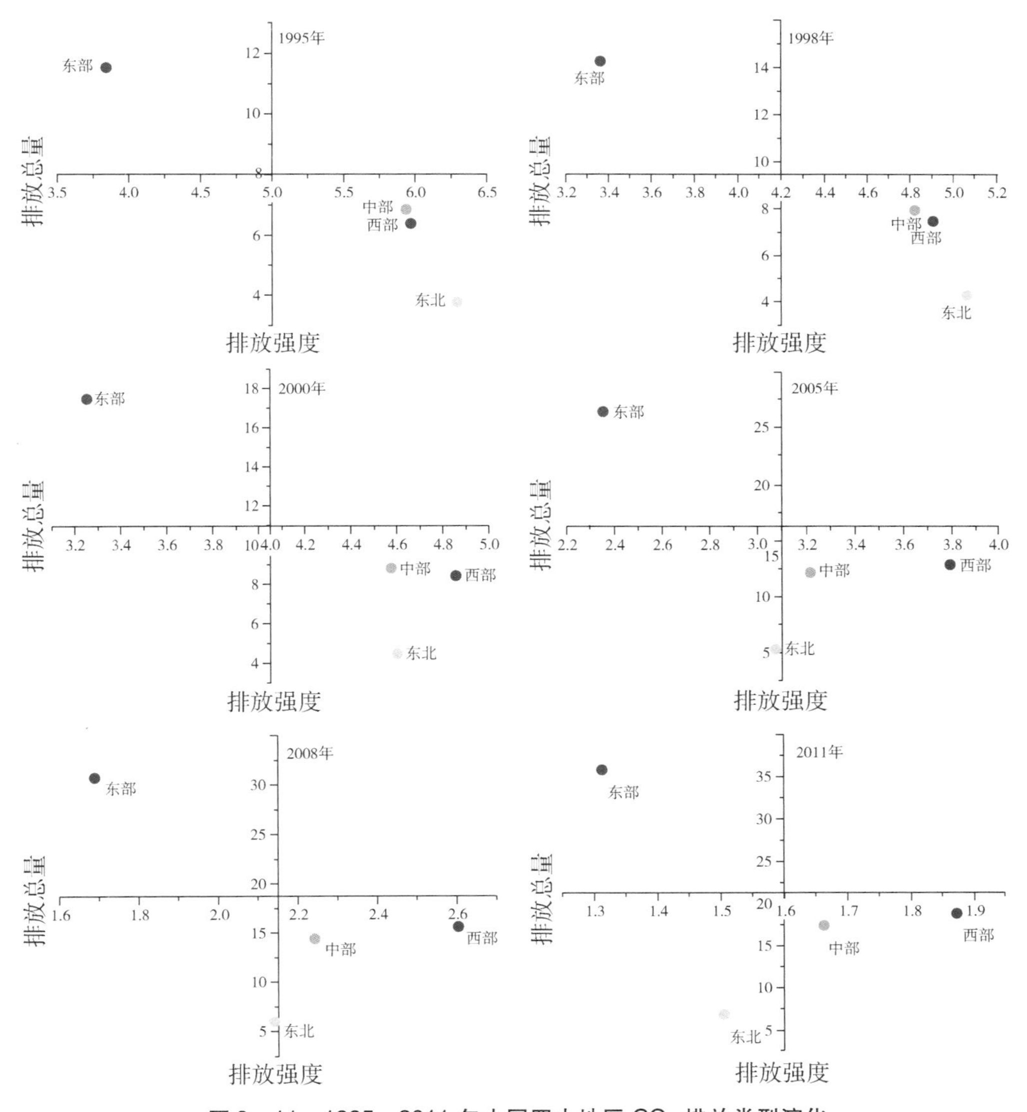

图 3－11　1995—2011 年中国四大地区 CO_2 排放类型演化

东北地区的CO_2排放类型历年来则有所改变：2005年以前，东北地区的排放类型是低排放高强度，2005年以后则演化为低排放低强度。从排放类型来看，东部地区、中部地区和西部地区一直维持较为稳定的类型，东北地区则向低排放低强度类型演化。说明东部地区的技术水平较高，但随着经济增长，技术进步可能遭遇瓶颈；中部和西部地区技术水平较低，未来仍有较大空间向发达地区逼近；东北地区的能源效率和技术进步有较大进步。

3.4 省级CO_2排放的时空格局

本节关注的是我国一级行政区划——省级尺度，主要包括23个省份、4个直辖市和3个自治区（西藏自治区除外），共计30个行政单元。在省级层面，更多关注的是CO_2排放时空格局演变趋势，指标分析同样包括CO_2排放总量、人均CO_2排放量和CO_2排放强度，数据具体核算过程见3.1节。

3.4.1 CO_2排放总量格局分析

表3－5是主要年份我国省级CO_2排放总量变化趋势。从表3－5中可以看出，就CO_2排放总量而言，河北、山东、江苏和广东一直是CO_2排放大省；青海、宁夏和海南则是CO_2排放总量最少的3个省份。还可以看出，东部沿海和中部地区的省份的CO_2排放总量总体是大于西部地区的，一方面是由于各省份的产业结构、能源生产和消费结构不同，另一方面还由于经济发展水平和经济规模不同和导致的能源资源利用量不同，从而由于消费而产生的CO_2排放总量也就不同。像东部沿海地区的经济发展水平一般偏高，其消耗和利用的能源资源量也就越大，相应的CO_2排放总量也就越大。而西部地区，虽然有些省份是能源矿产资源集中地，但由于其经济发展落后，人口密度低，能源利用量则相对较小，CO_2排放总量也就低于东部和中部地区。1995年，CO_2排放总量最大为河北（20158万吨），与最小的海南（680万吨）相比，相差28.6倍；2011年，CO_2排放量最大的为山东（70542万吨），最小的为青海（4720万吨），相差13.9倍。

表3－5　主要年份我国省级CO_2排放总量变化趋势

省份	CO_2排放总量/万吨			
	1995年	2000年	2005年	2011年
北京	6630.28～9781.47	8266.75～12131.86	5042.17～13026.20	7169.59～17404.95
天津	1626.18～6630.27	2786.63～8266.74	5042.17～13026.20	7169.59～17404.95

续上表

省份	CO_2 排放总量/万吨			
	1995 年	2000 年	2005 年	2011 年
河北	13510. 81 ~ 21255. 33	17082. 01 ~ 32842. 70	29359. 41 ~ 52368. 48	44499. 13 ~ 70542. 84
山西	9781. 48 ~ 13510. 80	12131. 87 ~ 17082. 00	18839. 53 ~ 29359. 40	24221. 05 ~ 44499. 12
内蒙古	1626. 18 ~ 6630. 27	8266. 75 ~ 12131. 86	13026. 21 ~ 18839. 52	24221. 05 ~ 44499. 12
辽宁	13510. 81 ~ 21255. 33	17082. 01 ~ 32842. 70	18839. 53 ~ 29359. 40	24221. 05 ~ 44499. 12
吉林	6630. 28 ~ 9781. 47	8266. 75 ~ 12131. 86	5042. 17 ~ 13026. 20	17404. 96 ~ 24221. 04
黑龙江	6630. 28 ~ 9781. 47	8266. 75 ~ 12131. 86	5042. 17 ~ 13026. 20	17404. 96 ~ 24221. 04
上海	6630. 28 ~ 9781. 47	8266. 75 ~ 12131. 86	13026. 21 ~ 18839. 52	17404. 96 ~ 24221. 04
江苏	13510. 81 ~ 21255. 33	17082. 01 ~ 32842. 70	29359. 41 ~ 52368. 48	44499. 13 ~ 70542. 84
浙江	9781. 48 ~ 13510. 80	12131. 87 ~ 17082. 00	18839. 53 ~ 29359. 40	24221. 05 ~ 44499. 12
安徽	6630. 28 ~ 9781. 47	8266. 75 ~ 12131. 86	13026. 21 ~ 18839. 52	17404. 96 ~ 24221. 04
福建	1626. 18 ~ 6630. 27	8266. 75 ~ 12131. 86	13026. 21 ~ 18839. 52	17404. 96 ~ 24221. 04
江西	1626. 18 ~ 6630. 27	2786. 63 ~ 8266. 74	5042. 17 ~ 13026. 20	7169. 59 ~ 17404. 95
山东	13510. 81 ~ 21255. 33	17082. 01 ~ 32842. 70	29359. 41 ~ 52368. 48	44499. 13 ~ 70542. 84
河南	13510. 81 ~ 21255. 33	17082. 01 ~ 32842. 70	18839. 53 ~ 29359. 40	24221. 05 ~ 44499. 12
湖北	9781. 48 ~ 13510. 80	12131. 87 ~ 17082. 00	18839. 53 ~ 29359. 40	24221. 05 ~ 44499. 12
湖南	9781. 48 ~ 13510. 80	12131. 87 ~ 17082. 00	18839. 53 ~ 29359. 40	24221. 05 ~ 44499. 12
广东	13510. 81 ~ 21255. 33	17082. 01 ~ 32842. 70	29359. 41 ~ 52368. 48	44499. 13 ~ 70542. 84
广西	1626. 18 ~ 6630. 27	2786. 63 ~ 8266. 74	5042. 17 ~ 13026. 20	7169. 59 ~ 17404. 95
海南	680. 56 ~ 1626. 17	1144. 05 ~ 2786. 62	2119. 68 ~ 5042. 16	3218. 59 ~ 7169. 58
重庆	1626. 18 ~ 6630. 27	2786. 63 ~ 8266. 74	5042. 17 ~ 13026. 20	7169. 59 ~ 17404. 95
四川	9781. 48 ~ 13510. 80	12131. 87 ~ 17082. 00	18839. 53 ~ 29359. 40	24221. 05 ~ 44499. 12
贵州	1626. 18 ~ 6630. 27	8266. 75 ~ 12131. 86	13026. 21 ~ 18839. 52	7169. 59 ~ 17404. 95
云南	1626. 18 ~ 6630. 27	2786. 63 ~ 8266. 74	13026. 21 ~ 18839. 52	17404. 96 ~ 24221. 04
陕西	6630. 28 ~ 9781. 47	8266. 75 ~ 12131. 86	5042. 17 ~ 13026. 20	7169. 59 ~ 17404. 95
甘肃	1626. 18 ~ 6630. 27	2786. 63 ~ 8266. 74	5042. 17 ~ 13026. 20	7169. 59 ~ 17404. 95
青海	680. 56 ~ 1626. 17	1144. 05 ~ 2786. 62	2119. 68 ~ 5042. 16	3218. 59 ~ 7169. 58
宁夏	680. 56 ~ 1626. 17	1144. 05 ~ 2786. 62	2119. 68 ~ 5042. 16	3218. 59 ~ 7169. 58
新疆	1626. 18 ~ 6630. 27	2786. 63 ~ 8266. 74	5042. 17 ~ 13026. 20	17404. 96 ~ 24221. 04

3. 4. 2 人均 CO_2 排放量格局分析

各省区的人均 CO_2 排放存在显著性差异（表 3 – 6）。1995 年，人均 CO_2 排放量最小的只有 0. 94 吨（海南），与最大的 6. 51 吨（上海）相比，相差 5. 9 倍；

2011 年，最小的增长到 3.74 吨（广西），最大的增长到 13.33 吨，相差 2.6 倍。从表中可以看出，人均 CO_2 排放量较高的主要有两类：一类是上海、北京、天津等全国性中心城市，经济发展水平高，人均 CO_2 排放量较大；另一类是内蒙古、宁夏、山西等资源富集省份，虽然经济水平不高，但由于能源利用效率低，人口密度低导致人均 CO_2 排放量偏大。

表 3-6　主要年份中国省级人均 CO_2 排放量变化趋势

省份	人均 CO_2 排放量/吨			
	1995 年	2000 年	2005 年	2011 年
北京	4.05 ~ 6.24	5.48 ~ 7.54	6.68 ~ 9.53	7.24 ~ 9.72
天津	4.05 ~ 6.24	5.48 ~ 7.54	6.68 ~ 9.53	7.24 ~ 9.72
河北	2.68 ~ 4.04	3.88 ~ 5.47	4.76 ~ 6.67	7.24 ~ 9.72
山西	2.68 ~ 4.04	3.88 ~ 5.47	4.76 ~ 6.67	7.24 ~ 9.72
内蒙古	1.94 ~ 2.67	3.88 ~ 5.47	6.68 ~ 9.53	9.73 ~ 13.33
辽宁	4.05 ~ 6.24	3.88 ~ 5.47	4.76 ~ 6.67	7.24 ~ 9.72
吉林	2.68 ~ 4.04	2.93 ~ 3.87	3.85 ~ 4.75	5.05 ~ 7.23
黑龙江	1.94 ~ 2.67	2.93 ~ 3.87	2.94 ~ 3.84	4.14 ~ 5.04
上海	4.05 ~ 6.24	5.48 ~ 7.54	6.68 ~ 9.53	9.73 ~ 13.33
江苏	1.94 ~ 2.67	2.93 ~ 3.87	4.76 ~ 6.67	5.05 ~ 7.23
浙江	1.94 ~ 2.67	2.93 ~ 3.87	4.76 ~ 6.67	7.24 ~ 9.72
安徽	1.34 ~ 1.93	0.01 ~ 1.87	0.01 ~ 2.93	0.01 ~ 4.13
福建	1.34 ~ 1.93	2.93 ~ 3.87	3.85 ~ 4.75	5.05 ~ 7.23
江西	0.01 ~ 1.33	0.01 ~ 1.87	0.01 ~ 2.93	0.01 ~ 4.13
山东	1.94 ~ 2.67	2.93 ~ 3.87	4.76 ~ 6.67	7.24 ~ 9.72
河南	1.34 ~ 1.93	1.88 ~ 2.92	2.94 ~ 3.84	4.14 ~ 5.04
湖北	1.94 ~ 2.67	1.88 ~ 2.92	2.94 ~ 3.84	5.05 ~ 7.23
湖南	1.34 ~ 1.93	1.88 ~ 2.92	2.94 ~ 3.84	4.14 ~ 5.04
广东	2.68 ~ 4.04	2.93 ~ 3.87	3.85 ~ 4.75	5.05 ~ 7.23
广西	0.01 ~ 1.33	0.01 ~ 1.87	0.01 ~ 2.93	0.01 ~ 4.13
海南	0.01 ~ 1.33	0.01 ~ 1.87	0.01 ~ 2.93	0.01 ~ 4.13
重庆	1.34 ~ 1.93	1.88 ~ 2.92	0.01 ~ 2.93	4.14 ~ 5.04
四川	1.34 ~ 1.93	0.01 ~ 1.87	0.01 ~ 2.93	4.14 ~ 5.04
贵州	1.34 ~ 1.93	1.88 ~ 2.92	2.94 ~ 3.84	4.14 ~ 5.04
云南	1.34 ~ 1.93	0.01 ~ 1.87	2.94 ~ 3.84	4.14 ~ 5.04

续上表

省份	人均 CO_2 排放量/吨			
	1995 年	2000 年	2005 年	2011 年
陕西	1.94～2.67	1.88～2.92	2.94～3.84	4.14～5.04
甘肃	1.94～2.67	1.88～2.92	2.94～3.84	4.14～5.04
青海	1.94～2.67	2.93～3.87	4.76～6.67	7.24～9.72
宁夏	2.68～4.04	3.88～5.47	6.68～9.53	9.73～13.33
新疆	2.68～4.04	2.93～3.87	3.85～4.75	5.05～7.23

从地理分布上看（表3－6），除去北京、上海等全国性中心城市，人均 CO_2 排放量较大的省份主要分布在北方，而且煤炭资源富集地区和高耗能产业比重高的省份人均 CO_2 排放量较大；南方省份人均 CO_2 排放量较小，这与南方缺煤、产业结构偏轻有一定关联，南方气候温暖，冬季取暖耗能较少也是导致南方省份人均 CO_2 排放量较低的原因之一。

3.4.3　CO_2 排放强度格局分析

各省区的 CO_2 排放强度存在显著性差异（表3－7），但这种显著性差异是和省级 CO_2 排放总量格局恰恰相反的。CO_2 排放强度较高的省份主要包括甘肃、宁夏、山西和贵州等，较低的省份主要有广东、江苏和浙江等地。总的来说，西部地区的 CO_2 排放强度高于中部和东部地区，东部沿海地区的排放强度最低。呈现这样的格局，可以从两个方面来分析，一是看 CO_2 排放总量，二是看经济总量（GDP）。通过比较发现，各省区经济总量的差异要明显高于 CO_2 排放总量的差异性，所以在一定程度上，计算排放强度公式中的分母起的作用要比分子大，通过二者的比例关系，从而得出排放强度指数。这也可以说明即使西部地区的 CO_2 排放总量较低，但由于其经济规模也较小，因此其排放强度高于东部沿海地区（CO_2 排放总量大，经济规模更大）。随着经济发展水平和技术水平的提高，各省份的历年 CO_2 排放强度是逐步降低的，这也同样说明各省份的能源利用效率是逐步提高的。

表3－7　主要年份我国省级 CO_2 排放强度变化趋势

省份	CO_2 排放强度/（吨/万元）			
	1995 年	2000 年	2005 年	2011 年
北京	3.39～5.02	0.01～3.01	0.01～1.85	0.01～1.12
天津	5.03～6.02	3.02～4.25	2.53～3.60	0.01～1.12

续上表

省份	CO_2 排放强度/（吨/万元）			
	1995 年	2000 年	2005 年	2011 年
河北	6.03～7.63	4.26～5.61	3.61～5.46	1.67～2.43
山西	7.64～11.32	6.74～9.36	3.61～5.46	2.44～3.40
内蒙古	6.03～7.63	5.62～6.73	3.61～5.46	1.67～2.43
辽宁	6.03～7.63	4.26～5.61	2.53～3.60	1.42～1.66
吉林	6.03～7.63	4.26～5.61	2.53～3.60	1.42～1.66
黑龙江	3.39～5.02	3.02～4.25	1.86～2.52	1.13～1.41
上海	0.01～3.38	0.01～3.01	0.01～1.85	1.13～1.41
江苏	0.01～3.38	0.01～3.01	1.86～2.52	0.01～1.12
浙江	0.01～3.38	0.01～3.01	1.86～2.52	1.13～1.41
安徽	3.39～5.02	3.02～4.25	2.53～3.60	1.42～1.66
福建	0.01～3.38	0.01～3.01	1.86～2.52	1.13～1.41
江西	3.39～5.02	3.02～4.25	1.86～2.52	1.13～1.41
山东	3.39～5.02	3.02～4.25	2.53～3.60	1.42～1.66
河南	5.03～6.02	3.02～4.25	2.53～3.60	1.42～1.66
湖北	5.03～6.02	4.26～5.61	2.53～3.60	1.42～1.66
湖南	5.03～6.02	4.26～5.61	2.53～3.60	1.42～1.66
广东	0.01～3.38	0.01～3.01	0.01～1.85	0.01～1.12
广西	3.39～5.02	3.02～4.25	2.53～3.60	1.13～1.41
海南	0.01～3.38	0.01～3.01	2.53～3.60	1.13～1.41
重庆	3.39～5.02	3.02～4.25	1.86～2.52	1.13～1.41
四川	5.03～6.02	3.02～4.25	2.53～3.60	1.42～1.66
贵州	7.64～11.32	6.74～9.36	5.47～8.17	2.44～3.40
云南	3.39～5.02	3.02～4.25	3.61～5.46	1.67～2.43
陕西	6.03～7.63	5.62～6.73	2.53～3.60	1.13～1.41
甘肃	7.64～11.32	5.62～6.73	3.61～5.46	1.67～2.43
青海	6.03～7.63	5.62～6.73	3.61～5.46	2.44～3.40
宁夏	7.64～11.32	6.74～9.36	5.47～8.17	2.44～3.40
新疆	6.03～7.63	4.26～5.61	2.53～3.60	1.67～2.43

3.4.4 CO_2 排放演化趋势分析

在省级尺度上，本节选择 1995 年、2000 年、2005 年和 2011 年 4 个年份进行核密度估计，以关注其变动趋势。所采用数据为标准化的相应年份各省级人均 CO_2 排放量。图 3－12 为各省级人均 CO_2 排放量相对值在 4 个年份上的核密度估计图。从图中可以看出，1995 年，人均 CO_2 排放量分布高度集中在 2.2 吨，主要分布在 1 ～4 吨之间。这表明，1995 年人均 CO_2 排放量的区域差异并不十分显著。由 1995 年、2000 年、2005 年和 2011 年的核密度演变趋势可知，人均 CO_2 排放量的均值和方差都呈不同程度增加。2011 年，人均 CO_2 排放量分布高度集中在 5.2 吨，主要分布在 2 ～12 吨之间，区域差异明显拉大。

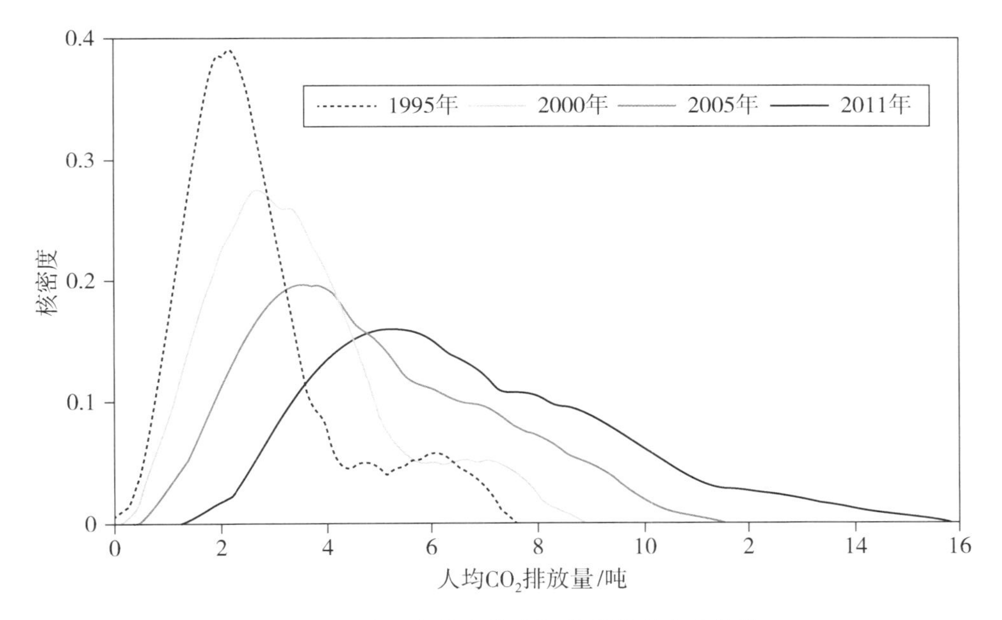

图 3－12　主要年份人均 CO_2 排放的核密度估计

由图 3－12 还可以得出，1995—2000 年，相对人均 CO_2 排放量呈偏态分布的总体趋势基本不变，但在峰值上有所下降。2000 年相比于 1995 年，密度分布整体向右移动，移动幅度不大；2011 年相比于 2000 年，密度分布进一步向右移动，移动幅度较大。这说明，1995—2011 年县域人均 GDP 差距呈不断扩大趋势，2000—2011 年相比于 1995—2000 年人均 CO_2 排放差距幅度更大，说明梯度差异也越大。同时也可以看出，2011 年相比于 2000 年和 1995 年，核密度区间最多的省份，其相对人均 CO_2 排放量变得更低，表明近 17 年来人均 CO_2 排放量的分化趋势更加严重。总体上，1995 年以来呈现出中、低水平地区和高水平地区分别呈现集聚分化的趋势。

3.5 CO_2 排放的区域差异及其贡献率分析

3.5.1 CO_2 排放的多尺度区域差异

3.5.1.1 传统差异测度指数

传统总体差异测度指数主要包括变异系数、基尼系数、泰尔指数、广义熵和阿特金森指数等。本节选用使用最为广泛的变异系数（CV）来分析我国多尺度人均 CO_2 排放差异演化趋势。变异系数又称标准差系数、变差系数等（Williamson，1965），考虑到不同区域人口规模的影响，人口加权的变异系数为：

$$CV_{(w)} = \frac{\sqrt{\sum_{i=1}^{n} (X_i - \mu)^2 f(x_i)}}{\mu} \tag{3-17}$$

式中：$CV_{(w)}$是变异系数，X_i是第 i 个区域人均 CO_2 排放；μ 为区域人均 CO_2 排放均值；n 为区域个数；$f(x_i)$ 为第 i 个区域的人口占区域总人口的比重。

3.5.1.2 不同尺度区域 CO_2 排放差异演化分析

四大地区（东部、中部、西部和东北）间人均 CO_2 排放的梯度差异较为明显（图 3-13）。1995—2011 年，变异系数总体上呈递减趋势，区域差异表现出减弱的趋势，变异系数从 1995 年的 0.3256 递减到 1997 年的 0.3082，之后又上升到 1998 年的 0.3198，之后变异系数一直下降到 0.1795。

省级单元之间的人均 CO_2 排放差异演变趋势与区域间的较为类似（图 3-13）。变异系数从 1995 年的 0.5204 迅速下降到 1997 年的 0.4831，之后变异系数便呈现出稳定下降趋势，从 1998 年的 0.4840 一直下降到 2011 年的 0.3931。

通过比较区域和省级尺度的人均 CO_2 排放差异发现，1995—2011 年我国人均 CO_2 排放差异在两个尺度上均呈不同程度的减小趋势；就变异系数而言，省级大于区域，表示省级尺度的排放差异大于区域尺度。这说明，经济发达地区的人均 CO_2 排放增长相对缓慢，而欠发达地区的增长则相对较快，同时也暗涵了国家建立的 CO_2 排放区域补偿机制和差异化发展政策正在起作用，同时也投影出不同区域单元的技术进步速度也不同，以上两个方面促使不同尺度的人均 CO_2 排放差异缩小，形成区域差异收敛机制。此外，通过不同尺度区域人均 CO_2 排放差异测度分析，发现地理空间尺度对人均 CO_2 排放差异有很大影响，总体表现为尺度越小差异越大。

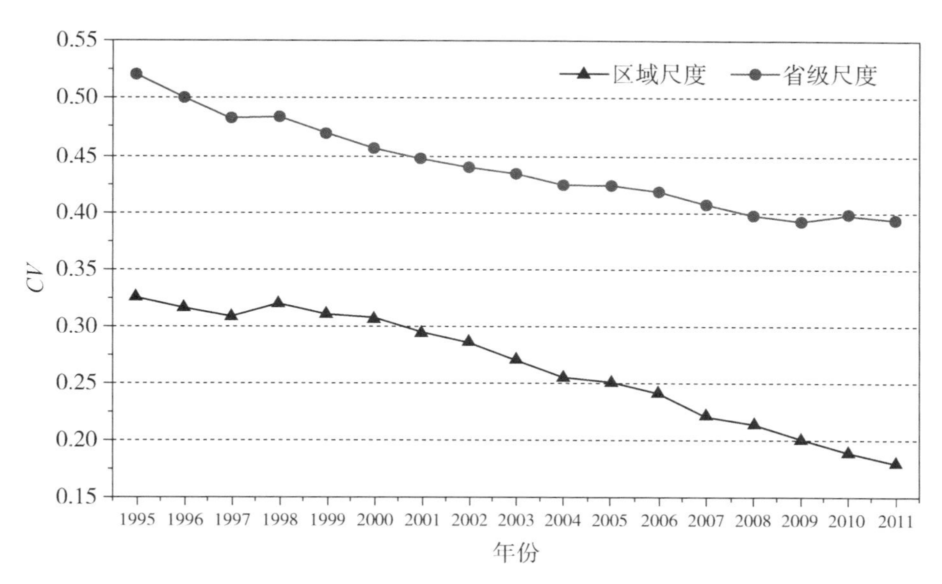

图 3－13 1995—2011 年我国不同尺度人均 CO_2 排放量的变异系数

3.5.2 CO_2 排放区域差异的不同尺度贡献率分析

3.5.2.1 尺度方差及其分解

多尺度空间分析法是发现和识别特征尺度的主要方法（龚建周等，2006）。目前常用的尺度分析方法有很多，如半方差分析、尺度方差分析、小波分析和孔隙度指数分析等。本章用到的尺度方差是一种比其他分析简单得多，却是很有效的空间分析方法，在研究尺度特征时具有很大潜力（龚建周等，2006；邬建国，2007；蔡博峰等，2008）。尺度方差是将整个研究对象的方差按照尺度等级系统的水平进行逐步分解，不同尺度水平的尺度方差的突变相对大小可以反映不同尺度格局或过程的变化对整体研究对象变异性贡献的相对大小程度。因此，尺度方差的分析结果可以用来识别那些在尺度效应上更值得研究的空间尺度或等级效应（Krugman，1991）。尺度方差的统计模型为（邬建国，2007）：

$$X_{ijk\cdots z} = \mu + \alpha_i + \beta_{ij} + \gamma_{ijk} + \cdots + \overline{\omega}_{ijk\cdots z} \qquad (3-18)$$

式中：$X_{ijk\cdots z}$表示等级区域最低尺度水平组成单元的取值；$\overline{\omega}_{ijk}$表示不同尺度上的单元数；μ 表示整个区域所有组成基本单元的总体平均值；其余各项表示从最高尺度 α 开始，到尺度$\overline{\omega}$结束，依次对区域总体方差的影响。本节研究尺度为 2 级，即区域级和省级，尺度方差的计算公式如表3－8所示。

表3-8　尺度方差公式

尺度	自由度	平均方差估计	尺度方差公式
区域 α	$(I-1)$	$SV_\alpha/(I-1)$	$\frac{\sum_{i=1}^{I}(\bar{X}_i\cdots-\bar{X})^2}{(I-1)}$
省级 β	$\sum_{i=1}^{I}(J_i-1)$	$\frac{SV_\beta}{\sum_{i=1}^{I}(J_i-1)}$	$\frac{\sum_{i=1}^{I}\sum_{j=1}^{Ji}(\bar{X}_{ij}\cdots-\bar{X}_i)^2}{\sum_{i=1}^{I}(J_i-1)}$

注：SV分别为各空间尺度上的尺度方差；$\bar{X}$为不同尺度上的平均值；i、J_i分别是α尺度上的单元数、第i个α尺度单元中所包含的β尺度上的单元数。

3.5.2.2　区域差异的空间尺度贡献份额

尺度方差作为测度尺度效应众多方法中的一种，在识别区域发展格局上的优势是对变量的多尺度格局非常敏感，因此该方法非常适于分析多尺度格局过程的变化对整体研究区域变异性贡献的相对大小程度，常用于识别空间尺度的贡献率。对三级空间尺度进行尺度方差分析，结果表明（图3-14），在1995—2011年期间：①区域尺度和省级尺度在尺度方差上均呈现扩大的趋势：省级尺度方差一直呈现出增大趋势，从1995年的0.2814上升到2011年的0.4990；区域尺度方差呈现波动性变化，存在先上升后下降趋势。②尺度方差大小比较上，省级尺度大于区域尺度；从尺度方差的整体情况来看，尺度越小，尺度方差越大。

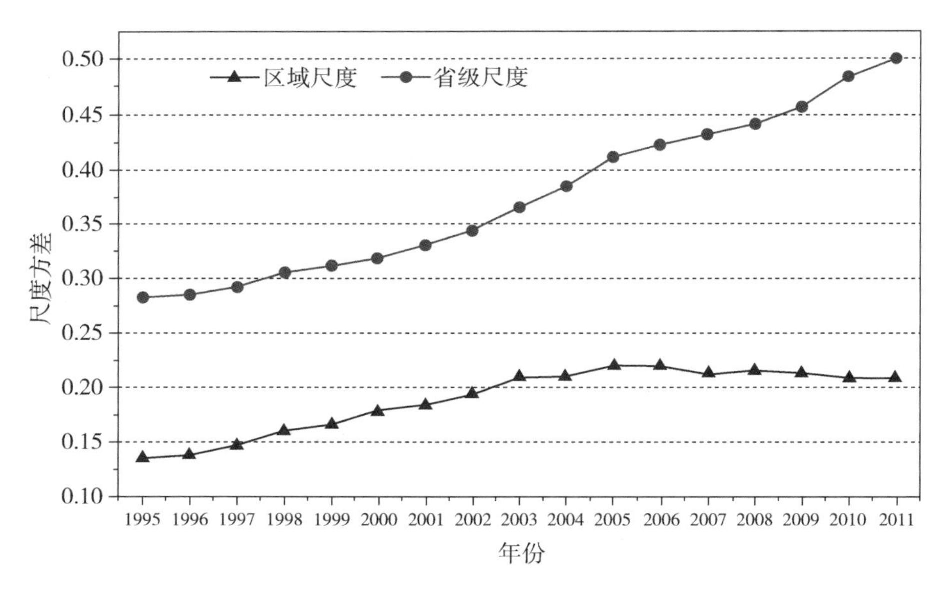

图3-14　1995—2011年我国不同尺度水平的尺度方差

对尺度方差进行分解，结果表明（图 3－15）：1995—2011 年，省级尺度区域差异对总体差异的贡献份额最大，贡献率远远高于区域尺度水平，平均占总体差异的 68% 左右。尺度方差贡献率分析表明，尺度越小，该尺度区域差异对总体区域差异的贡献份额越大。

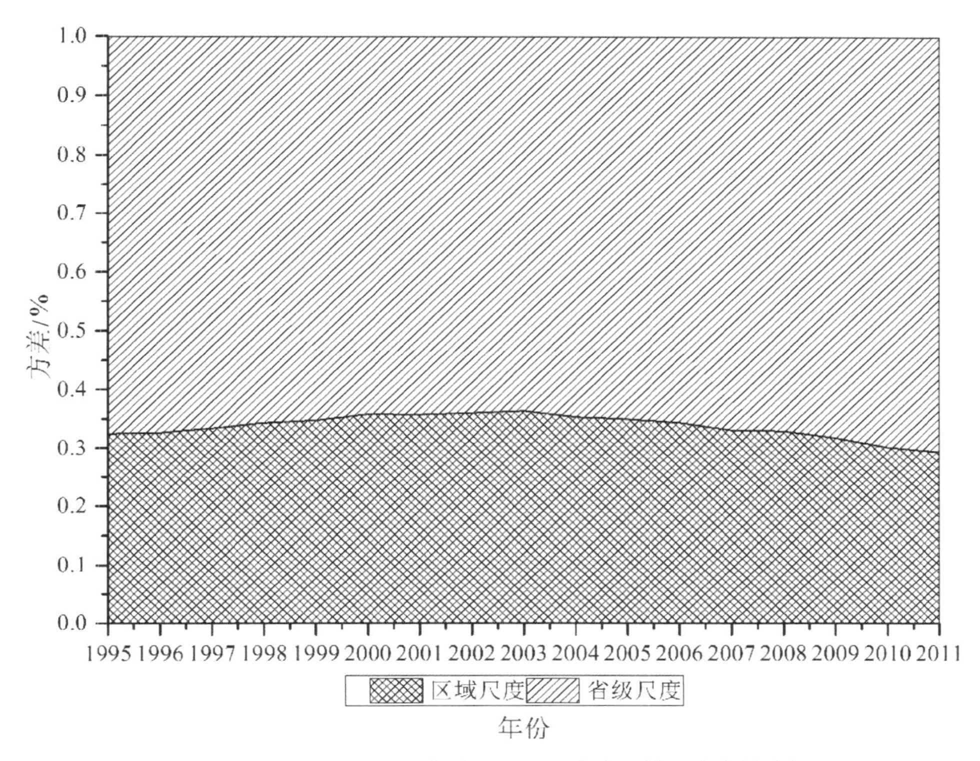

图 3－15　1995—2011 年我国不同尺度水平的尺度方差分解

3.6　小结

在核算 CO_2 排放的基础上，分析了不同尺度下 CO_2 排放指标的时空格局和演变机理。在全国尺度上，CO_2 排放总量和人均 CO_2 排放量持续上升，CO_2 排放强度逐步下降；人均 GDP 和人均 CO_2 排放量高度相关，相关系数为 0.98；协整检验、误差修正模型、脉冲响应函数及因果关系检验表明，城市化水平与 CO_2 排放总量之间存在长期均衡的协整关系和短期动态调整机制。区域尺度上，四大地区 CO_2 排放总量和人均 CO_2 排放量持续上升，CO_2 排放总量东部地区居首，CO_2 排放强度呈下降趋势，东部地区居尾；选取总量指标和强度指标对四大地区 CO_2

排放类型进行了划分，发现只有东北地区排放类型存在演进趋势。省级尺度上，CO_2排放总量和人均指标总体表现为东部高于中部，中部高于西部的区域空间格局，呈现出与中国东、中、西部区域经济发展格局相似的特征，CO_2排放强度总体呈下降趋势，东部地区偏低；核密度估计发现人均指标存在集聚效应且分化趋势严重。在区域差异和贡献率上，人均排放差异在不同尺度上均呈不同程度的缩小趋势；省级尺度区域差异对总体差异的贡献份额最大，贡献率远远高于区域尺度水平，平均占总体差异的68%。

4　城市化进程中 CO_2 排放的影响因素

气候变暖已成为当今人类面临的严峻挑战，节能减排逐步成为全球应对气候变化的共识。在此背景下，深入研究城市化进程中 CO_2 排放的影响因素，对实现低碳经济发展具有重要意义。鉴于此，本章首先基于生命周期法和投入产出分析，从静态视角分析了 CO_2 排放的社会经济影响因素；之后，在分析 CO_2 排放空间集聚趋势的基础上，从动态视角（面板分析）进一步解析了 CO_2 排放的社会经济影响因素；最后，基于影响因素分析的结论（经济增长显著影响 CO_2 排放），着重分析了经济增长与能源消费和 CO_2 排放的计量关系。

4.1　基于生命周期法和地理加权回归的 CO_2 排放影响因素分析

4.1.1　“自上而下”生命周期法

基于生命周期法计算 CO_2 排放通常有两种方法，一种是“自上而下”生命周期法，另一种是“自下而上”生命周期法（石敏俊等，2012）。本节 CO_2 排放的计算是结合“自上而下”生命周期法和投入产出表（2002 年和 2007 年）及投入产出延长表（2010 年）测算最终需求及《中国能源统计年鉴》和各省区能源统计量所得到的生命周期 CO_2 排放，主要是收集每个省份的一次能源消费量，之后结合能源平衡表和投入产出模型，计算每个省区的 60 个部门各自的能源消费量，之后结合 IPCC（2006）公布的 CO_2 排放系数，把能源消费转化为 CO_2 排放，由于各个省份的投入产出延长表并不全，空缺值以 2002 年和 2007 年的投入产出表为基底，从而估算了相应省份的 CO_2 排放。各省区 CO_2 的排放计算基于各省区的投入产出表进行，投入产出模型里，第 α 部门产出为（石敏俊等，2012）：

$$x_{\alpha} = \sum_{\beta=1}^{n} X_{\alpha\beta} + \overline{\omega}_{\alpha} \tag{4-1}$$

式中：x_{α}是第 α 部门的总产出；$x_{\alpha\beta}$是 α 部门对 β 部门的中间投入；$\overline{\omega}_{\alpha}$表示对 α 部门产品的最终需求。

$$直接投入系数\ k_{\alpha\beta}, k_{\alpha\beta} = x_{\alpha\beta}/x_{\alpha k} \tag{4-2}$$

式中：$k_{\alpha\beta}$表示β部门的单位产出对α部门产品的中间消耗，其中$0 \leqslant k_{\alpha\beta} < 1$。

结合（4－2）式，（4－1）式可改写为：

$$x_{\alpha\beta} = \sum_{\beta=1}^{n} k_{\alpha\beta} x_{\beta} + \overline{\omega}_{\beta} \tag{4-3}$$

以矩阵形式表示为：

$$\boldsymbol{X} = \boldsymbol{KX} + \boldsymbol{W} \tag{4-4}$$

式中：$\boldsymbol{X}$、$\boldsymbol{K}$和$\boldsymbol{W}$分别代表总产出矩阵、中间投入系数矩阵和最终需求矩阵。

$(I-A)$为满秩矩阵，$\boldsymbol{K}$可逆。因此，表达式（4－4）可改写为：

$$\boldsymbol{X} = (I - \boldsymbol{K})^{-1} \boldsymbol{W} \tag{4-5}$$

式中：$(I-\boldsymbol{K})^{-1}$为列昂惕夫逆矩阵，表示生产单位最终产品对投入部门产品的完全需求。

各省份的投入产出表均为投入竞争性模型。隐含的假设是，进口产品具有与国内同类产品相同的属性。它们既具有竞争关系，同时又可以相互替代。进口商品和国内商品在中间需求和最终需求方面机会均等，因此必须剔除进口商品对列昂惕夫逆矩阵和最终需求的影响。经过处理的列昂惕夫逆矩阵可以表示为：

$$\overline{B} = [\overline{b_{\alpha\beta}}] = [I - (I - \widehat{M})\boldsymbol{K}]^{-1} \tag{4-6}$$

经过处理的最终需求矩阵表示为：

$$\overline{\boldsymbol{W}} = [\overline{\boldsymbol{W}_{\beta}}] = (I - M)\boldsymbol{W} \tag{4-7}$$

为了关联CO_2排放和投入产出模型，直接CO_2排放系数为：

$$E = (e_{\beta}), e_{\beta} = c_{\beta}/x_{\beta} \tag{4-8}$$

式中：E是直接CO_2排放系数矩阵；e_{β}是β部门的直接CO_2排放系数；c_{β}是β部门的直接CO_2排放；x_{β}是β部门的产出。

完全CO_2排放系数表示为在整个生产生命周期中为了满足最终需求而产出的单位产出的CO_2排放总量。它可以由直接CO_2排放系数和列昂惕夫逆矩阵相乘得到：

$$L = [l_{\beta}], l_{\beta} = \sum \alpha e_{\alpha} \times \overline{b_{\alpha\beta}} \tag{4-9}$$

CO_2排放总量可以由完全CO_2排放系数（l_{β}）和最终需求（$\overline{w_{\beta}}$）相乘得到：

$$C = [\overline{c_{\beta}}], c_{\beta} = l_{\beta} \times \overline{w_{\beta}} \tag{4-10}$$

4.1.2　地理加权回归

地理加权回归被广泛地应用到空间数据分析中，因其具有完整的理论体系和统计推断方法。通常，一般线性回归模型常用一个方程来捕捉所有数据因变量和

自变量之间的显著性关系而被广泛应用，然而这种关系被假定不因空间位置关系而变化，不能捕捉空间数据的非平稳性，进而可能隐藏了局部重要的变量间关系。相反，空间变系数回归模型地理加权回归则能够捕捉空间数据的非平稳性，分析结果能全面反映空间数据的真实特征，尤其是数据随空间位置变迁的变化规律，能够揭示变量间的局部潜在关系（Gilbert and Chakraborty，2010）。虽然地理加权回归的模型和一般线性回归模型相似，但地理加权回归模型允许回归参数随着地理空间的变化而变化，其表达式如下（Hu et al，2012）：

$$\ln y_i = \beta_{i0} + \beta_{i1}x_{i1} + \cdots + \beta_{ik}x_{ik} + \cdots + \beta_{i5}x_{i5} + \varepsilon_i \tag{4-11}$$

式中：i 表示全国 30 个省份；y_i 表示第 i 个省区的人均 CO_2 排放量；x_{ik}（$k=1,\cdots,5$）表示 5 个自变量，分别包括能源结构（S）、能源效率（F）、城市化水平（U）、经济规模（R）和人口规模（P）；β_{ik}是回归参数；ε_i是随机误差项。

考虑到参数的局域化，地理加权回归模型引入空间自相关概念。根据地理学第一定律“任何事物都相关，只是相近的事物关联更紧密”，对于特定省区变量距离近的重要性大于距离远的。所以，引入权重矩阵来表示变量的相对重要性，特定权重有 Gauss 权函数确定，具体模型公式如下（Hu et al，2012）：

$$\hat{\beta}_i = (\boldsymbol{X}^T \boldsymbol{W}^I \boldsymbol{X})^{-1} \boldsymbol{X}^T \boldsymbol{W}_{iy} \tag{4-12}$$

式中：$\boldsymbol{T}$ 是转置矩阵；$\boldsymbol{W}_i$为对角权重矩阵。

$$w_i = diag(w_{i1}, w_{i2}, \cdots, w_{in}) = \begin{bmatrix} w_{i1} & 0 & \cdots & 0 \\ 0 & w_{i2} & 0 & 0 \\ \vdots & \vdots & \vdots & \vdots \\ 0 & 0 & \cdots & w_{in} \end{bmatrix} \tag{4-13}$$

“带宽”是指矩阵所应涵盖的相邻点数目，是“地理加权回归”的最重要参数。它控制模型中的平滑程度。为了准确确定相邻点数目，AICs 准则同时被引入地理加权模型（Brunsdon et al，1996），同时选择 big－square 函数来确定两点之间的权重，公式如下（Brunsdon et al，1998；Fotheringham et al，2002）：

$$\omega_{si} = \begin{cases} [1-(d_{si}/d_{\max})^2]^2 & d_{si} \leqslant d_{\max} \\ 0 & otherwise \end{cases} \tag{4-14}$$

式中：$d_{\max}$是两省区之间的最远距离；ω_{si}是两省之间的权重影响；d_{si}是两省之间的实际距离。

地理加权回归在传统回归分析的基础上引入了空间自相关，在探讨影响区域 CO_2 排放因素上能够很好地反映变量间的空间位置关系，同时地理加权回归则能够捕捉空间数据的非平稳性，分析结果能全面反映空间数据的真实特征，以便更好地揭示潜在的驱动因素。

4.1.3 利用地理加权回归分析CO_2排放影响因素

在分析CO_2排放影响因素之前，首先需要确定相关变量。本节选取能源结构、能源效率、城市化水平、经济规模和人口规模作为自变量。中国是一个超级大国，虽然在很多时候被视为综合体，但其内部的发展存在明显的差异性，这些差异不仅仅表现在经济发展水平方面，还涉及人口总量、人口密度、能源消费和城市化等各个方面，而这些方面在很大程度上也影响了区域CO_2排放，本节收集了2010年我国30个省份的5个指标的数据，其相关统计性描述如表4－1所示。主导能源结构之间的最大差异为51.55%，相应的能源效率差异为0.66吨/万元。中国的各个地区具有不同的发展速度，也即存在显著的差异性，比如一些省区具有比较高的城市化率，另外一些省份的城市化率则相对较低，最大值和最小值之间相差58.7%。同时，经济规模和人口规模也具有较大差异，有些省区间的指标差距甚至很大，如经济和人口差距达到62955万元和9867.33万人等。

表4－1　CO_2排放影响因素统计性描述

特征值	$S_{structure}$/%	$F_{efficiency}$/（吨/万元）	$U_{urbanization}$/%	$R_{economy}$/万元	$P_{population}$/万人
最小值	43.48	0.29	29.9	13119.00	562.67
均值	77.57	0.95	49.82	33964.10	4432.58
最大值	95.03	2.62	88.6	76074.00	10430.31
方差	14.75	0.57	14.29	17343.43	2707.25

注：$S_{structure}$：能源结构；$F_{efficiency}$：能源效率；$U_{urbanization}$：城市化水平；$R_{economy}$：经济规模；$P_{population}$：人口规模。

各省份的能源结构、能源效率、城市化水平、经济规模和人口规模的空间分布如表4－2所示。能源结构较高的地区主要集中在北方，南部沿海地区的能源结构比例相对较低。能源效率较高地区也主要集中在北部和西部地区，能源强度较高的地区则往往经济发展相对落后，这些省区的特点主要表现为能源生产和消费量较大，经济规模相对小（或较小），二者的比例则相对较大，即能源强度相对较高。城市化水平较高的地区主要集中在东南沿海地区及京津地区，甘肃、云南和贵州等地的城市化水平最低。经济规模和城市化水平的分布比较类似，经济规模较大地区也主要集中在东部地区，中部和西部地区的经济规模水平则相对较小。人口规模则表示出明显的集中性，人口规模较大的省区主要为山东、河南、江苏、四川和广东等中东部省区。经济和人口规模较大的省区主要集中在中东部地区，是因为首先，改革开放以后，国家的优惠政策向东部倾斜，东南沿海地区的发展比西部先走了一步，这也是造成东西部之间经济落差的一个原因；其次，

西部历史起点低，是造成东西部差距的又一个不能忽视的原因，由于历史上存在的生产力发展水平上的低起点，以及由此伴随的经济、文化的落后性，导致了广大西部地区在发展过程中速度迟缓，观念转变慢，竞争力弱；最后，西部地区特殊的地理状况，也是影响西部地区经济发展的原因。以上分析的原因是西部具有的共性，然而在西部各个省区都有不同程度的存在，差异性也比较明显。

表4－2 中国省级 CO_2 排放影响因素（2010 年）

省份	能源结构/%	能源效率/（吨/万元）	城市化水平/%	经济规模/万元	人口规模/万人
北京	0.001～0.468	0.001～0.522	0.492～0.556	31600～44736	1～1961
天津	0.469～0.688	0.523～0.677	0.492～0.556	31600～44736	1～1961
河北	0.853～0.918	0.854～1.062	0.341～0.435	25035～31599	4603～7185
山西	0.790～0.852	0.854～1.062	0.436～0.491	25035～31599	2885～3831
内蒙古	0.853～0.918	0.854～1.062	0.492～0.556	44737～52840	1962～2884
辽宁	0.469～0.688	0.854～1.062	0.557～0.634	31600～44736	3832～4602
吉林	0.790～0.852	0.854～1.062	0.492～0.556	25035～31599	1962～2884
黑龙江	0.689～0.789	1.063～1.313	0.492～0.556	25035～31599	2885～3831
上海	0.001～0.468	0.001～0.522	0.557～0.634	31600～44736	1962～2884
江苏	0.790～0.852	0.001～0.522	0.492～0.556	44737～52840	3832～4602
浙江	0.689～0.789	0.001～0.522	0.557～0.634	44737～52840	4603～7185
安徽	0.853～0.918	0.678～0.853	0.341～0.435	16114～25034	4603～7185
福建	0.469～0.688	0.001～0.522	0.492～0.556	31600～44736	2885～3831
江西	0.790～0.852	0.523～0.677	0.341～0.435	16114～25034	3832～4602
山东	0.689～0.789	0.678～0.853	0.436～0.491	31600～44736	3832～4602
河南	0.853～0.918	0.678～0.853	0.341～0.435	16114～25034	3832～4602
湖北	0.689～0.789	0.678～0.853	0.436～0.491	25035～31599	4603～7185
湖南	0.790～0.852	0.523～0.677	0.341～0.435	16114～25034	4603～7185
广东	0.469～0.688	0.001～0.522	0.557～0.634	31600～44736	3832～4602
广西	0.689～0.789	0.523～0.677	0.341～0.435	16114～25034	3832～4602
海南	0.001～0.468	0.001～0.522	0.492～0.556	16114～25034	1～1961
重庆	0.790～0.852	0.523～0.677	0.492～0.556	25035～31599	1962～2884
四川	0.689～0.789	0.523～0.677	0.341～0.435	16114～25034	3832～4602
贵州	0.853～0.918	0.854～1.062	0.001～0.340	1～16113	2885～3831

续上表

省份	能源结构/%	能源效率/（吨/万元）	城市化水平/%	经济规模/万元	人口规模/万人
云南	0. 790 ~0. 852	1. 063 ~1. 313	0. 001 ~0. 340	1 ~16113	3832 ~4602
陕西	0. 790 ~0. 852	0. 854 ~1. 062	0. 341 ~0. 435	25035 ~31599	2885 ~3831
甘肃	0. 790 ~0. 852	1. 063 ~1. 313	0. 001 ~0. 340	1 ~16113	1962 ~2884
青海	0. 689 ~0. 789	0. 678 ~0. 853	0. 341 ~0. 435	16114 ~25034	1 ~1961
宁夏	0. 790 ~0. 852	0. 854 ~1. 062	0. 341 ~0. 435	25035 ~31599	1 ~1961
新疆	0. 790 ~0. 852	1. 063 ~1. 313	0. 341 ~0. 435	16114 ~25034	1962 ~2884

探索CO_2排放的影响因素，必须了解它的多维动力机制。经验表明，回归分析是分析影响多维动力机制最有效的分析方法之一。普通最小二乘回归（OLS）是基本分析方法，但缺乏后续的分析过程，在此基础上，地理加权回归弥补了这一点，可以做出后续的预测分析。

地理加权回归模型是一种相对简单而又有效的探测空间非平稳性的新方法，属于局域空间分析模型，它允许不同的地理空间存在不同的空间关系，其结果属于局域而不是全域的参数估计，因此能够探测到空间数据的空间非平稳性。通过地理加权回归分析，发现并不是所有的机制因素对CO_2排放都有很大的影响。基于这些分析，本章比较了一系列的回归分析，以求能更好地揭示CO_2排放的机制因素。表4－3、表4－4和表4－5分别是全局回归分析OLS、空间误差和空间滞后模型输出结果。表4－6是单变量地理加权回归模型估计的输出结果，表4－7是混合地理加权回归模型估计的输出结果。

表4－3　OLS模型估计（2010年）

OLS模型				
变量	系数	标准差	t/z－值	P值（>|t|）
（截距）	0. 04598533	0. 07577884	－0. 606836	0. 5490287
$S_{structure}$	0. 1226138	0. 2005283	－0. 6114537	0. 1460138
$F_{efficiency}$	－0. 4224572	0. 1843807	2. 29122313	0. 0299797
$U_{urbanization}$	0. 0091527	0. 1504661	－0. 0608201	0. 0519423
$R_{economy}$	0. 8650346	0. 0990884	2. 67472845	0. 0125450
$P_{population}$	0. 4778324	0. 1223842	7. 17277265	0. 0000001
Adjusted R^2：0. 775289，F-统计：23. 081，自由度：27，p－值：5. 67195e－009				

注：$S_{structure}$：能源结构；$F_{efficiency}$：能源效率；$U_{urbanization}$：城市化水平；$R_{economy}$：经济规模；$P_{population}$：人口规模。

表 4-4 空间误差模型估计（2010 年）

空间误差模型（spatial error model）				
变量	系数	标准差	t/z - 值	P 值（>|t|）
（截距）	0.0153703	0.0589723	-0.2606363	0.1943731
$S_{structure}$	0.0038843	0.1456612	0.02666697	0.0787253
$F_{efficiency}$	-0.2229032	0.1366329	1.63140212	0.0028055
$U_{urbanization}$	0.0069441	0.1119279	0.06204101	0.1505300
$R_{economy}$	0.8142238	0.0931959	1.22563354	0.0000000
$P_{population}$	0.4292908	0.0918455	9.02919169	0.0000001
Lambda：0.787422，拉格朗日乘数检验：8.502896，p - 值：0.0035458，似然估计：27.077155（空间残差），AIC：67.543（OLS：79.231），拉格朗日乘数检验：2.5314，p - 值：0.0367				

注：$S_{structure}$：能源结构；$F_{efficiency}$：能源效率；$U_{urbanization}$：城市化水平；$R_{economy}$：经济规模；$P_{population}$：人口规模。

拟合优度表征回归方程对观测值的拟合程度。*AICs* 和对数似然比可以在一定程度上衡量观测值的拟合优度。拟合优度统计表明，用空间回归方法要明显优于传统的非空间回归方法。比如，对于 OLS 模型回归来说，*AICs* 是 79.231（表 4-4），然而对于空间分析模式而言，*AICs* 分别降到 67.534（残差模型）和 56.518（滞后模型），对于地理加权回归模型，其 *AICs* 降到了 48.367。另外，分析结果表明，在回归分析中，如果考虑到潜在的空间因素，可以明显增加模型的实用性。

表 4-5 空间滞后模型估计（2010 年）

空间滞后模型（spatial lag model）				
变量	系数	标准差	t/z - 值	P 值（>|t|）
（截距）	0.06978879	0.0646215	-1.079962	0.2801591
$S_{structure}$	0.2301915	0.1820049	-1.264755	0.2059594
$F_{efficiency}$	-0.4195918	0.1568021	2.675932	0.0074523
$U_{urbanization}$	0.0692413	0.1309372	0.528814	0.0969344
$R_{economy}$	0.8338999	0.0913506	1.465779	0.0000086
$P_{population}$	0.5362292	0.1035332	8.076922	0.0000000
Rho：0.287546，拉格朗日乘数检验：4.866677，p - 值：0.0273802，似然估计：25.259（滞后模型），AIC：56.5181OLS：79.231				

注：$S_{structure}$：能源结构；$F_{efficiency}$：能源效率；$U_{urbanization}$：城市化水平；$R_{economy}$：经济规模；$P_{population}$：人口规模。

同时，从*AICs*的观测值来看，即使考虑到回归自由度的降低，局部空间回归（地理加权回归）还是明显优于全局回归（OLS，空间滞后和空间残差模型）（Wei et al，2011）。从全局回归分析结果来看，拉格朗日检验值表明空间滞后回归模型优于空间残差模型。所以本章对回归结果的分析主要集中在地理加权回归（局部）方面。同时，还进一步分析了2010年省级CO_2排放的集聚性，检测到全局Moran's *I*值为0.56（$p<0.01$），表明省级CO_2排放之间存在很强的空间自相关性。

首先，单变量地理加权回归模型被用来检测因变量（CO_2排放）与单个自变量（因素）间显著性。城市化、能源结构和能源效率的R^2系数分别为0.56、0.62和0.67。同样，经济规模和人口规模的估计系数分别为0.78和0.82。同时，检测还发现，虽然经济规模和人口规模具有较大的估计系数，但其AIC值则相对较小。回归参数的显著性检验是基于伪*t*检验进行的。因变量（CO_2排放）与自变量（因素）的省级显著性（$p<0.05$）分别为：城市化57.7%、能源结构62.4%、能源效率67.5%、经济规模77.3%和人口规模89.7%。同时，在省级层面，即使是同一变量的显著性方向也是不同的，正向的显著性分别为城市化55.6%、能源结构51.2%、能源效率46.8%、经济规模75.6%和人口规模88.4%。因变量（CO_2排放）与单个自变量显著性的大小与方向如表4-8所示。同时，模型残差的全局Moran's *I*（$p<0.01$）指数分别为城市化0.36、能源结构0.24、能源效率0.27、经济规模0.25和人口规模0.29。虽然单个变量的残差的空间自相关要比整个模型的空间自相关0.56小，但它们可以用来分析CO_2排放的空间差异。

表4-6　单变量地理加权回归模型估计（2010年）

因素	R^2	显著性		
		$p<0.05$	+	-
$S_{structure}$	0.62	62.4%	51.2%	7.6%
$F_{efficiency}$	0.67	67.5%	46.8%	17.2%
$U_{urbanization}$	0.56	57.7%	55.6%	5.9%
$R_{ecomomy}$	0.78	77.3%	75.6%	4.7%
$P_{population}$	0.82	89.7%	88.4%	2.5%

注：$S_{structure}$：能源结构；$F_{efficiency}$：能源效率；$U_{urbanization}$：城市化水平；$R_{economy}$：经济规模；$P_{population}$：人口规模。

其次，本章还进行了对所有自变量的混合地理加权回归模型估计。5个变量同时依据非共线性和AIC最小原则进行同时参数估计。整个混合模型的R^2为

0.87，比单变量模型的任何一个 R^2 都大。模型参数的显著性检验是基于非平稳性地理加权回归进行的。从表4－7中可以看出，每个变量都通过了显著性检验。模型残差的全局 Moran's I 为0.21，表示空间自相关性较弱。所以，通过比较可以看出，混合模型检测比单变量模型更适合检测 CO_2 排放的影响因素。表4－9是省级单个自变量的估计 R^2 的分布表（混合模型）。表4－7是混合地理加权回归模型的输出结果。从表中可以看出，除了能源效率外，其他自变量的估计系数都是正值，能源效率的系数为负表示其在一定程度上抑制 CO_2 排放的增长。所以，在减排方面，能源效率发挥了重要作用。同时表示，发展低碳产业和提高能源效率在一定程度上可以更好地控制 CO_2 排放。首先，经济规模是最重要的单体发展因素之一。当地政府支出大量的财政来支持重工业的发展，并以此来最大进度地提升经济发展速度和规模。然而，在经济快速增长的同时，CO_2 排放总量也在相应地快速增长。随着经济增长的不断加快，生产要素的投入也不断增加，资本、劳动力、能源资源等作为投入要素其消耗也不断加剧，进而因资源消耗而增加的 CO_2 排放也就相应地快速增长。因此，合理控制经济增长速度，发展低碳产业，降低重工业比重，提高第三产业比重将会有效地抑制 CO_2 排放的增加。无论是在全局或局域模型中，人口规模对 CO_2 排放增长起促进作用。改革开放以后，中国人口规模快速增大，而人口规模对 CO_2 排放的影响是不言而喻的，因为随着人口规模的增大，所需的能源资源相应增大，进而 CO_2 排放也必然增加。所以，合理控制人口规模，提高人口质量，优化人口结构，同时也要积极倡导绿色生活、绿色消费，提高公众的低碳发展意识，从而积极推进低碳发展模式。能源结构在一定程度上是促进 CO_2 排放的，然而它的作用并不像经济规模和人口规模那么明显，因为在一段时间内，一个地区的主导能源结构变化甚微，然而如果降低化石能源结构比例，减少煤、石油和天然气等化石燃料的使用，积极使用可再生和可持续新能源是降低 CO_2 排放最为行之有效的手段。城市化水平是和 CO_2 排放呈正相关的，如表4－7所示。城市化是一个多种因素综合发展的过程，实质上也是以内向式集聚为主和外向式推延为辅的综合作用的过程。它不仅表现为人口由农村向城镇的转移集聚、城镇人口逐步增加，还表现为农业景观向城市景观转换、农业地域向城市地域转换导致城镇数量的增加和城镇规模的扩大；不仅表现为农业活动向非农业活动转换、城市产业结构的转型升级，还表现为城市经济和生活方式向广大农村地区扩散。所以，城市化过程中蕴含了人们生活方式转变导致城市环境压力增加，基础设施和公共服务设施投资增加，绿地等非建设用地向建设用地转化，从而导致碳汇减少、碳源增加，进而 CO_2 排放增加。

表 4 -7　混合地理加权回归模型估计（2010 年）

变量	系数	标准差	t/z - 值	P 值（ > | t | ）
(截距)	0.0956437	0.0446845	1.255213	0.214675
$S_{stucture}$	0.2541348	0.0820820	-1.112547	0.064572
$F_{efficiency}$	-0.6278633	0.2568357	2.364672	0.036743
$U_{urbanization}$	0.1859435	0.1409965	0.867456	0.043675
$R_{ecomomy}$	0.5726534	0.0613432	0.472894	0.002672
$P_{population}$	0.7435687	0.0035566	2.047683	0.000000

注：$S_{structure}$：能源结构；$F_{efficiency}$：能源效率；$U_{urbanization}$：城市化水平；$R_{economy}$：经济规模；$P_{population}$：人口规模。

表 4 -8　中国省级 CO_2 排放影响因素系数（2010 年）

省份	能源结构	能源效率	城市化水平	经济规模	人口规模
北京	-0.129 ~ 0.000	-0.077 ~ 0.000	0.032 ~ 0.166	-0.023 ~ 0.000	0.936 ~ 1.121
天津	-0.143 ~ -0.130	-0.077 ~ 0.000	0.032 ~ 0.166	-0.023 ~ 0.000	0.936 ~ 1.121
河北	-0.129 ~ 0.000	-0.077 ~ 0.000	0.032 ~ 0.166	-0.023 ~ 0.000	0.936 ~ 1.121
山西	-0.129 ~ 0.000	-0.161 ~ -0.078	-0.042 ~ 0.031	0.001 ~ 0.293	0.915 ~ 0.935
内蒙古	0.113 ~ 0.145	-0.077 ~ 0.000	0.032 ~ 0.166	0.001 ~ 0.293	0.936 ~ 1.121
辽宁	-0.143 ~ -0.130	0.001 ~ 1.760	0.032 ~ 0.166	-0.195 ~ -0.024	0.936 ~ 1.121
吉林	-0.143 ~ -0.130	0.001 ~ 1.760	0.167 ~ 0.335	-0.213 ~ -0.196	0.936 ~ 1.121
黑龙江	0.186 ~ 0.254	0.001 ~ 1.760	0.167 ~ 0.335	-0.213 ~ -0.196	0.936 ~ 1.121
上海	-0.129 ~ 0.000	-0.077 ~ 0.000	-0.042 ~ 0.031	-0.195 ~ -0.024	0.892 ~ 0.914
江苏	-0.129 ~ 0.000	-0.077 ~ 0.000	-0.042 ~ 0.031	-0.195 ~ -0.024	0.892 ~ 0.914
浙江	0.113 ~ 0.145	-0.161 ~ -0.078	-0.042 ~ 0.031	-0.195 ~ -0.024	0.001 ~ 0.891
安徽	0.001 ~ 0.112	-0.161 ~ -0.078	-0.042 ~ 0.031	-0.023 ~ 0.000	0.892 ~ 0.914
福建	0.146 ~ 0.185	-0.264 ~ -0.162	-0.100 ~ -0.043	-0.195 ~ -0.024	-0.234 ~ 0.000
江西	0.146 ~ 0.185	-0.264 ~ -0.162	-0.100 ~ -0.043	-0.023 ~ 0.000	0.001 ~ 0.891
山东	-0.143 ~ -0.130	-0.077 ~ 0.000	-0.042 ~ 0.031	-0.023 ~ 0.000	0.915 ~ 0.935
河南	0.001 ~ 0.112	-0.161 ~ -0.078	-0.042 ~ 0.031	0.001 ~ 0.293	0.892 ~ 0.914
湖北	0.113 ~ 0.145	-0.264 ~ -0.162	-0.100 ~ -0.043	-0.023 ~ 0.000	0.001 ~ 0.891
湖南	0.146 ~ 0.185	-0.264 ~ -0.162	-0.100 ~ -0.043	-0.023 ~ 0.000	-0.234 ~ 0.000
广东	0.186 ~ 0.254	-0.326 ~ -0.265	-0.100 ~ -0.043	-0.195 ~ -0.024	-0.796 ~ -0.235
广西	0.146 ~ 0.185	-0.326 ~ -0.265	-0.100 ~ -0.043	-0.023 ~ 0.000	-0.796 ~ -0.235
海南	0.186 ~ 0.254	-0.401 ~ -0.327	-0.100 ~ -0.043	-0.195 ~ -0.024	-0.796 ~ -0.235
重庆	0.113 ~ 0.145	-0.264 ~ -0.162	-0.100 ~ -0.043	0.001 ~ 0.293	0.001 ~ 0.891
四川	0.001 ~ 0.112	-0.326 ~ -0.265	-0.100 ~ -0.043	0.001 ~ 0.293	0.001 ~ 0.891

续上表

省份	能源结构	能源效率	城市化水平	经济规模	人口规模
贵州	0.146 ~ 0.185	−0.326 ~ −0.265	−0.100 ~ −0.043	0.001 ~ 0.293	−0.234 ~ 0.000
云南	0.113 ~ 0.145	−0.401 ~ −0.327	−0.100 ~ −0.043	0.001 ~ 0.293	−0.796 ~ −0.235
陕西	0.001 ~ 0.112	−0.161 ~ −0.078	−0.100 ~ −0.043	0.001 ~ 0.293	0.915 ~ 0.935
甘肃	0.001 ~ 0.112	−0.264 ~ −0.162	−0.277 ~ −0.101	0.294 ~ 0.449	0.915 ~ 0.935
青海	−0.129 ~ 0.000	−0.326 ~ −0.265	−0.277 ~ −0.101	0.294 ~ 0.449	0.892 ~ 0.914
宁夏	0.001 ~ 0.112	−0.161 ~ −0.078	−0.100 ~ −0.043	0.294 ~ 0.449	0.915 ~ 0.935
新疆	0.186 ~ 0.254	−0.401 ~ −0.327	−0.377 ~ −0.278	0.450 ~ 0.709	0.001 ~ 0.891

表 4−9 中国省级 Local R^2 数值（2010 年）

省份	Local R^2	省份	Local R^2	省份	Local R^2
北京	0.757 ~ 0.791	浙江	0.814 ~ 0.839	海南	0.864 ~ 0.892
天津	0.757 ~ 0.791	安徽	0.814 ~ 0.839	重庆	0.814 ~ 0.839
河北	0.757 ~ 0.791	福建	0.840 ~ 0.863	四川	0.814 ~ 0.839
山西	0.757 ~ 0.791	江西	0.814 ~ 0.839	贵州	0.814 ~ 0.839
内蒙古	0.727 ~ 0.756	山东	0.757 ~ 0.791	云南	0.814 ~ 0.839
辽宁	0.727 ~ 0.756	河南	0.792 ~ 0.813	陕西	0.792 ~ 0.813
吉林	0.727 ~ 0.756	湖北	0.814 ~ 0.839	甘肃	0.792 ~ 0.813
黑龙江	0.727 ~ 0.756	湖南	0.814 ~ 0.839	青海	0.814 ~ 0.839
上海	0.814 ~ 0.839	广东	0.864 ~ 0.892	宁夏	0.792 ~ 0.813
江苏	0.792 ~ 0.813	广西	0.864 ~ 0.892	新疆	0.814 ~ 0.839

4.2 基于面板数据模型的 CO_2 排放影响因素分析

4.2.1 空间集聚测度指数

4.2.1.1 全局空间自相关

空间自相关是空间数据分析方法的一种，是测试空间某点的观测值是否与其相邻点的值存在相关性，揭示数据的空间依赖性与空间异质性现象（蒲英霞等，2005），全局空间自相关的常用指标为 Moran's I，其公式为：

$$I = \frac{n}{\sum_{i=1}^{n}\sum_{j=1}^{n}W_{ij}} \frac{\sum_{j=1}^{n}W_{ij}(x_i - \bar{x})(x_j - \bar{x})}{\sum_{i=1}^{n}(x_i - \bar{x})^2} \tag{4-15}$$

式中：n 为样本总数；x_i和 x_j分别为位置 i 和 j 处的观测值；W_{ij}为研究范围内每一个空间单元 i 与 j（$j=1$，2，3，…，n）区空间单元的空间相邻权重矩阵。在给定显著性水平时，Moran's I 值大于 0 为正相关，小于 0 为负相关，且值越大表示空间分布的相关性越大，即空间上有聚集分布的现象；反之，代表空间分布相关性越小，而当值等于 0 时，即代表此时空间分布呈现随机分布的情形。计算出 Moran's I，需对结果进行统计检验，一般采用 Z 检验。将变量 z 与其空间滞后向量（Wz）之间的相关关系，以散点图的形式加以描述，则构成 Moran 散点图（Anselin，1996），分别对应四种不同的区域经济空间差异类型（蒲英霞等，2005）。

4.2.1.2　局部空间自相关

局部空间自相关揭示空间差异的异质性特征以全面反映区域 CO_2 排放空间差异的变化趋势，局部空间自相关可以用 Local Moran's I 和（Anselin，1995）Getis-Ord G（Haining，2004）系数来衡量。Local Moran's I 是 Global Moran's I 的分解形式，用于测度空间单元某属性值与周边地区之间的空间差异程度和差异的显著性。对于空间单元 i，其局部 Moran's I 定义如下（陈培阳，2012）：

$$I_i = z_i \sum_i W_{ij} z_j \tag{4-16}$$

式中：z_i和 z_j是区域 i 和 j 上观测值的标准化值；W_{ij}是空间权重，其中 $\sum_i W_{ij} = 1$。

若 I_i大于 0 而 z_i大于 0，则区域 i 位于 HH 象限；若 I_i大于 0 而 z_i小于 0，则区域 i 位于 LL 象限；若 I_i小于 0 而 z_i大于 0，则区域 i 位于 HL 象限；若 I_i小于 0 而 z_i小于 0，则区域 i 位于 LH 象限。在给定显著性水平 α 时，若 I_i显著大于 0，说明区域 i 与周边地区之间的空间差异显著小；若 I_i显著小于 0（表 4-10），说明区域 i 与周边地区之间的空间差异显著大。为了进一步研究不同尺度中国 CO_2 排放的空间关联模式演化，将空间关联的转变类型做如下分类：区域发生类型变化，领域不变的为Ⅰ型；区域不变，领域发生类型变化的为Ⅱ型；区域和领域都发生类型变化的为Ⅲ型；区域和领域均不发生类型变化的为Ⅳ型。

表 4-10　局部空间自相关类型划分

类型	I_i值	z_i值
HH	>0	>0
HL	<0	>0
LH	<0	<0
LL	>0	<0

4.2.2 CO_2 排放的空间集聚分布趋势

4.2.2.1 CO_2 排放总量空间集聚分析

通过计算全局 Moran's I 来探测 CO_2 排放总量的空间自相关性。图 4-1 是 1995—2011 年省级层面 CO_2 排放总量的 Moran's I 值演变趋势。从图中可以看出，历年的 Moran's I 变化大致可以分为 3 个部分：一是 1995—1999 年，这一阶段，Moran's I 是一直上升的，集聚性不断增强；第二阶段是 1999—2007 年，这一阶段，Moran's I 呈波动性变化，但其值一直高于 0.2；第三阶段是 2007 年以后，这一阶段 Moran's I 呈下降趋势，集聚性减弱到 2010 年，2011 年 Moran's I 又出现上升态势。

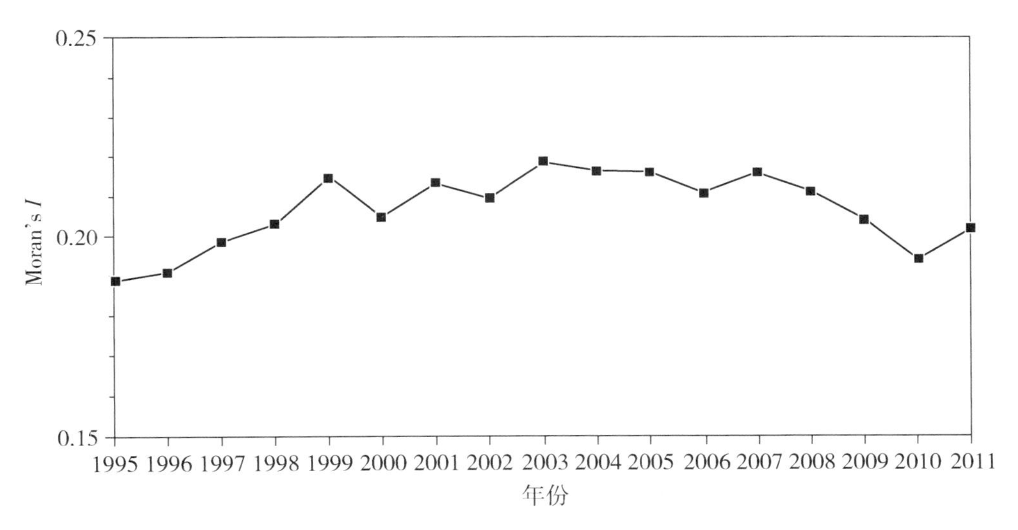

图 4-1 1995—2011 年省级 CO_2 排放总量 Moran's I 演变趋势

图 4-2 表明，1995—2011 年，全国省级 CO_2 排放总体差异变化幅度不大。2011 年，位于Ⅰ（HH）象限的省区个数由 1995 年的 6 个变为了 7 个，约占省区总数的 1/4；位于Ⅱ和Ⅳ象限的数量分别由 9 个和 6 个减少到 8 个和 4 个。我国省区 2011 年Ⅱ和Ⅳ象限数量的减少和Ⅰ象限数量的微弱增加表明了省区 CO_2 排放存在一定空间集聚，但这种集聚性并不强，这也与图 4-1 中的全局 Moran's I 显示的结果相一致。1995 年以来，随着经济的迅速发展和生活水平的提高，不同省区的发展速度不一，其消耗的能源资源存在差异，CO_2 排放也相应分化，但其之间的不同步现象慢慢减小。但与此同时，那些原先经济基础比较薄弱的地区，为了摆脱经济相对落后的局面，化石能源消费急剧增加，CO_2 排放也相应增

加。到2011年，省级CO_2排放总量大体形成了2个截然不同的类型：Ⅰ和Ⅲ。

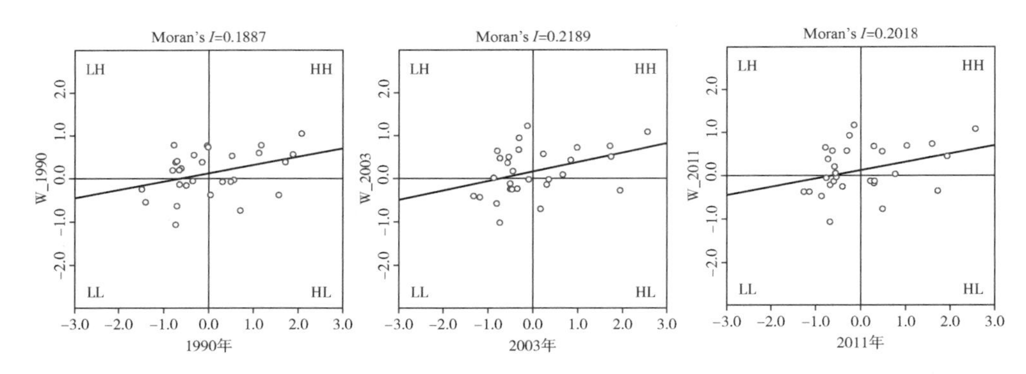

图4-2 部分年份省级CO_2排放的Moran散点图

注：HH表示为高高集聚；LH表示为低高集聚；LL表示为低低集聚；HL表示为高低集聚。

图4-3分析了CO_2排放总量与年增长率之间的关系。二者之间呈现了一个简单的线性关系（$R^2=0.2224$）。同时，可以看出线性关系的系数（-0.0097）为负，表示省级CO_2排放总量间存在一定收敛趋势。

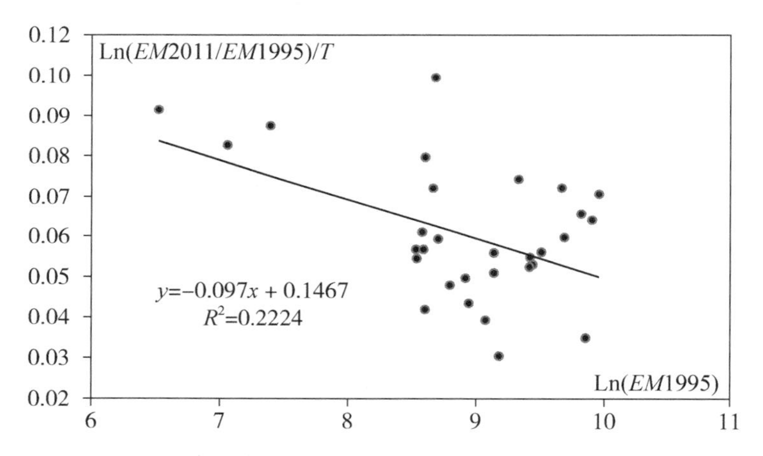

图4-3 CO_2排放总量及其年增长率散点图

注：Ln为取对数，*EM*代表CO_2排放，*T*为时间。

4.2.2.2 人均CO_2排放空间集聚分析

研究指标或变量的时间变化特征，通常会用到一些传统差异测度指数，比如变异系数（*CV*）。然而，随着空间数据分析的发展，带有空间属性（空间位置关系）的指数也逐步被应用，如Moran's *I*（全局和局部）。本节对省级人均CO_2排放的分析将同时用到这两种方法，起到对比分析的作用。图4-4是1995—2011年省级人均CO_2排放量的*CV*和Moran's *I*指数演变趋势图。从图中可以看出，*CV*

在观测期内一直呈下降趋势，表明省级人均 CO_2 排放差异一直呈缩小趋势，这可能得益于节能减排政策的实施。为了进一步缩小区域差异，实现均衡发展，中国正在长期实施与 CO_2 排放有关的区域补偿机制和差异化发展政策。

而传统差异测度指数 *CV* 并没有考虑空间属性。对于地理空间数据，“相邻着相似”或空间自相关等一些现象不可避免，而是在空间分布上互为相关，存在集聚（clustering）分布、随机（random）分布、规则（regularity）分布等规律。相反，如果地理数据间的空间自相关性被忽略，则可能造成一定的偏差或误差。从图 4－4 中可以清晰地看出 Moran's *I* 呈现两端截然不同的变化。具体表现为，Moran's *I* 从 1996 年的 0.36 上升到 2002 年的 0.44，之后一直下降到 2011 年的 0.29。这说明省级人均 CO_2 排放之间存在一定的空间自相关效应，然而这种效应，传统差异指数是无法探测的。

虽然在观察期内 *CV* 一直呈变小趋势，而 Moran's *I* 则是先变大后变小，但这两者之间并不矛盾。*CV* 所呈现的是区域间的离散度，并没有考虑空间位置关系，然而 Moran's *I* 考虑了空间属性，因而能反映特定时间段内的空间集聚性。总之，省级人均 CO_2 排放的区域差异变小的趋势并不能说明 CO_2 排放的均衡发展趋势，它只是简单地反映了 CO_2 排放的时间演变趋势。

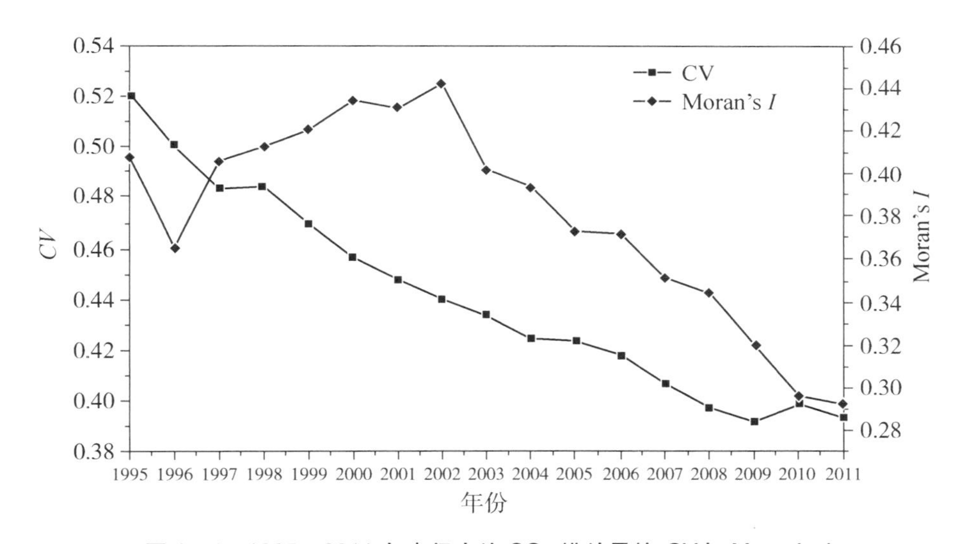

图 4－4　1995—2011 年省级人均 CO_2 排放量的 *CV* 与 Moran's *I*

表 4－11 是主要年份（1995 年、2000 年、2005 年和 2011 年）省级人均 CO_2 排放量的 Moran 散点图及其省区空间分布图。图中右半部分是人均 CO_2 排放的象限分布，左半部分是对照省区的空间分布模式。表 4－11 揭示了省级人均 CO_2 排放分布的局部空间集聚特性。HH 集聚和 LL 集聚是主要的两种集聚类型，HH 集聚的类型主要分布在东北地区，而 LL 集聚则主要分布在中部和东南沿海地区。

集聚类型省区的数量和分布也展现了区域动态变化的特点。例如，1995 年，HH 集聚和 LL 集聚类型的省区分别是 5 个和 19 个，占了所有省区个数的 80%。相应的只有 20% 的省区属于 HL 集聚和 LH 集聚类型。这些说明了 1995 年省区人均 CO_2 排放之间的集聚类型存在较为明显的二元结构。2000 年，HH 集聚和 LL 集聚类型分别增加和减少了 4 个和 5 个，表明 1995—2000 年，省级人均 CO_2 排放的集聚程度明显减弱。同样，2005—2011 年的省级人均 CO_2 排放的空间差异性也变弱了。通过以上分析，发现省级人均 CO_2 排放的空间模式存在一定“路径依赖”效应。

表 4－11　主要年份中国省级人均 CO_2 排放量的 Moran 集聚类型

省份	集聚类型				省份	集聚类型			
	1995 年	2000 年	2005 年	2011 年		1995 年	2000 年	2005 年	2011 年
北京	HH 集聚	HH 集聚	HH 集聚	HH 集聚	河南	LL 集聚	LL 集聚	LL 集聚	LH 集聚
天津	HH 集聚	HH 集聚	HH 集聚	HH 集聚	湖北	LL 集聚	LL 集聚	LL 集聚	LL 集聚
河北	HH 集聚	HH 集聚	HH 集聚	HH 集聚	湖南	LL 集聚	LL 集聚	LL 集聚	LL 集聚
山西	HL 集聚	HL 集聚	HH 集聚	HH 集聚	广东	LL 集聚	HL 集聚	LL 集聚	LL 集聚
内蒙古	LH 集聚	HH 集聚	HH 集聚	HH 集聚	广西	LL 集聚	LL 集聚	LL 集聚	LL 集聚
辽宁	HH 集聚	HH 集聚	HH 集聚	HH 集聚	海南	LL 集聚	LL 集聚	LL 集聚	LL 集聚
吉林	HH 集聚	HH 集聚	LH 集聚	LH 集聚	重庆	LL 集聚	LL 集聚	LL 集聚	LL 集聚
黑龙江	LH 集聚	LH 集聚	LH 集聚	LH 集聚	四川	LL 集聚	LL 集聚	LL 集聚	LL 集聚
上海	HL 集聚	HH 集聚	HH 集聚	HH 集聚	贵州	LL 集聚	LL 集聚	LL 集聚	LL 集聚
江苏	LH 集聚	HH 集聚	HH 集聚	HH 集聚	云南	LL 集聚	LL 集聚	LL 集聚	LL 集聚
浙江	LL 集聚	HH 集聚	HL 集聚	HL 集聚	陕西	LL 集聚	LL 集聚	LH 集聚	LH 集聚
安徽	LL 集聚	LL 集聚	LL 集聚	LL 集聚	甘肃	LL 集聚	LH 集聚	LH 集聚	LH 集聚
福建	LL 集聚	LL 集聚	LL 集聚	LL 集聚	青海	LL 集聚	LL 集聚	HL 集聚	HL 集聚
江西	LL 集聚	LL 集聚	LL 集聚	LL 集聚	宁夏	HL 集聚	HL 集聚	HH 集聚	HH 集聚
山东	LL 集聚	HL 集聚	HL 集聚	HL 集聚	新疆	HL 集聚	HL 集聚	LL 集聚	HL 集聚

为了进一步理解人均 CO_2 排放的空间集聚效应，本章计算了人均 CO_2 排放聚类类型转移的空间转移矩阵，如表 4－12 所示。参考 Rey（2001）和程叶青等（2013）的研究成果，可将中国 30 个省区划分为 4 种类型，通过不同时段各类型所含省区数量的增减反映其时空跃迁规律：Ⅰ型表示某一省区的相对跃迁，Ⅱ型表示空间邻近省区的跃迁，Ⅲ型表示某一省区及其邻近省区均发生跃迁，Ⅳ型表示均保持稳定。具体跃迁形式可用时空跃迁矩阵表示，如表 4－12 所示。时空转换矩阵一方面能生动刻画空间转移不均衡的特征，还能突出每个省区的转移特性，也能追踪省区类型转换（向上或向下）的踪迹。由表 4－12 可以清楚地看

出，所有对角线元素在数值上都大于非对角线元素，这说明，无论在哪个时期，一个省区如果在初期属于类型 i，在随后年份属于该类型的可能性也最大。时空跃迁矩阵主对角线上的元素皆为 IV 型跃迁的省区，1995—2000 年、2000—2005 年和 2005—2011 年三个时段 IV 型跃迁省区占全部省区的比重分别为 77%、77% 和 93%，表明中国省区人均 CO_2 排放的分布具有一定的空间锁定或路径依赖特征；而各时段跃迁至 LL 型省区的比重分别为 47%、47% 和 37%，表明人均 CO_2 排放较低省区的集聚程度有进一步减弱的趋势。

表 4-12 空间转移矩阵

时段	集聚类型	HH	LH	LL	HL
1995—2000 年	HH	IV (5)	I (0)	III (0)	II (0)
	LH	I (2)	IV (1)	II (0)	III (0)
	LL	III (1)	II (1)	IV (14)	I (2)
	HL	II (1)	III (0)	I (0)	IV (3)
2000—2005 年	HH	IV (7)	I (1)	III (0)	II (1)
	LH	I (0)	IV (3)	II (0)	III (0)
	LL	III (0)	II (0)	IV (12)	I (1)
	HL	II (2)	III (0)	I (2)	IV (1)
2005—2011 年	HH	IV (9)	I (0)	III (0)	II (0)
	LH	I (0)	IV (5)	II (0)	III (0)
	LL	III (0)	II (1)	IV (11)	I (1)
	HL	II (0)	III (0)	I (0)	IV (3)
1995—2011 年	HH	IV (5)	I (0)	III (0)	II (0)
	LH	I (2)	IV (1)	II (0)	III (0)
	LL	III (0)	II (3)	IV (12)	I (3)
	HL	II (3)	III (0)	I (0)	IV (1)

4.2.3 STIRPAT 模型

20 世纪 70 年代，Ehrlich 等人提出了 IPAT 模型，即 I = PAT，这里，I 是指环境压力（impact）、P 是指人口规模（population）、A 是指富裕度（affluence）和 T 是技术进步（technology）。基于 IPAT 模型，Ehrlich 等人及其他研究人员定量测度人口规模、富裕度和技术等因素对环境压力的影响。由于 IPAT 模型具有简洁的形式，其被广泛地作为分析环境变化驱动因素的模型框架（York et al, 2003）。在 IPAT 模型基础上，Waggoner 和 Ausubel（2002）等改进了 IPAT 等式，

式子变为ImPACT形式，即把IPAT模型中的T拆分为T和C（单位GDP消费）。IPAT模型和ImPACT模型由于不允许各影响因素非单调、不同比例地变化，因此其应用受到极大限制（何小钢等，2012）。比如，城市化与生态环境的关系并不是单调和线性关系，而是呈双指数函数关系（黄金川等，2003）。为了克服这个缺点，Dietz和Rosa（1994）将IPAT等式以随机形式表示，建立STIRPAT（Stochastic Impacts by Regression on Population，Affluence and Technology）模型（何小钢，2012）。STIRPAT模型的具体形式如下：

$$I_i = a_i P_i^b A_i^c T_i^d e_i \tag{4-17}$$

式中：I、P、A、T分别表示环境压力、人口规模、富裕度和技术进步；a是模型系数；e为模型误差；b、c、d分别为人口规模、人均GDP和技术进步的驱动指数。通过观察可以看出，IPAT等式是STIRPAT等式的特殊形式，即$a=b=c=d=e=1$。在实证研究中，STIRPAT模型是一个非单调多变量模型，对模型两边取对数处理后：

$$\ln I_i = \ln a + bP_i + cA_i + dT_i + \ln e_i \tag{4-18}$$

式中：ln是取对数形式，a、b、c、d、e的含义和上式相同。根据弹性系数概念，P、A、T每发生1%的变化，将分别引起I发生$b\%$、$c\%$、$d\%$的变化。

STIRPAT模型一方面具有IPAT模型中的驱动指数，还允许将各系数作为参数进行估计，同时也允许对各因素进行适当分解（Dietz and Rosa，1994；何小钢等，2012）。根据不同的实证研究，对环境因素的分解也不尽相同。基于相关研究，同时考虑到中国能源消费CO_2排放的特点，也对STIRPAT模型进行相应的拓展与改进。具体表现为，在模型性增加了城市化水平、产业结构、第三产业比重、能源强度和能源结构。另外，把富裕度分解为一次项、二次项和三次项来进一步估计人均CO_2排放与人均GDP的关系，同时也验证了EKC假设。相关研究表明，经济增长与环境污染之间存在倒“U”型关系。然而，环境污染物如SO_2和NO_X具有本地化特点，而CO_2是一个跨时段和跨国家具有全球性的温室气体，因此有必要研究经济增长与CO_2排放的关系。因此，本章增加了三次项在STIRPAT模型中，即“CKC”重组效应。同时也有相关研究已发现三次项能更好地描画经济增长与CO_2排放的关系。扩展后的STIRPAT模型的具体形式为：

$$\begin{aligned}\ln I_{it} = {} & a_0 + a_1 \ln A_{it} + a_2 (\ln A_{it})^2 + a_3 (\ln A_{it})^3 + a_4 \ln P_{it} + \\ & a_5 \ln T_{it} + a_6 \ln ES_{it} + a_7 \ln EI_{it} + a_8 \ln IP_{it} + a_9 \ln TIP_{it}\end{aligned} \tag{4-19}$$

式中：I表示人均CO_2排放量；P表示城市化水平；A表示人均GDP；T表示科技进步（CO_2排放强度）；ES表示能源结构；EI表示能源强度（单位GDP能耗）；IP表示产业结构（第二产业增加值占GDP比重）；TIP表示第三产业比重（第三产业增加值占GDP比重）。

考虑数据的连续性，CO_2排放总量的计算是基于能源消费和工业生产过程（详见3.1）。其他有关数据来自中国统计年鉴和中国能源统计年鉴（1995—2011

年）。同时，为了消除价格的影响，GDP 数据都转为 2000 不变价。表 4 - 13 是有关数据指标的描述性统计。图 4 - 5 是省级人均 CO_2 排放的数据离散度分布图。从图 4 - 5 中，可以清晰地看到每个省份人均 CO_2 排放数据的离散分布情况。通过图 4 - 5，还可以观察到各省份人均 CO_2 排放的最小值（min）、下四分位数（Q1）、中位数（median）、上四分位数（Q3）、最大值（max）、平均值（mean）分布等。比如，从图中可以看出，北京的人均 CO_2 排放主要分布在 6 ～8 吨之间，均值大概是 7 吨，而内蒙古的人均 CO_2 排放则跨度相对较大，主要分布在 4 ～10吨之间，均值大概是 6. 5 吨。数据的离散分布可以清晰地帮助我们观测数据的离散程度和偏向。

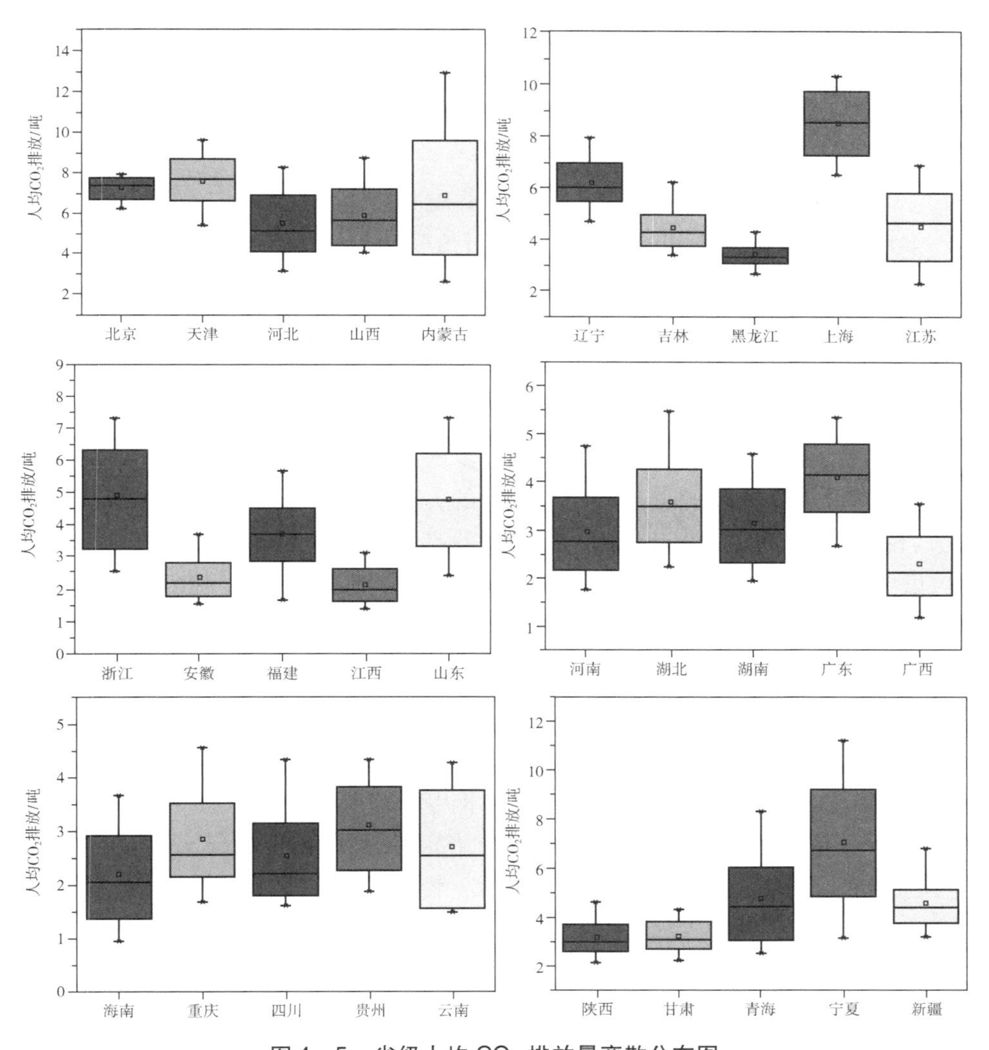

图 4 - 5　省级人均 CO_2 排放量离散分布图

表4-13 变量的描述性统计

变量	符号	单位	均值	标准差	最小值	最大值
人均CO_2排放量	*I*	t	4.33	2.20	0.94	12.91
城市化水平	*P*	%	43.33	16.40	17.19	89.30
人均GDP	*A*	元	16224.63	14829.06	1853	85213
技术水平	*T*	吨/万元	3.77	1.99	0.97	11.32
能源强度	*EI*	吨/万元	1.73	0.98	0.21	7.66
能源结构	*ES*	%	66.08	16.67	24.16	92.10
产业结构	*IP*	%	45.28	7.90	19.81	60.13
第三产业比重	*TIP*	%	39.62	7.16	20.22	76.14

4.2.4 利用STIRPAT模型和面板数据分析CO_2排放的影响因素

多重共线性（multicollinearity）是指回归模型中2个或以上解释变量之间由于存在精确相关关系或高度相关关系而使模型估计失真或难以估计准确的现象。一般来说，多重共线性的出现多是由于社会经济数据选取不当引起的，从而导致模型中解释变量之间存在普遍的相关关系。在绝大多数模型中，完全共线性出现的概率很小，一般情况下是某种程度上的共线性，即近似共线性。所以，在对模型进行估计之前，通常有必要对变量进行多重共线性检测。通过对本节中选取的变量进行多重共线性检测发现，所有变量的方差膨胀因子（variance inflation factor，VIF）都小于10，说明不存在多重共线性。由于变量间不存在多重共线性，所以借助系统广义距（Sys_GMM）估计进行变量估计。在使用Sys_GMM估计方法时，采用Hansen检验值来检验工具变量的可靠性，若该检验值较小（对应*p*值较大），我们接受工具变量是合适的原假设。Sys-GMM估计量的一致性的重要前提是：一次差分以后的扰动项不存在二阶序列相关，但一阶序列相关是允许的，我们以一阶差分转换方程的一阶、二阶序列相关检验AR（1）、AR（2）来判断随机扰动项是否存在序列相关（何小钢等，2012）。

基于Stata 11.0软件，利用Sys_GMM估计方法对变量进行了估计回归，表4-14是面板多模型估计输出结果。其中，模型Ⅰ为仅包含因变量（省区人均CO_2排放）滞后一期、人均GDP、城市化水平以及科技进步变量的回归结果。为检验模型Ⅰ的稳健性，在此基础上加入一些控制变量。模型Ⅱ至模型Ⅴ在模型Ⅰ的基础上依次添加了能源结构、能源强度、产业结构、第三产业比重变量。从表4-14中AR（1）、AR（2）的检验值可以看出，Sys-GMM估计不能拒绝模型干扰项没有二阶序列相关的原假设，因此Sys-GMM估计量是一致的。另外，表

4-13中的结果显示，Hansen 检验不能拒绝原假设，因此工具变量的选择是可靠的，Sys-GMM 估计是有效的。

表 4-14　CO_2 排放因素的面板多模型估计（1995—2011 年）

自变量	模型 I	模型 II	模型 III	模型 IV	模型 V
I_{it-1}	0.727080[a] (0.011090)	0.625439[a] (0.012543)	0.615673[a] (0.014695)	0.643312[a] (0.021224)	0.687645[a] (0.024731)
$\ln A$	0.163267[a] (1.129871)	0.174532[a] (1.237794)	0.182269[a] (1.118493)	0.155322[a] (1.122382)	0.161768[a] (1.165375)
$(\ln A)^2$	-0.054664[c] (0.122146)	-0.014343[c] (0.230529)	-0.040112[c] (0.129756)	-0.022094[c] (0.106526)	-0.051815 (0.140719)
$(\ln A)^3$	0.011674[a] (0.004398)	0.00843[a] (0.003018)	0.012122[a] (0.005017)	0.016283[a] (0.004678)	0.017561[a] (0.006984)
$\ln P$	0.444016[a] (0.013027)	0.383194[a] (0.023052)	0.423578[a] (0.051790)	0.441815[a] (0.129756)	0.410622[a] (0.015589)
$\ln T$	-0.095324[a] (0.024183)	-0.104330[a] (0.020604)	-0.097654[a] (0.020783)	-0.098942[a] (0.235582)	-0.106547[a] (0.029809)
$\ln ES$		-0.200234[b] (0.00560)	-0.179395[b] (0.00572)	-0.211714[a] (0.012343)	-0.160454[a] (0.013278)
$\ln EI$			-0.095432[b] (0.013492)	-0.087636[b] (0.014783)	-0.0772311[a] (0.016294)
CKC 类型	*N*	*N*	*N*	*N*	*N*
$\ln IP$				0.156725 (0.016345)	0.148324[c] (0.014322)
$\ln TIP$					-0.343478[a] (0.010878)
拐点	0.556453 (1.414445)	0.604533 (1.536721)	0.512456 (1.40712)	0.621890 (1.473218)	0.608257 (1.154672)
AR（1）	-1.675342 (0.034444)	-1.686758 (0.096597)	-1.652975 (0.051522)	-1.642168 (0.041777	-1.675425 (0.044693)
AR（2）	1.362532 (0.301162)	1.376754 (0.222342)	1.362543 (0.341564)	1.381232 (0.223221)	1.363241 (0.200932)
Hansen 检测（*p*）	32.342133 (0.044561)	33.302319 (0.087345)	32.332458 (0.091435)	34.665463 (0.048234)	28.543694 (0.040453)
样本数	510	510	510	510	510

注：回归系数括号内为标准误差，AR、Hansen 检验括号内为 *p* 值；a表示 1% 显著性；b 表示 5% 显著性；c表示 10% 显著性。

回归结果（表4－14）显示：一方面，在观察期内，城市化水平、人均 GDP 和产业结构是和 CO_2 排放呈正相关的，即不同程度促进 CO_2 排放；另一方面，科技水平、能源消费结构、能源强度和第三产业比重是和 CO_2 排放呈负相关的，即不同程度上抑制 CO_2 排放。在模型依次估计时发现，当不断增加新的控制变量时，已加入的控制变量作用呈不断变化，也就是说，控制变量数目对变量作用存在一定影响。这项研究结论和部分已有研究结论是吻合的（Wang et al，2013；Du et al，2012；Siddiqi，2000；Shi，2003）。环境库兹涅茨（EKC）曲线最早提出于20世纪90年代初期，该曲线被提出之后，加深了经济发展与生态环境之间的研究，认为在没有环境政策进行干预的前提下，一个国家或地区的整体环境质量水平或者环境污染水平是伴随着经济发展水平的不断提高而呈现先恶化后改善的趋势。本章将阐述环境库兹涅茨曲线（EKC）演变到 CO_2 排放库兹涅茨曲线（CKC）的过程。对中国省级经济发展水平与 CO_2 排放总量之间的环境库兹涅茨模型进行估计，对估计结果进行分析。从表4－14还可以看出，人均 GDP 的一次项、三次项系数显著为正，二次项系数则显著为负（不显著），说明中国省区人均 CO_2 排放 CKC 为“N”型，存在发展拐点，也就是说，拐点的存在证实了省区人均 CO_2 排放随着经济发展在短期内存在较弱的“重组”效应（何小刚等，2012）。在短期内，中国省级能源消费产生的人均 CO_2 排放量与人均 GDP 之间存在的倒“U”型库兹涅茨曲线关系较不显著，但是，当人均 GDP 上升达到一定水平时，能源消费产生的人均 CO_2 排放量与人均 GDP 呈现同方向的变动关系。这表明，随着人均 GDP 的增加，人均 CO_2 排放量是不断增大的。从长时期来看，中国省级能源消费产生的人均 CO_2 排放量与人均 GDP 之间存在着“N”型库兹涅茨曲线关系，这表明，中国省级 CO_2 排放符合环境库兹涅茨曲线假说，但是这种曲线关系并不明确，而且该曲线不存在拐点（何小钢等，2012）。伴随着不断增加的人均 GDP，能源消费产生的人均 CO_2 排放量呈现不断增加的趋势，因此，中国政策制定者和城市规划者必须实施有效的节能减排政策，实现经济和 CO_2 排放的可持续发展（何小钢等，2012）。

值得指出的是，由于 CO_2 排放具有路径依赖的惯性特征，是一个连续的动态调整过程，排放可能存在滞后效应（李小平等，2010；何小钢等，2012），有必要引入动态模型滞后项以控制滞后效应。从 I_{it-1} 之后项系数来看，当期的 CO_2 排放受到前一期 CO_2 排放的正向影响，即当期的 CO_2 排放效应可能到下一期才会显示作用，同时也验证了 CO_2 排放过程是连续的、动态调整的。城市化水平与 CO_2 排放呈正相关，即随着省级城市化水平的升高，CO_2 排放水平也在逐步提升。相似的结论 Wang 等（2012）、Wang 等（2013）和 Al-mulali 等（2013）都有所发现。随着过去17年经济的快速增长，中国经历了城市发展的黄金阶段，城市化水平由1995年的29.04%迅速提升到2011年的51.27%。同时，能源消费量和 CO_2 排放总量也分别相应增加了187%和50%。然而，在城市化发展进程

中，其优势和弊端也是同时存在的。一方面，城市化可以促进经济增长、推进科技进步、提高区域整体发展水平、缩小城乡发展差距及改善人们的生活水平；另一方面，城市化也带来了一些环境问题，如大量农村人口涌入城市，使能源消费持续快速增长、环境的承载能力超出负荷，从而造成环境污染，城市交通拥堵等一系列问题，进而 CO_2 排放也会相应增加。因此，中国在未来的发展中必须控制人口规模，倡导稳定可持续的新型城镇化发展模式，从而优化人口结构和质量。同时，提高居民的低碳意识、加强低碳生活宣传都能积极推进低碳城市化的进一步发展。

产业比重（第二产业比重）和能源结构也与 CO_2 排放呈正相关，这一结论与常识和初步判断也是一致的。众所周知，工业化是推进经济快速增长的引擎。在工业化进程中，第二产业相比于其他产业更是能源密集型产业，相应的也会比其他产业产生更多的 CO_2 排放。所以，基于工业化的快速发展导致了能源消费的快速增长，进而造成了 CO_2 排放的快速增加。尽管如此，产业比重对 CO_2 排放的贡献率还是要低于人均 GDP 或者是城市化水平的。在某种程度上，能源消费量的大小可以映射经济发展水平的快慢，虽然它是促进经济增长的动力，但同时也是环境污染和 CO_2 排放增加的源头。然而，众所周知，不同的能源类型具有不同的 CO_2 排放系数，在传统能源中，煤炭是第一位的。所以，煤炭、天然气等能源资源在能源消费结构中所占的比例越大，CO_2 排放总量就会相应的越大。然而，近年来，低碳能源技术发展迅速，清洁能源和可再生能源利用，如风能等在一定程度上都会对 CO_2 排放起抑制作用。

从表 4 – 14 中可以看出，在研究期内，能源强度和碳强度与 CO_2 排放呈负相关，在一定程度上起到了抑制 CO_2 排放的作用。然而，两者之中，能源强度的作用要明显高于碳强度。这表明，降低能源强度或碳强度在一定程度上能够起到节能减排的作用，虽然这种作用相比于正相关因素要小得多。尽管如此，技术进步在我国还是相当的缓慢，相比于能源消费量的快速增长，这种作用效果在短期内显得相对“渺小”和微不足道，但长期内技术进步的节能减排效应还是具有较强的作用。

从表 4 – 14 中还可以发现，第三产业比重与 CO_2 排放呈负相关，对 CO_2 排放的增加起负作用。第三产业通常指不生产物质产品的行业，即服务业。第三产业所产生的 CO_2 排放要远远低于第二产业，随着经济的持续发展，我国的发展正在逐步经历转型，以绿色 GDP 为导向，所以，我国（特别是发达城市）第二产业比重正逐步下降，产业结构逐步趋轻化，第三产业比重正逐步升高。同时，随着节能减排政策的实施，我国的产业发展正经历着逐步转型发展，这在一定程度上对 CO_2 排放起到了不小的抑制作用。

4.3 经济增长与能源消费对CO_2排放的影响

全球气候变暖已成为世界经济增长背后的一大隐忧，如何协调经济增长与能源消费和CO_2排放的关系是世界经济社会发展的核心议题。本节依据1995—2011年全国30个省份的CO_2排放总量，同时建立了经济增长与能源消费和CO_2排放的面板数据模型，分析了经济增长与能源消费和CO_2排放的协整关系、长短期相关关系及因果关系。正确认识经济增长与能源消费和CO_2排放的关系，采取恰当的区域发展政策和可持续的经济增长模式，对促进经济增长与能源消费和CO_2排放协调和可持续发展具有一定的指导意义。

4.3.1 问题提出

中国是世界上经济发展最快的国家之一，改革开放以来，中国加快发展方式转变，调整产业结构，经济年增长率平均超过9.9%，经济规模仅排在美国之后，位列全世界第二位。工业化和城市化进程的快速推进，促使我国由工业化中期的重化工业阶段转为工业化后期阶段，这种转化过程离不开巨大的能源消费，化石能源作为不可再生资源对经济增长的制约作用也越来越明显，而能源消费所带来的CO_2排放是温室气体的主要来源，由此引发的经济增长与能源消费和CO_2排放关系的问题值得长期关注。

综观国内外关于经济增长与能源消费和CO_2排放关系的研究现状发现，研究经历了从某一时间点的静态关系（横截面分析）测度到不同时间点的、具有“时间”序列的动态关系（时间序列分析）测度的发展历程。但大多数研究经济增长与能源消费和CO_2排放关系的文献主要反映在国家尺度的横向对比或以单个国家为例，对省级尺度的研究，不足之处缺少“对国家内部由不同等级、不同规模城镇组成的省域经济增长与能源消费和CO_2排放的研究”。基于以上分析，本节建立了经济增长与能源消费和CO_2排放的面板计量模型，通过面板单位根检验、面板协整检验和Granger因果关系检验，定量分析了经济增长与能源消费和CO_2排放的长短期相关关系及因果关系。

4.3.2 方法与数据处理

4.3.2.1 面板数据模型

为揭示经济增长与能源消费和CO_2排放的关系，本章建立了面板数据模型

如下：

$$PCGDP_{it} = \alpha + \beta_1 PCCE_{it} + \beta_2 PCEC_{it} + \varepsilon_{it} \tag{4-20}$$

$$PCEC_{it} = \alpha + \beta_1 PCGDP_{it} + \beta_2 PCCE_{it} + \varepsilon_{it} \tag{4-21}$$

$$PCCE_{it} = \alpha + \beta_1 PCGDP_{it} + \beta_2 PCEC_{it} + \varepsilon_{it} \tag{4-22}$$

式中：*PCGDP* 表示人均 GDP；*PCCE* 表示人均 CO_2 排放量；*PCEC* 表示人均能源消费量；α 是截距项；β_1 和 β_2 是待定系数；t 表示年份；i 表示省份；ε 表示随机残差项。

关于经济增长与能源消费和 CO_2 排放关系的检验可以分为以下 3 个步骤：首先检验数据序列是否具有平稳性，如果数据系列平稳，其次检验数据序列的协整性，如果数据序列具有协整性，最后检验其因果关系。通过面板数据分析，可以明晰经济增长与能源消费和 CO_2 排放的计量经济关系，研究结果为国家碳减排政策的制定提供依据和支撑。

4.3.2.2 面板单位根检验

单位根检验（unit root test）即迪基－富勒（Dickey－Fuller，DF）检验，是对数据平稳性检验中经常用到的一种方法。Maddala 等（1999）以及 Choi（2001）通过在单位根检验中引入 p 值，把单位根检验进行了扩展。面板单位根检验（panel unit root test）在时间序列检验上相比于单位根检验具有更高的显著性。本章引入两种面板单位根检验，即 ADF 和 PP 单位根检验。两种检验都是基于费舍尔检验（Fish－type tests）。在单位根检验零假设前提下，每个单位根检验将服从 I 分布，表达式如下（Al-mulali et al，2013）：

$$I = -2\sum_{i=1}^{N} \log(p_i) \rightarrow x_2^2 N \tag{4-23}$$

上式也可改写为（Al-mulali et al，2013）：

$$Z = \frac{1}{\sqrt{N_{i=1}}}\sum_{i=1}^{N} \varphi^{-1}(p_i) \rightarrow N(0,1) \tag{4-24}$$

式中：φ^{-1} 表示逆标准正态累计分布函数。在检验模型中规定零假设表示如下：

$$H_0: \alpha_i = 0, i \in (0, N) \tag{4-25}$$

备择假设表示如下：

$$H_1: \begin{cases} \alpha_i = 0, & i = 1,2,\cdots,N_i \\ \alpha_i < 0, i = N+1, N+2, \cdots, N & \end{cases} \tag{4-26}$$

4.3.2.3 面板协整检验

对于面板数据的协整检验，本章引入 Pedroni（2001）协整检验来检测经济增长、能源消费和 CO_2 的长期双向相关关系。Pedroni 面板协整检验服从如下回归方程（Al-mulali et al，2013；Wang et al，2014）：

$$y_{it} = \alpha_i + \delta_{it} + \beta_1 i x_{1i,t} + \beta_{2i} x_{2i,t} + \cdots + \beta_{Mi} x_{Mi,t} + e_{it} \tag{4-27}$$

式中：t 表示时间序列内的观测数；M 表示自变量个数；$\beta_{1i} \cdots \beta_{Mi}$ 表示斜率；α_i 表

示截距项。在检验模型中规定零假设为数据不具协整性，那么残差 e_{it} 将服从 I（1）分布。为了检测 e_{it} 是否服从 I（1）分布，须做以下回归分析（Al-mulali et al，2013）：

$$e_{it} = p_i e_{it-1} + \mu_{it} \tag{4-28}$$

或

$$e_{it} = p_i e_{it-1} + \sum_{j=1}^{pi} \psi_{ij} \Delta e_{it-j} + v_{it} \tag{4-29}$$

在 Pedroni 协整检验中，有两种备择假设，即同质备择（panel statistics test）和异质备择（group statistics test），同时，Pedroni 协整检验是基于残差 e_{it} 检验的，具体的协整统计公式如下（Al-mulali et al，2013；Wang et al，2014）：

a. Panel-ρ 统计

$$T\sqrt{NZ_{\hat{\rho}N,T-1}} \equiv T\sqrt{N}\left(\sum_{i=1}^{N}\sum_{t=1}^{T}\hat{L}_{11i}^{-2}e_{i,t-1}^{2}\right)^{-1}\sum_{i=1}^{N}\sum_{t=1}^{T}\hat{L}_{11i}^{-2}(\hat{e}_{i,t-1}\Delta\hat{e}_{i,t}-\hat{\vartheta}_i) \tag{4-30}$$

b. Panel-t 统计

$$Z_{tN,T}^{*} \equiv \left(S_{N,T}^{*2}\sum_{i=1}^{N}\sum_{t=1}^{T}\hat{L}_{11i}^{-2}e_{i,t-1}^{2}\right)^{-1/2}\sum_{i=1}^{N}\sum_{t=1}^{T}\hat{L}_{11i}^{-2}e_{i,t-1}\Delta\hat{e}_{i,t} \tag{4-31}$$

c. Group $-\rho$ 统计

$$TN^{-1/2}\widetilde{Z}_{\hat{\rho}N,T-1} \equiv TN^{-1/2}\sum_{i=1}^{N}\left(\sum_{t=1}^{T}\hat{e}_{i,t-1}^{2}\right)^{-1}\sum_{t=1}^{T}(e_{i,t-1}\Delta_{\hat{e}i,t}-\hat{\vartheta}_i) \tag{4-32}$$

d. Croup $-t$ 统计

$$N^{-1/2}\widetilde{Z}_{tN,T}^{*} \equiv N^{-1/2}\sum_{i=1}^{N}\left(\sum_{t=1}^{T}\hat{s}_i^{*2}\hat{e}_{i,t-1}^{2}\right)^{-1/2}\sum_{t=1}^{T}\hat{e}_{i,t-1}\Delta\hat{e}_{i,t} \tag{4-33}$$

式中：$\hat{\vartheta}_i = \frac{1}{2}(\hat{\sigma}_i^2 - \hat{S}_i^2)$。

在进行面板协整检验统计时，可以有效地借助均值和方差项使该检验统计近似逼近标准正态分布。如果时间序列数据具有协整性，将用 Fully Modified OLS（FMOLS）模型来检测变量之间是否存在长期正相关性。FMOLS 回归方程如下（Al-mulali et al，2013；Wang et al，2014）：

$$y_{i,t} = \alpha_i + \delta_i t + \beta_{1i}x_{1i,t} + \beta_{2i}x_{2i,t} + \cdots + \beta_{Mi}x_{Mi,t} + e_{i,t};t = 1,\cdots,T;i = 1,\cdots,N \tag{4-34}$$

4.3.2.4 Granger 因果关系检验

格兰杰因果关系检验能检验协整数据的时间序列，从而得出变量间的因果关系。本章选用 Granger 因果关系检验来检测经济增长与能源消费和 CO_2 排放之间的因果关系。如果面板协整检验得出时间序列数据是协整的，可以用基于向量误差修正模型（*VECM*）的格兰杰因果关系来检验。基于 F 统计的误差修正模型能够检测短期因果关系；基于误差修正项 *ect*（-1），能够检测长期因果关系。

VECM 的公式如下（Al-mulali et al，2013；Wang et al，2014）：

$$\Delta PCGDP_{it} = \alpha_{it} + \beta_{it} ect_{it-1} + \sum_{i=1}^{l} \xi_{it} \Delta PCGDP_{it-1} + \sum_{i=1}^{l} \varphi_{it} \Delta(PCEC)_{it-1} + \sum_{i=1}^{l} \delta_{it} \Delta(PCCE) + \mu_{it} \tag{4-35}$$

$$\Delta PCEC_{it} = \alpha_{it} + \beta_{it} ect_{it-1} + \sum_{i=1}^{l} \xi_{it} \Delta PCEC_{it-1} + \sum_{i=1}^{l} \varphi_{it} \Delta(PCGDP)_{it-1} + \sum_{i=1}^{l} \delta_{it} \Delta(PCCE) + \mu_{it} \tag{4-36}$$

$$\Delta PCCE_{it} = \alpha_{it} + \beta_{it} ect_{it-1} + \sum_{i=1}^{l} \xi_{it} \Delta PCCE_{it-1} + \sum_{i=1}^{l} \varphi_{it} \Delta(PCGDP)_{it-1} + \sum_{i=1}^{l} \delta_{it} \Delta(PCEC) + \mu_{it} \tag{4-37}$$

式中：Δ 表示一阶差分；α_{it}是常数项；β_{it}、ξ_{it}、φ_{it} 和 δ_{it} 是待定参数；ect_{it-1} 是协整检验中产生的滞后误差修正项；μ_{it}是白噪声。

如果时间序列数据不具有协整性，基于向量自回归模型的格兰杰因果关系检验则能够捕捉到经济增长与能源消费和 CO_2 的短期因果关系，向量自回归模型的公式如下（Al-mulali et al，2013；Wang et al，2014）：

$$\Delta PCGDP_{it} = \alpha_{it} + \sum_{i=1}^{l} \xi_{it} \Delta(PCGDP)_{it-1} + \sum_{i=1}^{l} \varphi_{it} \Delta(PCEC)_{it-1} + \sum_{i=1}^{l} \delta_{it} \Delta(PCCE) + \mu_{it} \tag{4-38}$$

$$\Delta PCEC_{it} = \alpha_{it} + \sum_{i=1}^{l} \xi_{it} \Delta PCEC_{it-1} + \sum_{i=1}^{l} \varphi_{it} \Delta(PCGDP)_{it-1} + \sum_{i=1}^{l} \delta_{it} \Delta(PCCE) + \mu_{it} \tag{4-39}$$

$$\Delta PCCE_{it} = \alpha_{it} + \sum_{i=1}^{l} \xi_{it} \Delta PCCE_{it-1} + \sum_{i=1}^{l} \varphi_{it} \Delta(PCGDP)_{it-1} + \sum_{i=1}^{l} \delta_{it} \Delta(PCEC) + \mu_{it} \tag{4-40}$$

4.3.3 数据收集及分析

基于数据的可得性和实证研究需要，本节以我国 30 个省（自治区直辖市）的社会经济数据和能源利用数据为样本，西藏和台湾因数据缺失不包括在内。其中人均 GDP 数据来源于《中国统计年鉴》（1996—2012），同时为消除价格变动对研究结果的影响，将各年人均 GDP 转化为 1995 年不变价；人均能源消费量数据来源于《中国能源统计年鉴》（1996—2012），按照各种能源标准煤系数统一换算为标准煤；人均 CO_2 排放数据来源于本书核算（详见 2.2）。相关数据的统计性描述如表 4－15 所示。

表4-15 1995—2011年相关指标的综合统计性描述

变量	单位	均值	中值	最大值	最小值	标准差
PCGDP	万元	1.616	1.077	8.521	0.183	1.487
PCEC	吨标煤	2.059	1.719	7.550	0.254	1.249
PCCE	吨	4.333	3.780	12.910	0.940	2.199

资料来源：根据历年《中国统计年鉴》和《中国能源统计年鉴》等整理获得。

考虑到中国区域经济增长、能源消费和CO_2排放存在显著性区域差异，为能更好地揭示数据的异质性，在进行面板数据模型分析之前，本节首先对各个省份1995—2011年的人均能源消费量、人均CO_2排放量和人均GDP样本变量进行了统计性分析。如图4-6（a）所示，各个省份的人均能源消费数据存在显著性差异，跨度较大的省份有内蒙古、宁夏、青海、山东、山西和辽宁等，跨度较小的省份有安徽、江西、广西、海南和北京等；平均消费量较高的省份有上海、天津、宁夏和内蒙古，平均消费量较低的省份有安徽、江西、广西和海南等。如图4-6（b）所示，人均CO_2排放差异性和人均能源消费量具有很大的相似性，跨度较大的省份有内蒙古、宁夏、河北和山东，跨度较小的省份有安徽、江西和黑龙江；平均排放水平较高的省份有上海、天津、北京和宁夏；平均排放水平较低的省份有安徽、江西和海南等。如图4-6（c）所示，人均GDP的差异性更加显

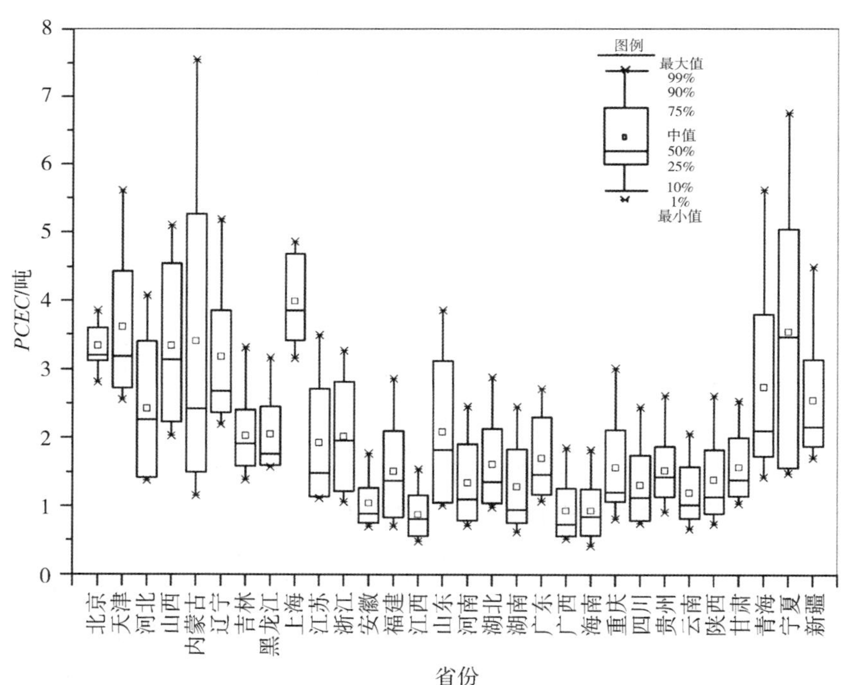

（a）人均能源消费量

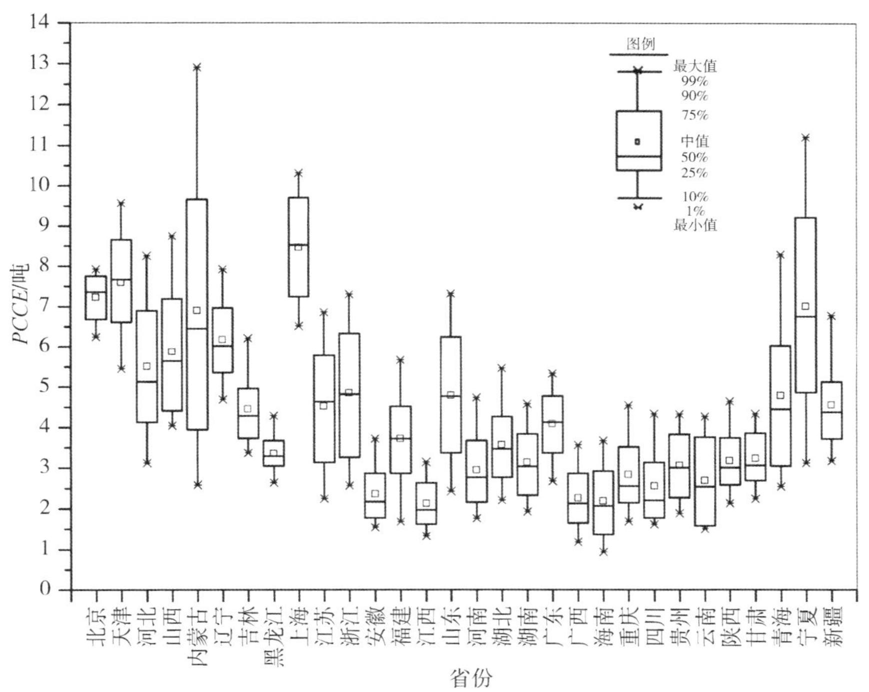

（b）人均CO_2排放量

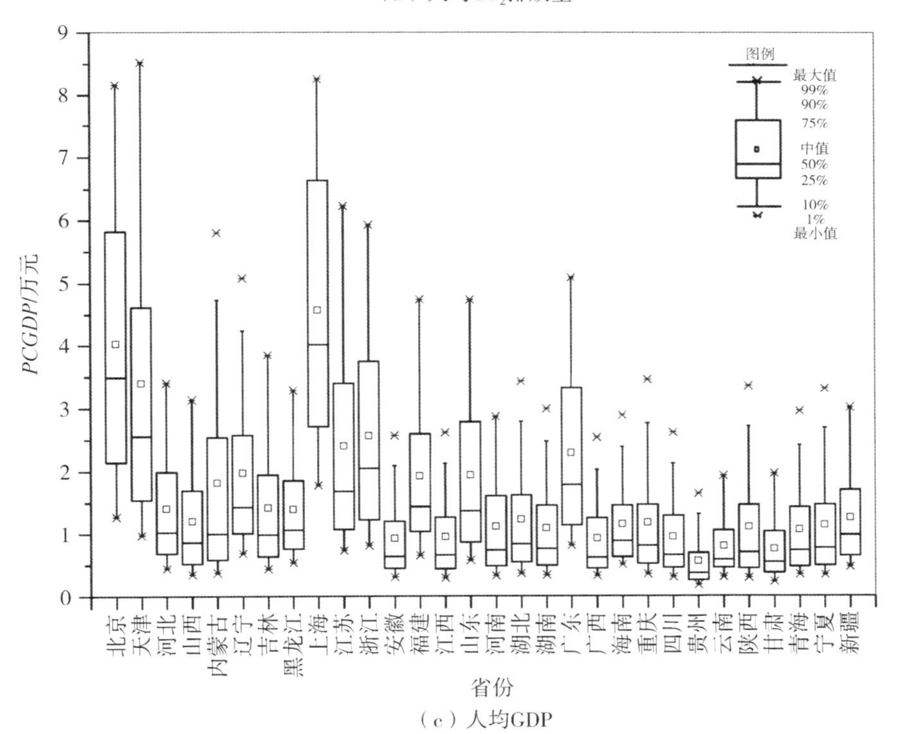

（c）人均GDP

图4－6　基于省级的相关变量统计分析（1995—2011年）

著，1995—2011年间收入差距最大的省份为北京、天津和上海等中心城市，收入差异较小的有贵州和甘肃等省份；平均收入水平较高的省份也是北京、天津和上海等中心性城市和东部沿海地区，平均收入水平较低的省份绝大多数分布在西部。

同时，为了更为直观地探测省级层面人均GDP、人均能源消费量和人均CO_2排放量的相关关系，本节对变量之间还做了相关性分析。此外，做分析之前，首先对变量进行了取对数化处理。如图4-7所示，人均GDP和人均CO_2排放量之间存在正相关关系，相关系数为1.2876，R^2为0.6286。如图4-8所示，人均GDP和人均能源消费量之间也存在正相关关系，相关系数为1.0556，R^2为0.5974。如图4-9所示，人均CO_2排放量和人均能源消费量之间同样也存在正相关关系，相关系数为1.139，R^2为0.9165。变量之间的相关关系的显著性均低于1%水平。

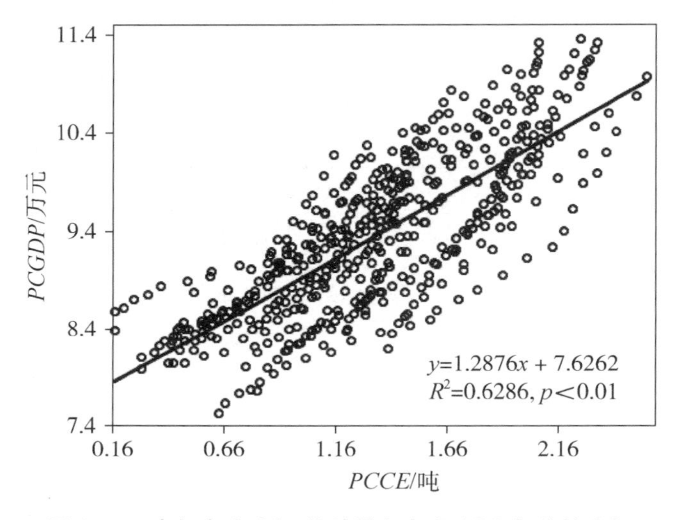

图4-7　省级人均CO_2排放量和人均GDP相关性分析

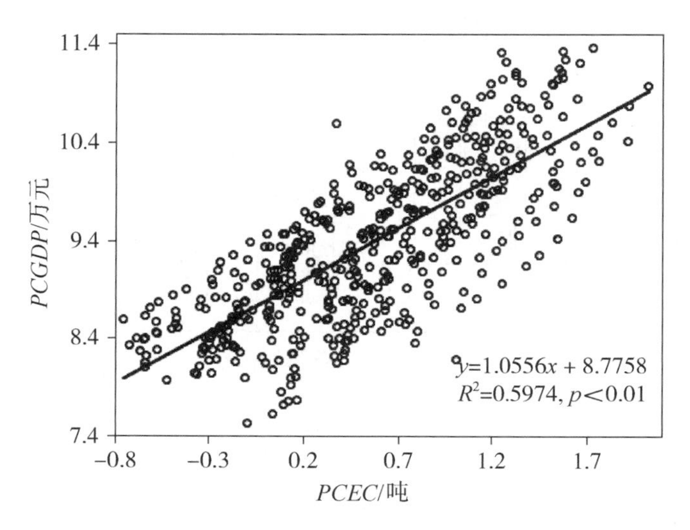

图4-8　省级人均GDP和人均能源消费量相关性分析

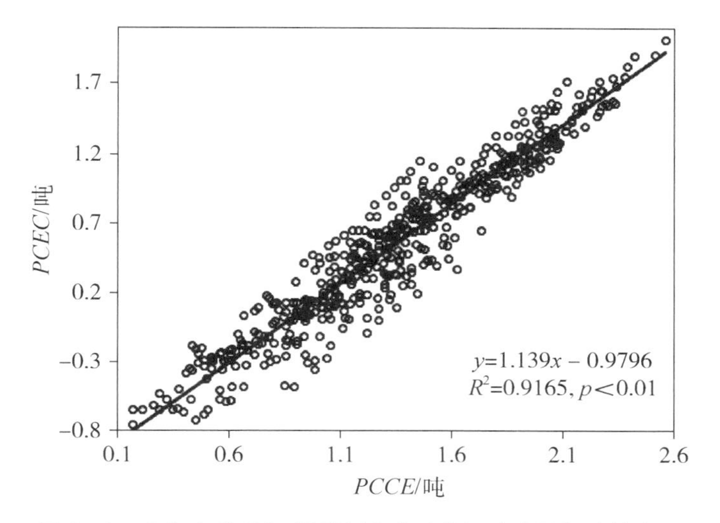

图 4 −9　省级人均 CO_2 排放量和人均能源消费量相关性分析

4.3.4　结果与分析

4.3.4.1　平稳性检验

Pedroni 协整检验需要数据序列具有平稳性且同阶单整，然而并不是所有的序列变量都具有平稳性，所以在对数据序列进行协整检验之前，需要进行面板单位根检验。单位根检验是统计检验中普遍应用的一种检验方法。面板单位根检验的原假设是 H_0：$\alpha_i=0$，即 *PCGDP*、*PCCE* 和 *PCEC* 3 个变量都存在单位根。为能更好地检测其平稳性，本节分别选取带有截距项和带有截距、趋势项的检测模型。表 4 − 16 是面板单位根检验的结果。由表 4 − 16 可知，ADF-Fisher 卡方检验和 PP-Fisher 卡方检验表明，原序列 3 个变量都不具有平稳性，变量都具单位根。对于不平稳序列，通常可以通过取差分的方法形成平稳序列。对原序列取一阶差分，分别选择具有截距项和截距与趋势项两种模型来检验其一阶差分是否平稳，结果如表 4 − 16 所示。由表 4 − 16 可知，3 个变量在取一阶差分时都拒绝了原假设，显示了平稳性。所以，3 个变量在取一阶差分时是平稳的。

表 4 − 16　面板单位根检验结果

变量	*ADF-Fisher* 卡方检验			
	水平（level）		一阶差分（first difference）	
	截距项	截距和趋势项	截距项	截距和趋势项
PCGDP	124. 531	26. 0152	540. 596[b]	757. 566[a]
PCCE	146. 532	95. 2418	464. 904[a]	452. 642[a]
PCEC	124. 336	77. 3738	516. 132[a]	518. 443[a]

续上表

变量	PP-Fisher 卡方检验			
PCGDP	230.850	158.037	540.541[a]	447.642[a]
PCCE	142.132	117.926	597.340[a]	415.65[a]
PCEC	120.682	81.3783	580.761[a]	349.25[b]

注：对每一个变量进行带有截距和趋势项的单位根检验都是独立的，滞后期是根据 SIC 准则自动获取的。

a 表示 1% 的显著水平，b 表示 5% 的显著水平。

4.3.4.2 Pedroni 协整关系检验

通过 ADF-Fisher 卡方检验和 PP-Fisher 卡方检验，差分后的 *PCGDP*、*PCCE* 和 *PCEC* 均一阶平稳，所以对其进行 Pedroni 协整检验，表 4 – 17 是 Pedroni 协整检验的结果。由表 4 – 17 可知，在 *PCEC* 模型中，在 11 个统计检验中，有 10 个统计结果是具有显著性的，从而拒绝了不具有协整关系的原假设，这表明，能源消费和经济增长与 CO_2 具有长期相关关系。进而，在 *PCCE* 模型中，11 个统计检验结果都具有显著性的，也拒绝了不具有协整关系的原假设，同样也表明 CO_2 排放是和经济增长与能源消费具有长期相关关系。综合 Pedroni 协整检验结果来看，经济增长、能源消费与 CO_2 排放之间是具有长期双向相关关系的。

表 4 – 17　Pedroni 协整检验

	PCEC 模型	*PCCE* 模型		*PCEC* 模型	*PCCE* 模型
同质备择（panel statistics test）：自回归系数			异质备择（group statistics test）：自回归系数		
面板 *v* – statistics	5.403452[b]	3.765455[a]	组（group）rho – statistics	–6.542185[a]	–4.457632[a]
面板 *rho* – statistics	4.544217[a]	–1.228765[b]	组（group）ADF-statistics	–5.624317[c]	–6.543781[a]
面板 *ADF*-statistics	–3.285673[a]	–2.576480[a]	组（group）PP – statistics	–1.768549[a]	–2.156438[a]
面板 *PP* – statistics	–1.660020[a]	–1.399257[b]			
面板 *v* – statistics（权重）	–4.167890[a]	–4.023532[a]			
面板 *rho* – statistics（权重）	–2.341823[a]	–3.262786[a]			
面板 *rho* – statistics（权重）	–1.544432	–4.342586[b]			
面板 *PP* – statistics（权重）	–2.335421[b]	–5.546731[a]			

注：a表示 1% 的显著水平，b表示 5% 的显著水平，c表示 10% 的显著水平。

鉴于 3 个变量具有协整关系，利用 FMOLS 模型对相关关系进行定量回归分析，如表 4 – 18 所示。表 4 – 19 是 1995—2011 年各省份经济规模水平综合排序。

由表4-18和表4-19可知，由于经济发展水平的空间异质性，各省份经济增长与能源消费和 CO_2 排放关系的显著性存在差异。经济增长与能源消费和 CO_2 排放的长期相关关系在经济发展水平越高（北京、天津、上海等中心城市）的地区相对越显著。例如，1995—2011年，经济发展水平较高的北京，其综合人均GDP为40375.59元，人均能源消费量为3.34吨，人均 CO_2 排放量为7.23吨，而同时期经济发展水平较低的广西，其人均GDP仅为9168.45元，人均能源消费量为0.93吨，人均 CO_2 排放量为2.31吨，这3项指标仅是同期北京市的22.71%、27.84%和31.95%。由此表明，经济发展水平越高，所需要的化石能源消费量也就越大，其经济发展和能源消费的关系也越密切，其同时产生的 CO_2 排放总量相应越高。换言之，经济发展水平越高的地区，其经济增长与能源消费和 CO_2 排放间的长期相关关系越显著。

同时，研究发现这种关系在能源富集区域及重化工基地（产业结构偏重于重化工工业，如河北、山东、内蒙古、宁夏、辽宁、吉林、山西、新疆等）更加显著。例如，2011年，内蒙古的第二产业占GDP比重为56.8%（其发展的支柱产业为能源、冶金建材、化工、机械制造），相对应的人均能源消费量为7.55吨，人均 CO_2 排放量为12.91吨；而同时期海南的第二产业占GDP比重为28.4%，人均能源消费量仅1.83吨，人均 CO_2 排放量仅3.67吨。由此表明，产业结构相对偏重的地区，其经济增长所消费的化石能源量越大，对化石能源的依赖度也越大，二者具有密切的关系；而产业结构偏轻的地区，其经济增长过程中对化石能源消费的依赖度相对较低，这些地区的经济发展更多依靠现代农业和第三产业带动（旅游业等），其所排放的 CO_2 量必然相对越小。因此，产业结构偏重或能源富集地区的经济增长和能源消费及 CO_2 排放的相关关系更显著。由以上分析可知，经济发展水平和产业结构能够在很大程度上影响经济增长与能源消费和 CO_2 排放的相关关系。同时，基于面板数据分析（表4-18），FMOLS检验发现，能源消费和 CO_2 排放与经济增长存在长期正相关关系。能源消费和 CO_2 排放每增加1%便会分别增加0.830512%和0.523366%的经济增长；经济增长和能源消费每增加1%便会相应地分别增加0.628827%和0.822558%的 CO_2 排放；经济增长和 CO_2 排放每增加1%便会相应地分别增加0.659753%和0.849916%的能源消费量。FMOLS检测结果进一步表明了城市化和能源消费与 CO_2 排放具有双向长期正相关关系，伴随着经济发展水平的提升，能源消费和 CO_2 排放将会持续增加。未来，我国将会面临同时保持经济高速增长和节能减排的双重压力，低碳发展任重道远。

表4－18 FMOLS回归结果

变量	*PCGDP* 作为因变量		*PCCE* 作为因变量		*PCEC* 作为因变量	
	PCCE	*PCEC*	*PCGDP*	*PCEC*	*PCGDP*	*PCCE*
北京	0.366678[a]	0.452351[a]	0.30938[a]	1.149604[a]	0.302479[a]	0.960480[a]
天津	0.518872[a]	0.845777[a]	0.630806[a]	0.691678[a]	0.547878[a]	0.863620[a]
河北	0.351622[a]	0.890866[a]	1.056585[a]	0.847882[b]	0.771204[b]	0.821080[a]
山西	0.264297[a]	0.851247[b]	0.314946[a]	0.851628[a]	0.580310[a]	1.011670[a]
内蒙古	0.306847[a]	1.166801[a]	0.635033[b]	0.607965[a]	0.908451[b]	0.837890[a]
辽宁	0.700657[a]	0.990562[b]	0.548336[a]	0.651646[a]	0.753609[b]	0.868687[b]
吉林	0.823882[b]	0.539609[a]	0.605377[a]	0.710191[a]	0.564226[b]	0.869591[b]
黑龙江	0.757829[a]	0.933797[c]	0.831421[b]	1.195794[a]	0.719829[c]	0.934510[a]
上海	0.268148[a]	0.626307[a]	0.010989[a]	1.115993[a]	0.305652[a]	0.965990[a]
江苏	0.525456[b]	0.522661[c]	0.741266[b]	1.230741[b]	0.594504[a]	0.767362[b]
浙江	1.072522[b]	0.895359[b]	0.323845[b]	0.804531[b]	0.442643[b]	0.840119[c]
安徽	1.020335[b]	0.506067[c]	0.248429[b]	0.682394[c]	0.408675[a]	0.898544[b]
福建	0.277477[b]	0.969246[a]	1.098296[b]	0.756926[b]	0.707623	0.696471[b]
江西	0.732046[c]	0.900034[c]	0.666278[b]	1.126435[b]	0.551716[c]	0.798151[c]
山东	0.254559[a]	0.523731[a]	0.504466[a]	1.220152[a]	0.791472[b]	0.739390[a]
河南	0.455133[b]	0.849446[a]	0.700471[a]	0.983589[a]	0.709797[b]	0.800750[a]
湖北	0.652289[b]	0.221351[b]	0.809447[a]	0.799053[b]	0.632986[b]	0.838120[a]
湖南	0.200444[b]	1.364113[b]	0.674799[c]	1.215249[b]	0.820155[c]	0.728643[c]
广东	0.640879[b]	0.911846[a]	0.929711[b]	0.633689[b]	0.591766[b]	0.750982[b]
广西	0.432468	1.053732[c]	0.785635[b]	0.758744[b]	0.720603[c]	0.740267[b]
海南	0.958177[c]	0.528413[c]	0.827709[b]	0.598794[c]	0.556773[b]	0.786505
重庆	0.570987[b]	0.813088[b]	0.671186[c]	1.278087[b]	0.672351[b]	0.897962[b]
四川	0.699438[c]	1.123288[b]	0.512519[b]	0.602505[b]	0.576957[b]	0.909867[b]
贵州	0.489437[b]	1.377713[b]	0.668895[c]	0.614154[b]	0.799236[c]	0.900565[c]
云南	0.260204[c]	1.301546[c]	0.382431[b]	0.533312[c]	0.568831	0.856015[b]
陕西	0.516564[c]	1.004294[b]	0.593692[b]	0.521472[b]	0.701286[b]	0.795596[b]
甘肃	0.579156[c]	0.685157[b]	0.699915[b]	0.631851[b]	0.792047[c]	0.869721[b]
青海	0.303247[b]	0.935645[b]	0.594776[c]	0.655372[b]	0.962498[b]	0.923041[b]
宁夏	0.234913[a]	0.790634[a]	0.988054[a]	0.635115[a]	0.914048[b]	0.912720[a]
新疆	0.465837[b]	0.340712[a]	0.500173[a]	0.571734[a]	0.823574[a]	0.913190[a]
面板	0.523366[b]	0.830512[b]	0.628827[b]	0.822558[a]	0.659753[b]	0.849916[b]

注：a表示1%的显著水平，b表示5%的显著水平，c表示10%的显著水平。

表 4-19 1995—2011 年各省份综合经济发展水平

省份	人均 GDP/元	省份	人均 GDP/元	省份	人均 GDP/元
上海	44382.76（1）	吉林	14206.53（11）	河南	11119.24（21）
北京	40375.59（2）	河北	14036.88（12）	湖南	11007.63（22）
天津	34449.24（3）	黑龙江	13944.06（13）	青海	10704.11（23）
浙江	25412.06（4）	重庆	12630.06（14）	江西	9643.34（24）
江苏	24004.35（5）	新疆	12539.65（15）	四川	9587.294（25）
广东	22901.51（6）	湖北	12259.8（16）	安徽	9356.798（26）
辽宁	19775.35（7）	山西	12163.53（17）	广西	9168.45（27）
山东	19136.06（8）	海南	11636.71（18）	云南	8029.56（28）
福建	19087.71（9）	宁夏	11472.47（19）	甘肃	7617.176（29）
内蒙古	18372.41（10）	陕西	11315.82（20）	贵州	5499.706（30）

注："( )"代表 1995—2011 年经济发展水平（人均 GDP）综合排序。

4.3.4.3 面板 Granger 因果关系检验

由于经济增长、能源消费和 CO_2 排放这 3 个变量都具有协整关系，那么将会进一步用基于 *VECM* 的 Granger 因果关系模型来检验经济增长与能源消费和 CO_2 排放之间的因果关系。表 4-20 是 Granger 因果关系检验的结果。由表 4-20 可知，基于误差修正项 *ect*（-1）的检验表明，经济增长、能源消费和 CO_2 排放之间存在双向因果关系。短期 Granger 因果关系表明，1995—2011 年，经济增长与能源消费和 CO_2 排放存在双向推动因果关系，即能源消费与经济增长、能源消费与 CO_2 排放的双向因果关系和从经济增长到 CO_2 排放的单向 Granger 因果关系，经济增长是 CO_2 排放增加的 Granger 原因，而 CO_2 排放增加不是经济增长的 Granger 原因。说明从过去 17 年的整体情况来看，经济增长推动了能源消费的增加，能源消费的增加也同样推动了经济增长；同时，能源消费和 CO_2 排放之间也存在类似的双向推动关系；然而经济增长与 CO_2 排放之间只存在单向的推动因果关系，经济增长导致了明显的 CO_2 排放增加，而高 CO_2 排放并不是经济增长的 Granger 原因。

表 4-20 Granger 因果关系检验结果

因变量	短期因果关系			长期因果关系
	$\Delta PCGDP$	$\Delta PCCE$	$\Delta PCEC$	*ect*（-1）
$\Delta PCGDP$	—	0.765785	1.224562[a]	-2.456342[b]
$\Delta PCCE$	3.453564[a]	—	3.437653[a]	-1.647342[a]
$\Delta PCEC$	1.347892[b]	1.432156[a]	—	-1.234653[b]

注：原假设是变量之间不存在因果关系，Δ 是一阶差分算子，*ect*（-1）是一阶滞后误差修正项，a表示 1% 的显著水平，b表示 5% 的显著水平。

4.4 小结与政策建议

4.4.1 小结

本章从不同视角分析了城市化进程中CO_2排放的社会经济影响因素，旨在通过影响因素解析为决策部门制定减排政策提供依据。①地理加权回归分析结果表明，经济规模、人口规模、城市化水平和能源结构与CO_2排放呈正相关，而能源效率与CO_2排放呈负相关。②空间自相关和空间转移矩阵检测发现，CO_2排放总量在省区尺度上存在空间集聚——“俱乐部趋同”现象，人均CO_2排放高集聚和低集聚表现出一定程度的路径依赖或空间锁定。③面板计量模型分析结果表明，经济增长对CO_2排放起促进作用，但二者之间并不存在EKC曲线，而是呈“N”型走势；城市化水平、产业比重、能源结构与CO_2排放呈显著正相关，能源强度、碳强度和第三产业比重与CO_2排放呈显著负相关。④经济增长与能源消费和CO_2排放之间存在协整关系和长期双向相关关系，即能源消费量和CO_2排放量每增加1%便会分别增加0.831%和0.523%的经济增长；经济增长和能源消费量每增加1%便会相应地分别增加0.629%和0.823%的CO_2排放量；经济增长和CO_2排放量每增加1%便会相应地分别增加0.660%和0.850%的能源消费量。而这种相关关系却因经济发展水平和能源消费量存在显著性差异，显著性较高的地区主要集中在北京、上海等中心城市和能源富集区域及重化工基地；经济增长与能源消费、能源消费与CO_2排放的双向Granger因果关系和从经济增长到CO_2排放的单向Granger因果关系。

4.4.2 政策建议

应对气候变化已成为全球共同面临的环境挑战，减少CO_2排放、推行低碳经济，已成为国际社会的共识。鉴于此，我国推行低碳经济发展，建议从以下几个方面着手：一是要优化产业结构，尽量降低化石能源的使用比例，鼓励和发展低碳清洁可再生能源。由于我国存在明显的区域经济差异和能源结构差异，在倡导新能源开发和降低化石能源使用的过程中应因地制宜，结合本地化特色。二是要兼顾发展与减排，国家在实施CO_2减排目标时要充分考虑区域平衡而不仅仅是考虑减排量的多少，在实施减排目标的同时也要维持一定的经济增长。三是要积极

增加碳汇，由于过快的经济增长势必造成建设用地面积增多，绿化空间降低，导致碳汇逐步降低，所以要达到减排的目的的一个重要手段是要积极增长碳汇，扩大绿色空间。四是提高能源利用效率，发展低碳技术，由于经济的快速发展，技术进步也有了相应的提高，但我国技术水平仍然比较落后，所以能源效率的提高仍有很大的空间。同时，正确认识经济增长与能源消费和 CO_2 排放的关系，采取恰当的区域发展政策和适当的经济发展模式，对当前以及今后相当长时间内，中国保持较高经济增长速度，实现经济增长与能源消费和 CO_2 排放协调和可持续发展具有一定的指导意义，低碳可持续发展任重道远。

5 城市形态与开发强度对CO_2排放的作用机理

作为人类生产与生活的重要空间载体，城市是CO_2排放最主要的地域单元。一方面，城市只占3%的地表，却消费了全球75%的能源和排放了全球80%的温室气体；另一方面，城市引领了全球经济的增长，提高了人们的生活水平。所以，城市政府和规划者在极力促进城市经济增长的同时，也面临着巨大的减排压力。降低能源消费CO_2排放和保持经济稳定增长是世界范围内所有城市政府面临的巨大挑战。在此背景下，政策决策者试图寻找协调二者之间可持续发展的道路。然而，除了传统的依靠科技和政策约束的减排措施外，城市空间规划在一定程度上可以有效降低CO_2排放并同时能促进城市的可持续发展。虽然有此共识，却很少有相关研究探讨城市形态因素对CO_2排放的定量影响。基于此，本章将重点论述城市化进程中城市形态对CO_2排放的作用机理，借助遥感影像和空间技术分析方法着重讨论城市形态与开发强度对CO_2排放的影响。

5.1 城市形态对CO_2排放的作用机理

城市形态是指一个城市的实体环境以及各类活动的空间结构。一般认为，城市的有形形态主要包括城市区域内城市布点形式、城市用地的外部几何形态和城市内各种功能地域分异格局等；另外一些学者认为，城市的无形形态是指城市的社会、文化等各无形要素的空间分布形式。本章所指的城市形态是城市物质环境构成的有形形态。规划学者认识到，城市形态主要通过密度（density）、邻近度（proximity）、紧凑度（campactness）和可达性（accessibility）等对城市物质环境产生结构性的影响，即有的城市形态会对居民的日常活动行为（交通等）及温室气体排放具有长期且深远的影响（刘志林等，2013）。鉴于我国城市尺度能源利用统计资料匮乏，本章只选择了大城市作为研究对象来分析城市形态及其内部土地利用模式的动态变化。首先，参照IPCC温室气体排放清单编制方法，依据能源表观消费量的参考方法计算了我国30个主要城市（台北、拉萨除外）的能源消费CO_2排放，并分析其动态演变趋势和空间变化；其次，依据遥感影像解译了30个主要城市1990—2010年城市建成区的扩展情况，并分析了其时空变化；

再次，基于遥感土地利用数据测算了有关城市内部空间形态的10个指标，同时分析了变化特点；最后，基于面板数据模型，定量揭示了城市形态有关指标对 CO_2 排放的作用机理。

5.1.1 能源消费 CO_2 排放估算

30个主要城市具体包括北京、上海、天津、重庆4个直辖市和长春、长沙、成都、福州、广州、贵阳、哈尔滨、海口、杭州、合肥、呼和浩特、济南、昆明、兰州、南昌、南京、南宁、沈阳、石家庄、太原、武汉、乌鲁木齐、西安、西宁、银川、郑州26个省会城市（台北、拉萨除外），这些城市被选作为相应省份发展最快的地区之一。作为省会城市和直辖市，由于快速的城市扩张，城市发展伴随着十分严重的环境问题，同时 CO_2 排放持续增长。进而，省会城市和直辖市的建成区（市区）是城市快速发展和扩展的集聚地，被众多研究者认为是研究城市形态与 CO_2 排放关系的理想尺度。这些城市具有一定的相似性，然而又各具特点。一方面，它们拥有较快的城市发展速度、较大的人口规模和较高的经济规模。另一方面，在城市发展模式和 CO_2 排放趋势上又各具特点，有显著性差异。这些差异同时又反映在人口密度、地理区位、区域发展政策等方面。作为我国过去20年城市发展的中坚力量，30个主要城市见证了我国城市发展的历程。

作为发展最快的地区，30个主要城市具有不同程度的环境压力，由于经济发展较快，消耗了大量的自然资源，进而 CO_2 排放总量持续攀升。尽管城市发展会增加居民的收入、提高人们的生活水平，但如此快的发展，势必增加能源消费，进而产生一系列环境问题。这些可以从以下方面佐证，1990年，30个主要城市的建成区面积接近4314.54 km^2；然而，2010年，建成区面积竟达到8429.14 km^2。如此快速的扩展，一方面不但将农田、水域等自然生态系统转化为城市区域，同时也造成了大量的环境变化，如全球变暖、温室效应、城市热岛等。因此，在通往低碳城市发展的道路上、在降低 CO_2 排放强度的目标上，必须厘清大城市快速发展背后产生大量 CO_2 排放的影响因素。另外，正确揭示 CO_2 排放的影响因素也能更好地为政策制定者和城市规划者保持城市经济稳定增长的同时降低 CO_2 排放提供依据和借鉴。本章通过定量揭示城市形态对 CO_2 排放的作用机理，以期能更好地帮助政策制定者厘清城市规划在降低 CO_2 排放、实现城市可持续发展方面的有效作用。

由于城市尺度的统计数据限制，无法从官方获取 CO_2 排放的准确数据。已有的研究证明，人类活动，如化石能源燃烧和森林退化是大气中 CO_2 增加的首要原因。事实上，87%人类活动 CO_2 排放来自化石能源消费，如煤、石油和天然气等（Peters et al，2012）。所以，基于能源统计数据估算 CO_2 排放来近似替代城市能源消费 CO_2 排放数据。参照IPCC温室气体排放清单编制方法（IPCC，2006），

能源消费CO_2排放的计算公式如下：

$$CE_{it} = \sum C_{ijt} \times F_j \times \alpha_j \quad (5-1)$$

式中：CE表示能源消费CO_2排放；C表示能源消费量；F表示CO_2排放系数；α表示能源低位热值；i表示城市；t表示年份；j表示能源类型。根据中国能源统计年鉴中的能源平衡表，能源类型大致可分为11类：原料煤、焦炭、原油、燃料油、汽油、焦炉气、煤油、柴油、液化石油气、天然气和电力。然而，对于城市建成区尺度，并没有相应的能源统计资料。为了近似获取能源消费统计资料，采用中国城市统计年鉴里有关市辖区的能源统计数据。众所周知，市辖区是覆盖建成区的最小尺度，用市辖区的能源统计资料代替建成区是已经被认可的替代方法。同时，由于不同年代有关能源统计规则的不同，一些能源类型很难具有完整的时间序列数据。在此背景下，本章会在需要的地方以前后年份消费量来估计，从而满足数据模型需求。每种能源的低位热值和CO_2排放系数来自IPCC（2006）（表5－1）。

表5－1　能源分类热值及CO_2排放系数

能源种类	能源低位热值	CO_2排放系数	能源种类	能源低位热值	CO_2排放系数
原煤	20934 kJ/kg	94600kg/TJ	煤油	43124 kJ/kg	71900 kg/TJ
焦炭	28470 kJ/kg	107000 kg/TJ	柴油	42705 kJ/kg	74100 kg/TJ
原油	41868 kJ/kg	73300 kg/TJ	液化石油气	50241 kJ/kg	63100 kg/TJ
燃料油	41868 kJ/kg	77400 kg/TJ	天然气	38979 kJ/cu m	56100 kg/TJ
汽油	43124 kJ/kg	70000 kg/TJ	电力	—	10069［t/(BkW·h)］
焦炉气	17375 kJ/cu m	44366 kg/TJ			

5.1.2　城市形态核算

为了能评价30个主要城市形态的时空动态变化，本节选用Landsat TM影像（landsat thematic mapper）和ETM影像（enhanced thematic mapper）来提取城市建成区的边界（城市建成区在本章中是指市区集中连片的部分以及分散在近郊区与城市有着密切联系的城市建设用地，也指建成区外轮廓线所能包括的地区，也就是这个城市实际建设用地所达到的境界范围，是一个闭合的完整区域）。影像提取的时间段为：1990年、2000年和2010年3个时间点，比例尺为1：100000。所以，共有99幅Landsat TM影像和ETM影像（取自全球土地调查1990年、2000年、2010年）用于确定30个主要城市的建成区边界，具体包括33幅1990年的Landsat TM影像、33幅2000年的Landsat TM影像和33幅2010年的Landsat－ETM5/ETM7影像。

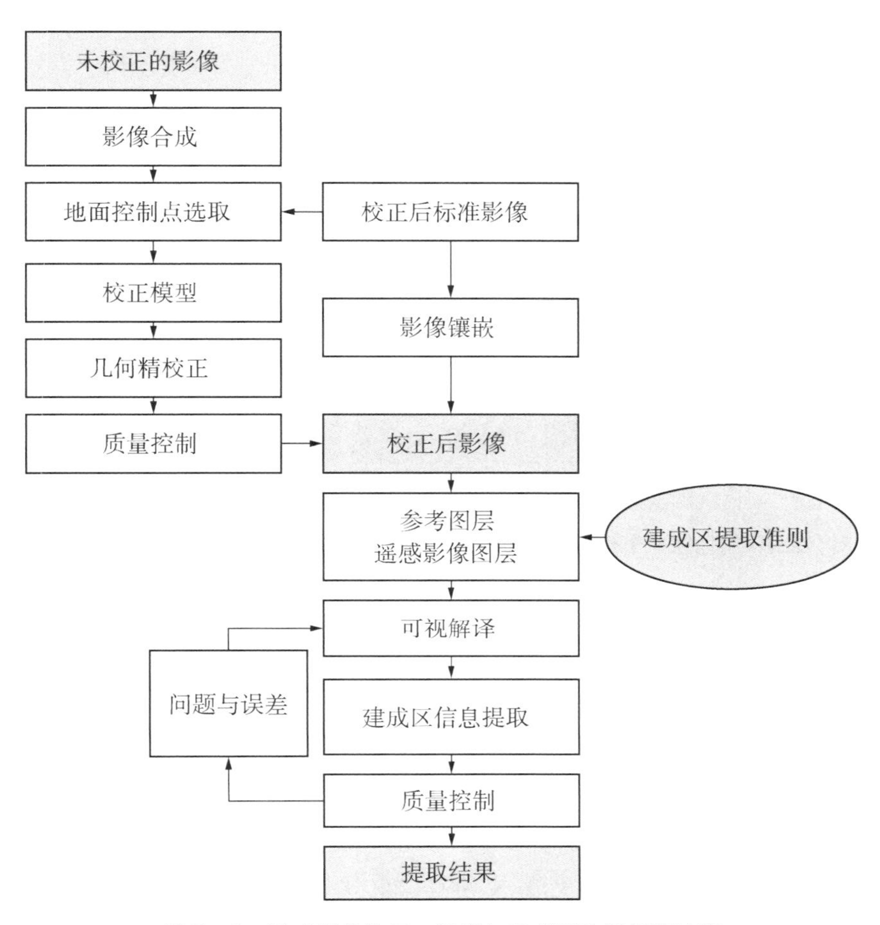

图 5－1　遥感影像校正、解译与建成区边界提取流程

基于遥感影像数据集，本章以 1：100000 空间比例，利用 ENVI/IDL 5.1 软件和 ArcGIS 10.1（ERSI）软件，结合目视解译和矢量图形创建了 30 个主要城市建成区数据集。图 5－1 是遥感影像校正、解译和建成区边界提取的流程图。在影像解译之前，首先对影像进行波段组合布局，然后，基于 1：50000 的地形图对遥感影像图进行地理校正。对于每一幅 TM/ETM 影像，至少有 20 个均匀分布的站点在一个校准的影像和地形图的基础上被选定作为地面控制点（ground control points，GCP），进而进行影像校正。几何校正的均方根误差（root mean squared error，RMS error）小于 1.5 像素单元（或 45 m）。其次，利用 ArcGIS 10.1 软件，根据城市的光谱反射率、结构和其他信息，在计算机屏幕上识别城市建成区。界限绕城市建成区绘制，这样多边形属性很快生产，从而产生矢量数字地图。最后，基于严格的质量控制，经过编译和进一步的处理从而形成矢量数字地图。图 5－2 是我国不同地区 5 个代表性城市城市扩张足迹示意图。这些城

市建成区边界的提取是严格按照以上所描述的方法进行的，所得边界能较为准确地反映城市扩张的过程与足迹。

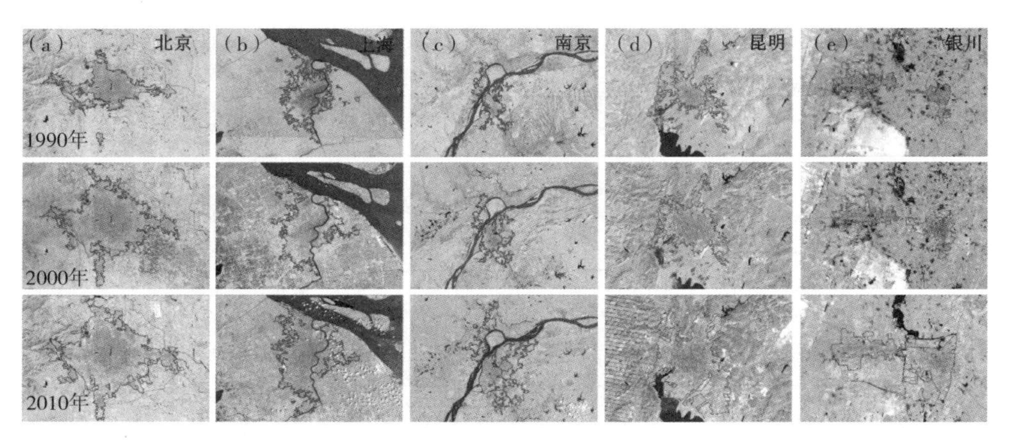

图5-2　我国不同地区5个代表性城市（北京、上海、南京、昆明和银川）城市扩张过程

城市形态不仅仅是指城市各组成部分有形的表现，也不只是指城市用地在空间上呈现的几何形状，而是一种复杂的经济、文化现象和社会过程，是在特定的地理环境和一定的社会经济发展阶段中，人类各种活动的结果。参考已有研究成果，本章选择10个景观指数来刻画城市形态演变：景观面积（TA）、最大拼块所占景观面积的比例（LPI）、面积加权的平均形状因子（AWMSI）、面积加权的平均拼块分形指数（AWMPFD）、平均周长面积形状指数（PARA_MN）、邻接度（PLADJ）、凝聚指数（COHESION）、聚合指数（AI）、景观形状指数（LSI）、蔓延度指数（CONTAG）。这10个城市形态指标的景观指数生态学含义为：TA等于某一拼块类型中所有拼块的面积之和（m^2），除以10000后转化为公顷（ha），即某拼块类型的总面积，不同类型景观面积的大小能够反映出城市扩张的差异性。LPI等于某一拼块类型中的最大拼块占据整个景观面积的比例，代表景观生态中，城市活动变化的强度和频率，反映人类活动的程度。AWMSI可理解为两个级别：在斑块级别上等于某拼块类型中各个拼块的周长与面积比乘以各自的面积权重之后的和；在景观级别上等于各拼块类型的平均形状因子乘以类型拼块面积占景观面积的权重之后的和。AWMSI是度量景观空间格局复杂性的重要指标之一。AWMPFD运用了分维理论来测量拼块和景观的空间形状复杂性，是反映景观格局总体特征的重要指标。PARA_MN测算分形复杂度。PLADJ测算城市景观集聚度。COHESION测算城市斑块的物理连接性。AI也是计算面积加权平均等级聚集指数。LSI测算景观分形度。CONTAG等于景观中各拼块类型所占景观面积乘以各拼块类型之间相邻的格网单元数目占总相邻的格网单元数目的比例，乘以该值的自然对数之后的各拼块类型之和，除以2倍的拼块类型总数的自然对

数，其值加 1 后再转化为百分比的形式。所有的景观指数都是基于 FRAGSTATAS 4.2 计算的。为了满足计算要求，所有的矢量数据都转化成了 30 m×30 m 的栅格数据。表 5－2 是 10 个景观指数的表达式及相关描述。

表 5－2　景观指数表达式及相关描述

景观指数	缩写	计算公式	描述
景观面积	*TA*	$TA = \sum_{j=1}^{n} a_{ij}(\frac{1}{10000})$	a_{ij} = 斑块 ij 的面积/m²
最大拼块所占景观面积的比例	*LPI*	$LPI = \frac{\max_{j=1}^{n}(a_{ij})}{A}(100)$	a_{ij} = 斑块 ij 的面积/m² A = 景观面积/m²
面积加权的平均形状因子	*AWMSI*	$AWMSI = \sum_{i=1}^{m}\sum_{j=1}^{n}\left[(\frac{p_{ij}}{\min p_{ij}})(\frac{a_{ij}}{A})\right]$	m = 斑块数目 n = 斑块类型数目 p_{ij} = 以单元格测算斑块 ij 的周长
面积加权的平均拼块分形指数	*AWMPFD*	$AWMPFD = \sum_{i=1}^{m}\sum_{j=1}^{n}\left[(\frac{2\ln(0.25p_{ij})}{\ln(a_{ij})})(\frac{a_{ij}}{A})\right]$	p_{ij} = 斑块 ij 的周长 a_{ij} = 斑块 ij 的面积 A = 景观面积/m²
平均周长面积形状指数	*PARA_MN*	$PARA\_MN = (100)\frac{\sum_{i=1}^{m}\sum_{j=1}^{n}[p_{ij}/a_{ij}]}{mn}$	p_{ij} = 斑块 ij 的周长 a_{ij} = 斑块 ij 的面积
邻接度	*PLADJ*	$PLADJ = (\frac{\sum_{i=1}^{n} g_{ii}}{\sum_{i=1}^{m}\sum_{k=1}^{n} gik})(100)$	g_{ii} = 基于双值计算的 i 斑块的邻近数 gik = 基于双值计算的 i 斑块与 k 斑块间的邻近数
凝聚指数	*COHESION*	$COHESION = \left[1-\frac{\sum_{i=1}^{m}\sum_{j=1}^{n}P_{ij}^{*}}{\sum_{i=1}^{m}\sum_{j=1}^{n}P_{ij}^{*}\sqrt{a_{ij}^{*}}}\right]\cdot\left[1-\frac{1}{\sqrt{Z}}\right]^{-1}(100)$	P_{ij}^{*} = 基于元胞表面斑块 ij 的周长 a_{ij}^{*} = 基于元胞斑块 ij 的面积 Z = 元胞的总数
聚合指数	*AI*	$AI = \left[\frac{g_{ii}}{\max(g_{ii})}\right](100)$	g_{ii} = 基于单值计算的 i 斑块的邻近数
景观形状指数	*LSI*	$LSI = \frac{0.25\sum_{k=1}^{m} e_{ik}^{*}}{\sqrt{A}}$	e_{ik}^{*} = 斑块 i 和斑块 k 之间的边沿长度 A = 景观面积/m²
蔓延度指数	*CONTAG*	$CONTAG = \frac{\left[\frac{\sum_{r=1}^{x} c_{ijr}}{a_{ij}}\right]-1}{v-1}$	c_{ijr} = 斑块 ij 中 r 像素的连续性 v = 3×3 移动口的总值 a_{ij} = 基于元胞斑块 ij 的面积

5.1.3 计量经济模型

为定量探求城市形态对CO_2排放的作用机理，本节建立关于城市形态指标与CO_2排放的面板数据模型。面板数据模型相比于横截面数据和时间序列数据具有很多优点，如面板数据模型能较好控制个体异质性、可减少变量间的共线效应，还可增加自由度、参数估计更稳定可靠、比其他模型更具效率等。

由于本节旨在定量分析30个主要城市的城市形态对CO_2排放的影响，特建立CO_2排放面板数据模型，模型的具体表达式如下：

$$CE_{it} = \alpha_i + Z_{it}\varphi + \mu_i + \varepsilon_{it} \tag{5-2}$$

式中：CE_{it}表示第i个城市第t年的CO_2排放总量；α_i是标量系数；φ是参数向量；μ_i表示个体效应，用于捕捉城市的异质性；ε_{it}表示随机残差；Z_{it}表示外生变量向量，包括*TA*、*LPI*、*AWMSI*、*AWMPFD*、*PARA_MN*、*PLADJ*、*COHESION*、*AI*、*LSI*和*CONTIG*。为了消除变量的非平稳性和异方差现象，对所有数据都进行对数化处理，也是为了测量因变量对自变量的弹性。由于上式方程表达式是组合形式，所以必须根据外生变量的增加或减少来确定模型的具体形式。通常，T表示时间点个数，K表示每个具体模型中外生变量数，T和K的关系一般需满足$T > K+1$。

在估计每个具体模型之前，还需确定模型的影响形式是随机效应模型还是固定效应模型。固定效应模型通常可辨别个体间的差异性，它还允许外生变量Z_{it}和个体效应μ_i存在一定的相关性。然而，由于众多变量系数的关系，它的模型自由度相对较低。随机效应模型相比于固定效应模型具有较高的自由度，然而，它只有在外生变量Z_{it}和个体效应μ_i不存在相关性时才具有较高的功效。通常，模型影响形式的判别是通过Hausman检验确定的。

为了解决变量的平稳性问题，必须引入面板单位根检验。本节引入一种面板单位根检验Levin, Lin and Chu（LLC）来检测面板数据的平稳性。面板单位根检验相比于时间序列单位根检验同样具有较高功效，LLC检验的具体表达式如下：

$$\Delta y_{it} = py_{it} - 1 + \sum_{j=1}^{kt} r_{it}\Delta y_{it} - 1 + Z_{it}\varphi + \varepsilon_{it} \tag{5-3}$$

式中：Z_{it}表示（确定性）外生变量向量；φ表示回归系数向量；y_{it}表示因变量向量；ε_{it}表示随机残差项。备择假设和原假设表示为：

$$H_1:p < 0$$
$$H_0:p = 0 \tag{5-4}$$

在原假设下，变量存在单位根；在备择假设下，变量间不存在单位根。

5.1.4 城市形态对 CO_2 排放的作用机理

5.1.4.1 能源消费 CO_2 排放分析

根据公式（5－1），本节计算了全国30个主要城市的能源消费 CO_2 排放，如图5－3所示。图5－4表明，在研究期内，所有主要城市的 CO_2 排放都是增加的。就增量而言，2000—2010年的增量明显大于1990—2000年的。另外，1990—2000年的年均增长率为8.56%，2000年以后，年增长率逐步增大，到2010年，年增长率达到9.9%。就单个城市而言，海口的 CO_2 排放总量最小，排放量从1990年的7.502万吨逐步增长到2010年的58.442万吨。上海是 CO_2 排放总量最大的城市，排放量从1990年的334万吨增长到2010年的1887万吨。图5－3同时还展示了 CO_2 排放分布的统计性盒子图，可以清晰看到 CO_2 排放25%和75%的分布线，其对应的统计性描述如表5－3所示。

表5－3 主要年份 CO_2 排放统计性描述（1990年、2000年、2010年）

变量	单位	均值	中值	最小值	最大值	标准差	偏度	峰度
CO_2 排放（1990年）	万吨	72.877	44.856	7.502	334.39	75.536	1.895	6.297
CO_2 排放（2000年）	万吨	165.762	95.249	21.611	902.512	199.266	2.461	8.655
CO_2 排放（2010年）	万吨	426.007	208.990	58.442	1925.362	503.910	2.032	6.058

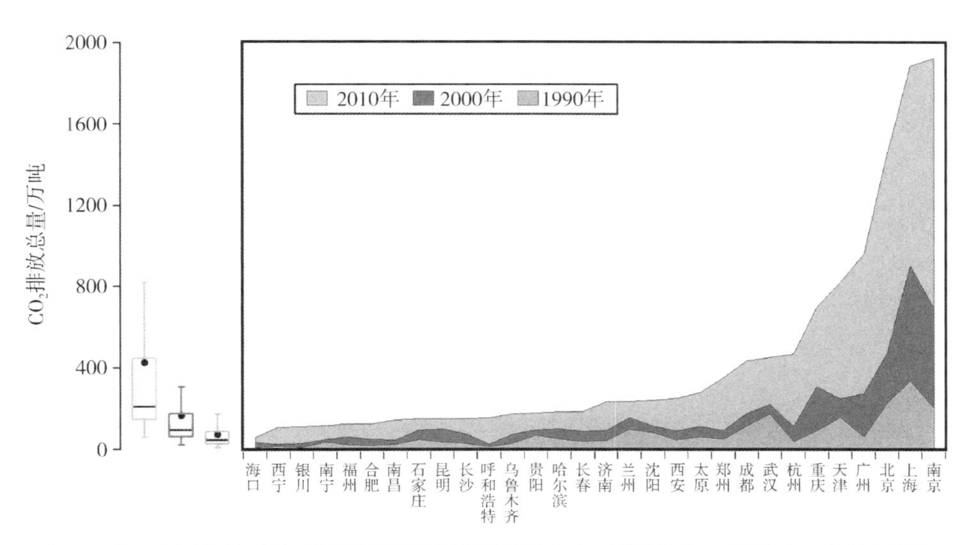

图5－3 主要年份 CO_2 排放总量及统计性描述分布（1990年、2000年、2010年）

在估算主要年份能源消费 CO_2 排放总量之后，有必要进行一些后续分析

(排放趋势、排放空间自相关等)。图5-4是部分年份CO_2排放的核密度估计。从图5-4可看出，1990年，CO_2排放总量主要集中在100万吨，分布范围在10万吨到300万吨之间。这表明，1990年，主要城市之间的CO_2排放总量差异并不十分显著。相比于1990年，2000年和2010年的核密度显示，CO_2排放的均值和方差都在增大。2010年，CO_2排放分布于100万吨到600万吨之间，集中分布于200万吨。

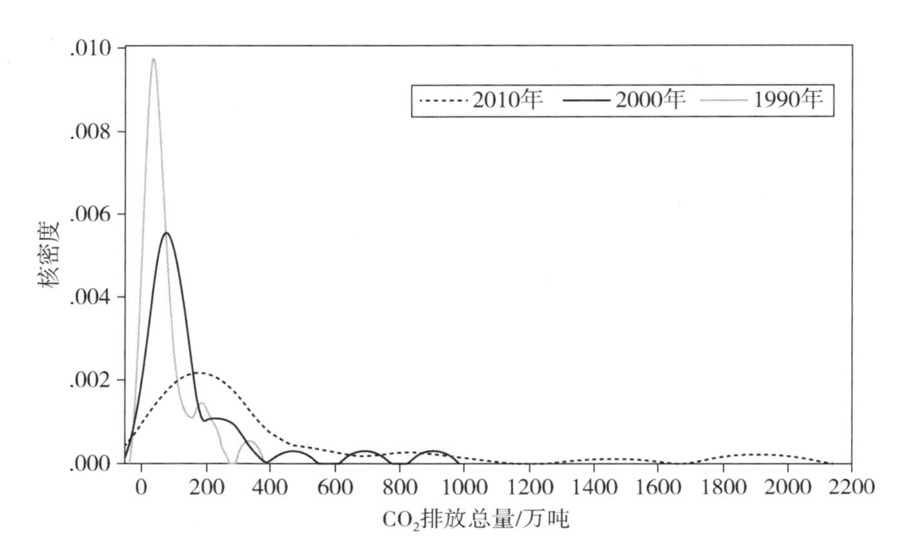

图5-4 主要年份CO_2排放总量的核密度估计(1990年、2000年、2010年)

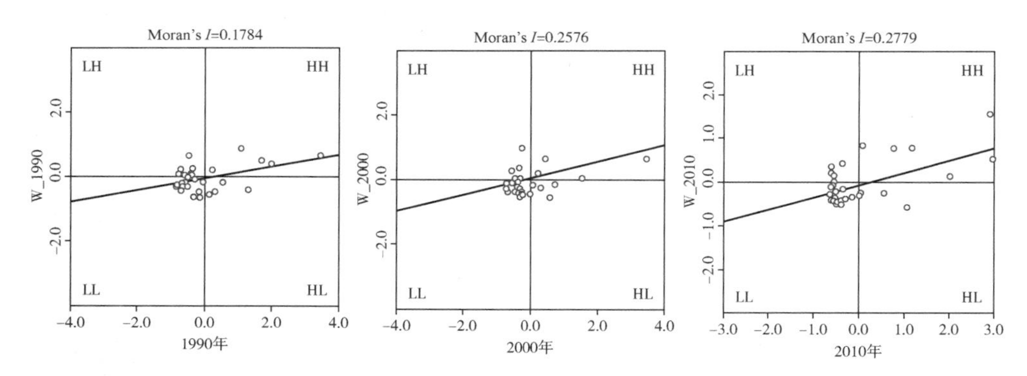

图5-5 主要年份CO_2排放的Moran散点图(1990年、2000年、2010年)

注：HH表示为高高集聚，LH表示为低高集聚，LL表示为低低集聚，HL表示为高低集聚。

图5-5是部分年份CO_2排放的Moran散点图，表示一定程度上的空间自相关或空间集聚特性。从图5-5可看出，CO_2排放的空间自相关性呈逐步增强趋势，Moran's I从1990年的0.1784增加到2010年的0.2779(随机假设通过95%的显著水平)。这表明，30个主要城市之间存在较为显著的空间自相关性。同

时，通过 Moran 散点图看出，在研究期内，HH 和 LL 集聚逐步成为主要的集聚类型。

5.1.4.2　城市形态分析

表 5－4 是部分年份 30 个主要城市的建成区面积统计表。如表 5－4 所示，1990—2010 年，各城市的建成区面积都呈增长趋势，凸显了城市化进程中城市快速扩张的空间化效应。其中，1990 年，海口的建成区面积最小，为 14.01 km^2，上海的建成区面积最大，为 502.43 km^2。然而，2010 年，建成区面积最小和最大的城市分别是西宁和北京，相应面积分别为 50.67 km^2 和 1037.97 km^2。就建成区扩张量而言，西宁的建成区面积增长量最小，相应面积从 1990 年的 37.16 km^2 增长到 2010 年的 50.67 km^2，增长量为 13.51 km^2。研究期内，北京的建成区面积增长最大，相应面积从 1990 年的 415.87 km^2 增加到 2010 年的 1037.97 km^2，增长量为 622.10 km^2。从表 5－4 还可看出，拥有较大经济规模和较高收入城市的建成区面积一般大于其周围城市（欠发达城市）。图 5－6 则相应展示了 1990—2010 年 30 个主要城市建成区面积扩张的空间动态变化。

表 5－4　部分年份主要城市建成区面积（1990 年、2000 年、2010 年）

城市	建成区面积/km^2			城市	建成区面积/km^2		
	1990 年	2000 年	2010 年		1990 年	2000 年	2010 年
北京	415.87	877.80	1037.97	兰州	90.85	92.15	117.86
长春	163.93	180.75	279.32	南昌	53.16	63.37	136.75
长沙	83.21	92.75	168.26	南京	169.62	246.87	583.74
成都	138.36	226.22	608.53	南宁	70.40	128.71	151.83
重庆	129.04	165.08	195.54	上海	502.43	680.33	837.39
福州	75.71	93.46	130.74	沈阳	218.89	228.80	329.74
广州	174.47	313.44	414.53	石家庄	84.77	130.58	151.73
贵阳	64.96	68.67	78.61	太原	176.58	221.52	247.44
哈尔滨	137.40	146.10	190.70	天津	339.14	380.80	542.36
海口	14.01	54.03	67.75	武汉	220.10	243.81	440.63
杭州	91.76	133.11	256.07	乌鲁木齐	185.17	221.70	245.48
合肥	93.36	110.49	247.63	西安	149.23	182.74	210.67
呼和浩特	85.92	124.19	121.23	西宁	37.16	38.93	50.67
济南	111.81	163.32	223.02	银川	32.67	47.35	84.54
昆明	91.48	143.82	243.11	郑州	113.10	163.91	235.29

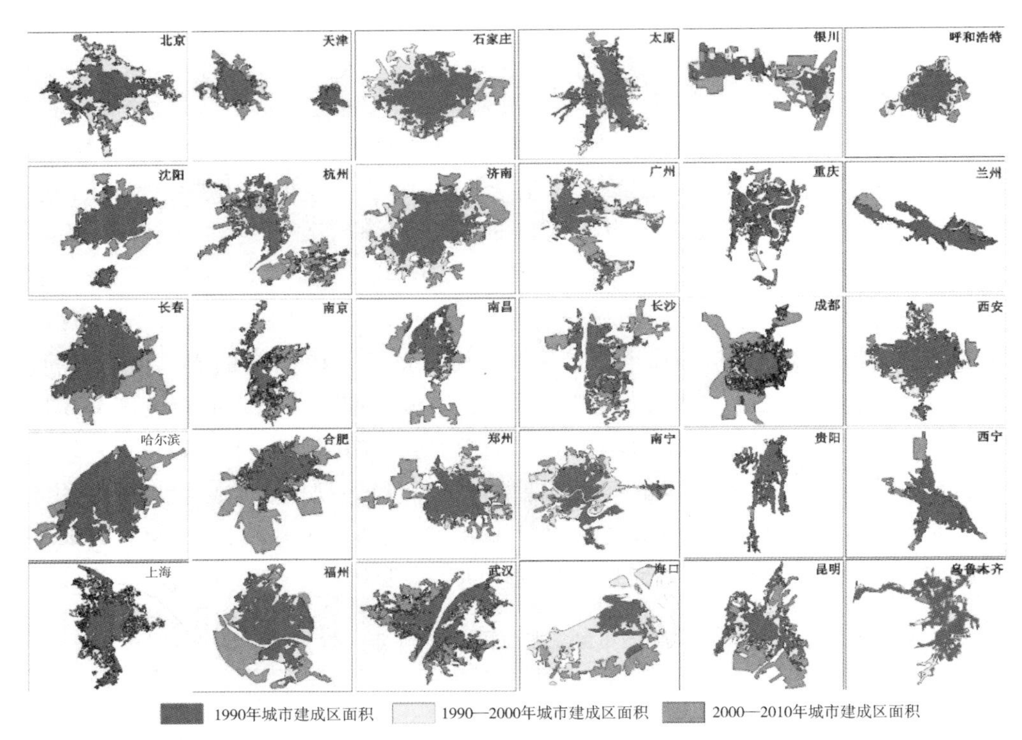

图5－6　部分年份主要城市建成区的空间增长路径（1990年、2000年、2010年）

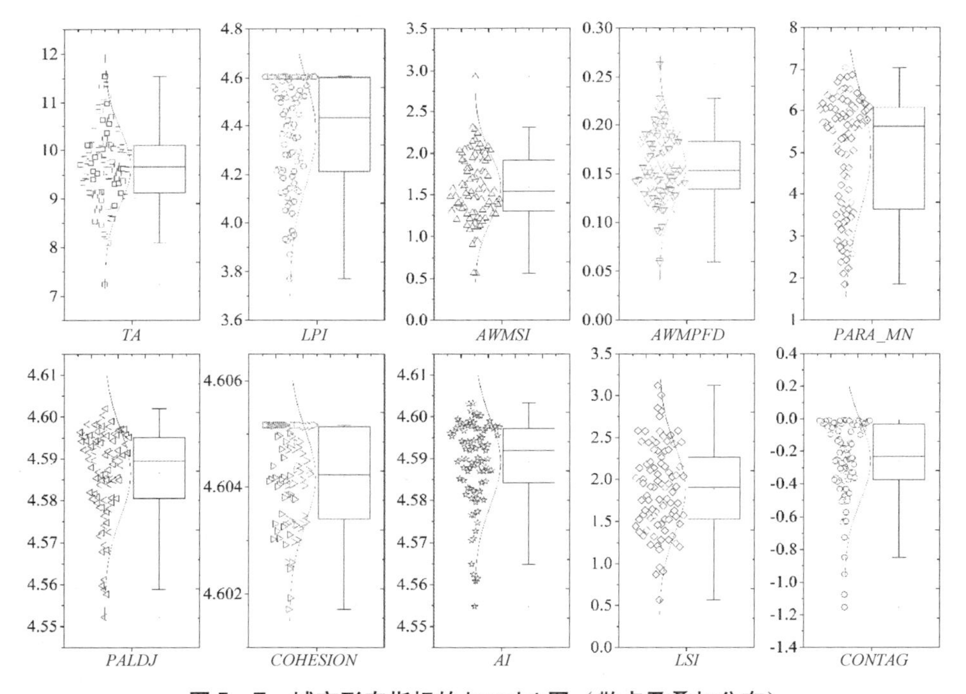

图5－7　城市形态指标的boxplot图（散点及叠加分布）

基于遥感土地利用/覆被数据、城市扩张指数及空间斑块应用，同时借助 FRAGSTATS 软件，本节计算了有关城市形态的 10 个景观指数（*TA*、*LPI*、*AWMSI*、*AWMPFD*、*PARA_MN*、*PALDJ*、*COHESION*、*AI*、*LSI* 和 *CONTAG*）。有计算结果可知，城市形态指标的差异性表现在两个方面：一是不同指标间存在显著差异，表现在增长趋势与大小两个方面；二是同一指标不同城市之间也存在较大差异性，部分城市之间差异尤为明显。为了能更为清晰地观察每个指标的分布情况，本节进一步进行了 Boxplot 分析，如图 5－7 所示。图 5－7 展示了城市形态数据的差异性统计分布，同时展现了其离散度、偏态分布和象限分布（25%、50% 和 75%）等。

5.1.4.3 城市形态对 CO_2 排放的影响估计

在对面板数据进行估计之前，有必要进行多重共线性检测。表 5－5 是变量间的相关性分析。如表 5－5 所示，变量间并不存在很高的相关性，另外，多重共线性较弱，方差膨胀因子（*VIF*）均低于 10（经验判断方法表明：当 $0 < VIF < 10$，不存在多重共线性；当 $10 \leq VIF < 100$，存在较强的多重共线性；当 $VIF \geq 100$，存在严重多重共线性）和条件指数（*CI*）均低于 30，表明变量间不存在严重的多重共线性。

表 5－5 变量间的相关性分析

变量	*TA*	*LPI*	*AWMSI*	*AWMPFD*	*PARA_MN*	*PALDJ*	*COHESION*	*AI*	*LSI*	*CONTAG*
TA	1.000									
LPI	−0.003[a]	1.000								
AWMSI	0.284[a]	−0.081[a]	1.000							
AWMPFD	0.125[a]	−0.147[a]	0.483[b]	1.000						
PARA_MN	0.326[b]	−0.169[a]	0.445[b]	0.410[b]	1.000					
PALDJ	0.426[a]	0.338[a]	−0.604[a]	−0.712[a]	−0.225[a]	1.000				
COHESION	0.340[b]	0.561[b]	−0.101[a]	−0.214[a]	−0.160[b]	0.662[b]	1.000			
AI	0.344[a]	0.350[a]	−0.654[a]	−0.701[a]	−0.260[a]	0.695[b]	0.653[a]	1.000		
LSI	0.242[a]	−0.480[a]	0.583[a]	0.597[a]	0.486[b]	−0.717[b]	−0.504[b]	−0.468[a]	1.000	
CONTAG	−0.355[a]	−0.081[a]	−0.304[a]	−0.244[a]	−0.703[b]	−0.019[a]	−0.143[a]	0.012[a]	−0.211[a]	1.000

注：所有值取对数化处理；a 表示 1% 显著水平，b 表示 5% 显著水平。

首先检测变量的平稳性。面板单位根 LLC 检测表明，变量均在一阶差分（the first difference）显示平稳，以不低于 5% 的显著水平拒绝了原假设。同时，考虑到约束条件 $T > K + 1$，表示每个模型中最多只有一个变量。为了准确估计自变量对因变量的作用，10 个自变量被分别放入 10 个单个模型进行待定系数及显著性估计。由于模型中没有包含滞后项，由于模型中没有包含滞后项，所以可以选择静态面板数据模型。另外，Hausman 检测发现，所有模型Ⅰ—模型ⅠX 都拒绝了原假设随机效应模型，所以，动态效应模型更适合探测城市形态对 CO_2 排放的作用。表 5 - 6 是面板数据模型的估计结果。模型估计结果凸显了城市形态与 CO_2 排放的几种相关性，同时也说明了城市形态与 CO_2 排放关系的本质特性可以在主要城市尺度得到揭示。对于模型估计结果而言，本节只讨论显著性不低于 5% 水平的变量，包括 *TA*、*COHESION*、*AI*、*CONTAG*、*AWMSI*、*AWMPFD* 和 *LSI*。

模型Ⅰ关注的是城市扩张（*TA*）对 CO_2 排放的影响。理论假设上，城市扩张对 CO_2 排放起正向作用，这也与模型估计的结果刚好一致（表 5 - 6）。自改革开放以来，我国城市发展迅速，相应的 30 个主要城市的城市化水平也得到了较快发展。这些现象导致了几个效应：第一，城市较快扩张，增加了居住、基础设施建设等的面积，相应地减少了植被覆盖率，进而降低了碳汇。碳汇降低既不利于碳储存，还导致了环境变化，如城市热岛和全球变暖效应。第二，30 个城市城市化的快速发展使成千上万的劳动力从乡村转移到城市。这些转移增加了城市能源的供应和需求，进而增加了 CO_2 排放。此外，城市人口过快的增长会大幅度提高城市的日常消费（日常生活、工作），从而刺激了消费品的工业化生产和消费，使 CO_2 排放进一步增加。因此，毋庸置疑，本节的发现则证实了城市扩张与 CO_2 排放呈正相关性，在短期内，城市增长会带来 CO_2 排放的进一步增加。

其余的城市形态指标（景观指数）可大致概括为两个方面（Bereitschaft and Debbage，2013）：城市连续性（urban continuity）和城市形态复杂性（urban shape complexity）。城市连续性包括 *COHESION*、*AI* 和 *CONTAG* 3 个指数；城市形态复杂性涵盖 *AWMSI*、*AWMPFD* 和 *LSI* 3 个指数。

城市连续性在一定程度上揭示了城市景观的集聚度和连接度。较高的城市连续性预示着较低的城市区域离散度（less scatter），从而显示城市发展更紧凑。也可以说，城市连续性越高，城市用地紧凑性越高。具有较高集聚度和连接度的城市发展往往会缩短人们的通勤距离。正如前文所描述一样，*COHESION* 指数测算的是城市连接度（connectedness），*AI* 和 *CONTAG* 测度的是城市集聚度（aggregation）。通常，*COHESION*、*AI* 和 *CONTAG* 的值越低，表示城市发展越紧凑。从表 5 - 6 发现，变量 *COHESION*、*AI* 和 *CONTAG* 都和 CO_2 排放呈负相关。本节的这一发现和其他研究者的结论较为一致。例如，Bereitschaft 和 Debbage（2013）以美国 86 个大都市地区为例，发现城市的连续性越高，CO_2 排放水平越低。相似的，Ou 等（2013）发现集聚和连续性的城市扩张与 CO_2 排放呈正相关。另外，以北京为例，Wang 等（2014）发现分散化的城市形态促进交通 CO_2 排放的增加。大部分相似研究都认为，紧凑的城市用地会导致相对较少私家车、更短的出现距离、更高效的城市管理、更高的城市土地利用强度和更少的能源消费。本节的研究发现，较为紧凑和连续性的城市地区对大城市降低 CO_2 排放、实现可持续

发展非常有效。研究结论同样也可为城市规划者倡导低碳城市规划和空间优化提供指导和借鉴意义。

城市形态复杂性被用来检测城市形态特别属性（如边界、景观形状等）与 CO_2 排放的潜在关系。城市形态复杂性是用来测度城市边界形状的规则性和参差度。通常，城市形态复杂性越高，城市景观越不规则。拥有复杂、不规则边界而相对较松散的城市区域通常会导致较高的 CO_2 排放。如表5－6所示，变量*AWMSI*、*AWMPFD*和*LSI*都与 CO_2 排放呈正相关。*AWMSI*通常用来表示根据斑块面积计算城市斑块复杂性进而表示景观结构。*AWMPFDI*测算城市斑块的不规则性，用来表示城市的无序扩张。如果分形维数越高，城市形态复杂性就越高。*LSI*用来表示城市景观的几何复杂性。*AWMSI*、*AWMPFD*和*LSI*的估计结果表明，随着30个主要城市呈现较为复杂和不规则性的空间模式，CO_2 排放逐步增加。这种不规则性在一定程度上可能增加了交通的通勤距离。综上所述，城市形态复杂性与 CO_2 排放呈显著性关系。

表5－6　面板数据模型估计结果

模型	自变量	系数	截距	R^2	*F*统计	*P*（*F*统计）	*AIC*	*N*
模型Ⅰ	ln*TA*	1.9680[a] （0.1544）	－14.304[a] （1.4923）	0.8885	15.6765	0.0000	1.6248	90
模型Ⅱ	ln*LPI*	0.5297 （1.0212）	2.3826 （4.4688）	0.5837	2.7570	0.0004	2.9426	90
模型Ⅵ	ln*PALDJ*	－0.6372 （0.4504）	5.7113[a] （0.7209）	0.6955	2.8951	0.0002	2.9138	90
模型Ⅶ	ln*COHESION*	－1.4883[b] （0.7190）	6.3454[a] （0.7460）	0.7141	3.1292	0.0000	1.8667	90
模型Ⅷ	ln*AI*	－0.7999[a] （1.2641）	3.6324[a] （0.5801）	0.8508	5.9271	0.0000	2.9241	90
模型Ⅹ	ln*CONTAG*	－2.0580[b] （0.8338）	4.1680[a] （0.2348）	0.8209	3.2210	0.0000	2.8489	90
模型Ⅲ	ln*AWMSI*	0.7876[a] （1.1161）	－3.5645[a] （0.5325）	0.7650	2.4024	0.0000	2.3706	90
模型Ⅳ	ln*AWMPFD*	0.9617[a] （1.7383）	－4.4223[a] （0.8004）	0.8246	5.1750	0.0000	2.5292	90

续上表

模型	自变量	系数	截距	R^2	F统计	P（F统计）	AIC	N
模型Ⅴ	ln*PARA_MN*	0.1971 (0.1515)	3.7132[a] (0.7646)	0.5934	2.8705	0.0002	2.9188	90
模型ⅠX	ln*LSI*	0.9889[b] (0.3902)	-4.5631[a] (0.7411)	0.8288	3.2471	0.0000	2.8438	90

注：括号内为Robust标准误差；a表示1%显著水平，b表示5%显著水平，c表示10%显著水平。

5.2 城市开发强度对CO_2排放的作用机理

改革开放以来，中国城市在取得飞速发展的同时也面临着一系列严峻问题，如城市“三生”空间比例失调（建设用地比重超过了生态宜居警戒线），城市生态环境日益恶化进而产生温室效应、城市热岛等。这些问题严重制约了城市经济的可持续发展。城市开发强度作为城市规划与管理的重要约束指标，可作为城市规划实施效率的评估手段。合理的城市开发强度对当下中国城市发展过程中存在的诸多问题（如温室效应）可提供借鉴和指导意义。首先，本节依据IPCC温室气体排放清单估算了5个大城市（北京、天津、上海、重庆和广州）的能源消费CO_2排放，并分析了CO_2排放的差异性；其次，从6个一级指标（土地开发强度、人口强度、经济强度、基础设施强度、公共服务设施强度和生态环境强度）评估了5个大城市的城市开发强度，并对各个相关指标进行了贡献率分析，从而确定城市开发强度的重要影响方面；最后，基于面板数据模型，解析了城市开发强度对CO_2排放的作用机理。

5.2.1 能源消费CO_2排放估算

本节选用5个大城市（北京、天津、上海、重庆和广州）作为研究区，其中北京、天津、上海和重庆是直辖市，广州是省会城市。这5个城市是我国最发达的城市；2011年，人口9915万，占全国总人口的7.36%；经济总量（GDP）69187.1亿元，占全国经济总量的14.62%。具体来说，北京是中华人民共和国的首都、直辖市和国家中心城市，也是中国的政治、文化中心，中国经济的决策和管理中心，位于华北平原的北部，毗邻天津市和河北省，面积为16410.54平

方千米，下辖16个区县，2011年常住人口为2019万，GDP为16251.9亿元。天津紧邻北京，位于华北平原西北部，面积为11900平方千米，下辖18个区县，2011年常住人口为1355万，GDP为11307.3亿元。上海是中国的经济、金融中心，地处长江入海口，面积为6200平方千米，2011年常住人口为2347万，GDP为19195.7亿元。重庆位于中国西南部，是长江上游地区的经济中心，面积为82300平方千米，2011年常住人口为2919万，GDP为11011.4亿元。广州坐落于珠江三角洲地区，是中国南方最大的城市，面积为7434.40平方千米，2011年常住人口为1275万，GDP为12423亿元。

目前，这5个城市在人口、土地和经济方面正在较快地发展。众所周知，快速发展离不开能源、土地、空间和自然资源的巨大消耗，而发展本身会给城市环境带来巨大压力（特别是温室效应）。正因如此，有必要厘清 CO_2 排放的影响因素，从而达到减少温室气体排放的目的。本章选择5个大城市来进一步探测城市开发强度对 CO_2 排放的作用机理，旨在提高节能减排效率。

考虑研究尺度和数据可得性，本节依据IPCC温室气体排放清单编制方法进行能源消费 CO_2 排放估算（具体见3.1）。图5-8是部分年份5个城市 CO_2 排放的估算结果。从图5-8可看出，每个城市的 CO_2 排放总量都是逐步增加的，2005年之前，CO_2 排放呈稳定增长态势，2005年之后，CO_2 排放增长相对较快。在这5个城市中，上海的 CO_2 排放总量最大，明显高于其他4个城市；CO_2 排放总量具体从1995年的9342万吨逐步增长到2011年的24221.87万吨，年平均增长率为5.76%。2000年之前，广州的 CO_2 排放总量低于其他4个城市，而2000年之后，排放量高于天津和重庆。2011年，天津、广州和重庆的 CO_2 排放总量相当。图5-9是5个城市部分年份 CO_2 排放的统计分布图。

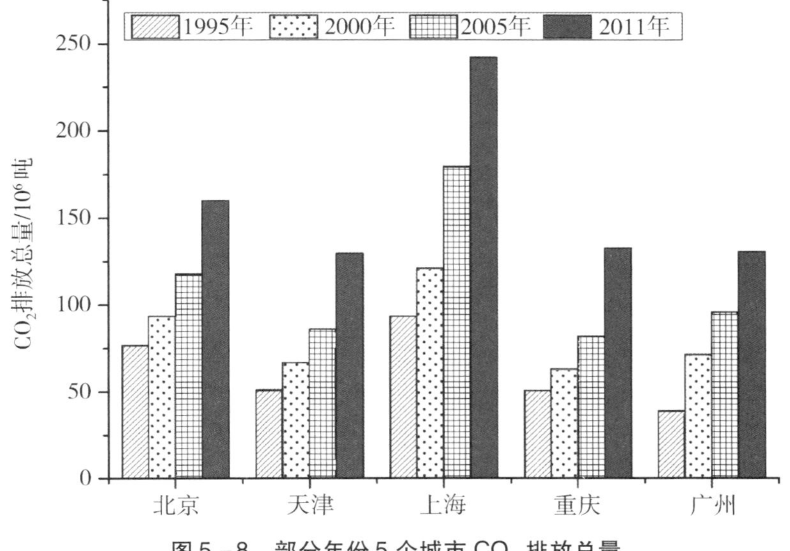

图5-8 部分年份5个城市 CO_2 排放总量

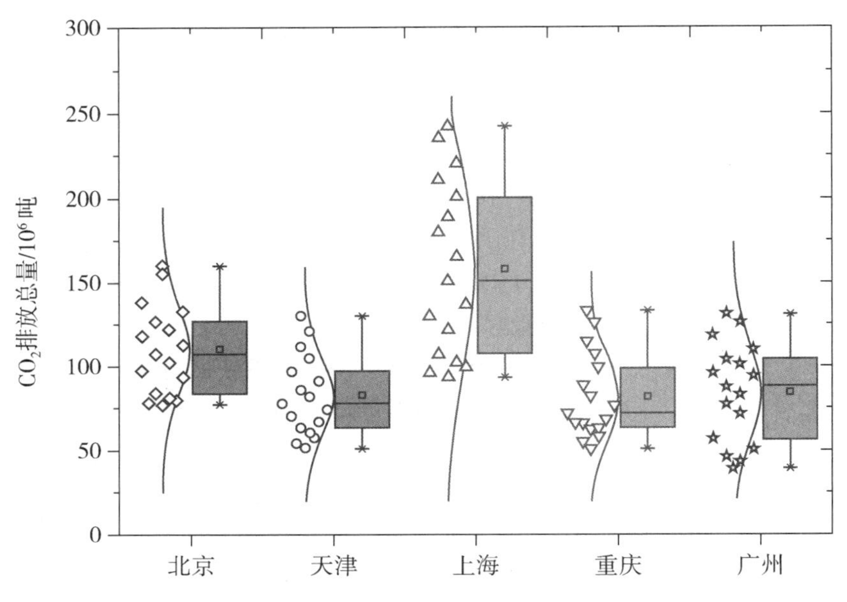

图5－9　主要年份5个城市CO_2排放统计性分布

5.2.2　城市开发强度

5.2.2.1　无量纲化处理

本节的数据来源于《中国城市统计年鉴》《中国城市建设统计年鉴》和相关各地市统计年鉴。通过以下两个方程式对所需数据进行无量纲化处理，以消除单位影响。正向指标：

$$r_{ij} = (X_{ij} - \min\{X_j\})/(\max\{X_j\} - \min\{X_j\}) \tag{5-5}$$

负向指标：

$$r_{ij} = (\max\{X_j\} - X_{ij})/(\max\{X_j\} - \min\{X_j\}) \tag{5-6}$$

式中：i为年份；j为指标序号；X_{ij}为指标数据原始值；r_{ij}为标准化值；$\max\{X_j\}$和$\min\{X_j\}$分别为第j指标的最大值和最小值。当指标值为正向作用时，即所用指标的值越大越好时，采用公式（5－5），当指标值为逆向作用时，即所用指标的值越小越好时，采用公式（5－6），经过这样的处理，所有的指标值都会在［0，1］范围内。

5.2.2.2　城市开发强度指标体系构建

为了准确评价5个城市的开发强度，在设置评价指标体系时，借鉴相关研究成果（方创琳等，2008；Wang et al，2014；黄永斌等，2014），综合相关系数和显著水平，按照目的科学性原则、系统整体性原则、层次性原则和定性与定量结合原则，结合5大城市的实际情况，最后形成了由土地利用强度（*LUI*）、人口强

度（*PI*）、经济强度（*EI*）、基础设施强度（*II*）、公共服务设施强度（*PSI*）和生态环境强度（*EEI*）6 个一级指标，市区开发利用强度、用地利用率等 32 个基础指标所构成的城市开发强度的综合指标体系（表 5 – 7）。

表 5 – 7　城市开发强度综合评价指标及权重

一级指标	权/%	基础指标	描述	权重/%
土地利用强度/*LUI*	29.973	市区开发利用强度/%	建成区面积/市区面积	4.036
		用地利用率/%	城市建设用地面积/建成区面积	5.387
		居住用地占比/%	居住用地面积/建成区面积	6.25
		生产用地占比/%	（公共设施用地 + 工业用地 + 仓储用地）面积/建成区面积	4.405
		基础设施用地占比/%	（对外交通用地 + 市政设施用地 + 道路广场用地）面积/建成区面积	7.533
		土地利用结构熵	城市土地利用结构特征	2.362
经济强度/*EI*	16.276	人均 GDP/（万元/人）	GDP/市区总人口	4.119
		第二产业产值占 GDP 比重/%	第二产业产值/GDP	1.582
		第二产业从业人员比重/%	第二产业从业人员数/单位从业人员数	0.629
		经济增长弹性/%	GDP 增长率/城市建设用地面积增长率	1.837
		单位面积投入强度/（万元/km^2）	固定资产投资总额/市区面积	3.396
		单位面积产出强度/（万元/km^2）	GDP/市区面积	4.713
人口强度/*PI*	16.763	市区人口密度/（人/km^2）	市区人口/市区面积	4.333
		建成区人口占市区人口比重/%	（建成区人口 + 建成区暂住人口）/市区人口	2.481
		人口就业密度指数/%	单位从业人员/市区面积	3.887
		人口增长弹性/%	（建成区人口 + 建成区暂住人口增长率）/城市建设用地面积增长率	4.038
		居住人口密度/（人/km^2）	非农业人口/居住用地面积	2.024

续上表

一级指标	权/%	基础指标	描述	权重/%
基础设施强度/*II*	11.399	人均道路面积/m^2	市区道路面积/（建成区人口+建成区暂住人口）	1.176
		建成区路网密度/（km/ km^2）	市区道路长度/市区面积	4.509
		道路广场用地占比/%	道路广场用地/建成区面积	2.392
		市政用地占比/%	市政用地/建成区面积	0.716
		排水管道密度/（km/ km^2）	建成区排水管道长度/建成区面积	0.441
		对外交通用地占比/%	对外交通用地/建成区面积	0.808
		基础设施运营成本/%	城市维护建设资金/（建成区人口+建成区暂住人口）	1.357
公共服务设施强度/*PSI*	16.592	教育服务设施占比/%	教育服务设施/建成区面积	4.019
		医疗服务设施占比/%	医疗服务设施/建成区面积	3.308
		人均公共服务设施用地/%	公共服务设施/（建成区人口+建成区暂住人口）	4.122
		公共管理与公共服务用地/%	公共管理与公共服务用地/建成区面积	2.993
		公共设施运用成本/（万元/人）	城市维护建设资金/（建成区人口+建成区暂住人口）	2.150
生态环境强度/*EEI*	8.996	人均公共绿地面积/m^2	建成区公园绿地面积/（建成区人口+建成区暂住人口）	1.307
		建成区绿化覆盖率/%	建成区绿化覆盖面积/建成区面积	1.628
		建成区绿地率/%	建成区绿地面积占建成区面积的比率	3.859
		人均可利用水资源量/m^3	可利用水资源量/（建成区人口+建成区暂住人口）	2.202

注：土地利用结构熵为 $H = -\sum_{i=1}^{N} P_i \log P_i$，$N$ 为用地类型数，P_i 为各类用地面积比重（陈彦光，刘继生，2001；黄永斌等，2014）；建成区人口占市区比重为（建成区人口+建成区暂

住人口）/市区人口，因建成区人口、建成区暂住人口与市区人口的数据获取来源不同，为保证计算前提一致，而用市区非农业人口代替；生活垃圾无害化处理率为生活垃圾无害化处理量/生活垃圾产生量，但生活垃圾产生量不易取得，这里用生活垃圾清运量代替。［资料来源：黄永斌等（2014）和 Wang 等（2014）］。

5.2.2.3　城市开发强度指标体系评价

经过对指标体系标准化后，需对指标进行确权。本节选择熵值法（Li et al, 2012）对城市开发强度指标进行确权分析。熵值法确权的具体步骤如下：

计算第 i 个指标第 j 个年份指标值的比重：

$$X_{ij} = r_{ij} / \sum_{i=1}^{n} r_{ij} \tag{5-7}$$

计算指标信息熵：

$$e_j = -\frac{1}{\ln n} \sum_{i=1}^{n} X_{ij} \times \ln X_{ij} (0 \leqslant e_j \leqslant 1) \tag{5-8}$$

信息冗余度：

$$f_j = 1 - e_j \tag{5-9}$$

指标权重计算：

$$w_j = f_j / \sum_{j=1}^{m} f_j \tag{5-10}$$

单个指标评价值：

$$Y_{ij} = w_j \times r_{ij} \tag{5-11}$$

第 j 年指标综合值：

$$Y_i = \sum_{j=1}^{m} Y_{ij} \tag{5-12}$$

根据每个城市的社会经济数据，城市开发强度被分为 6 个一级指标和 32 个基础指标，其通过熵值法确权的结果如表 5－7 所示。通过计算，每个一级指标综合如图 5－10 所示。从图 5－10 可看出，5 个城市部分年份 6 个城市的城市开发强度一级指标的变化情况。指标值变化基本符合历年增加趋势，但部分城市的个别指标存在波动性变化。

5.2.3　计量经济模型

由于本节是探讨城市开发强度对 CO_2 排放的作用机理，为了定量化研究，本节运用了面板单位根检验、面板协整检验和面板回归等模型。操作步骤如下：面板单位根模型检验变量稳定性；如果变量平稳，则面板协整模型检验其协整性；如果变量协整，则可进行回归分析。进行模型检验之前，首先对变量进行对数化处理，以消除量纲和数量级的影响。由于面板单位根检验和面板协整检验在前面

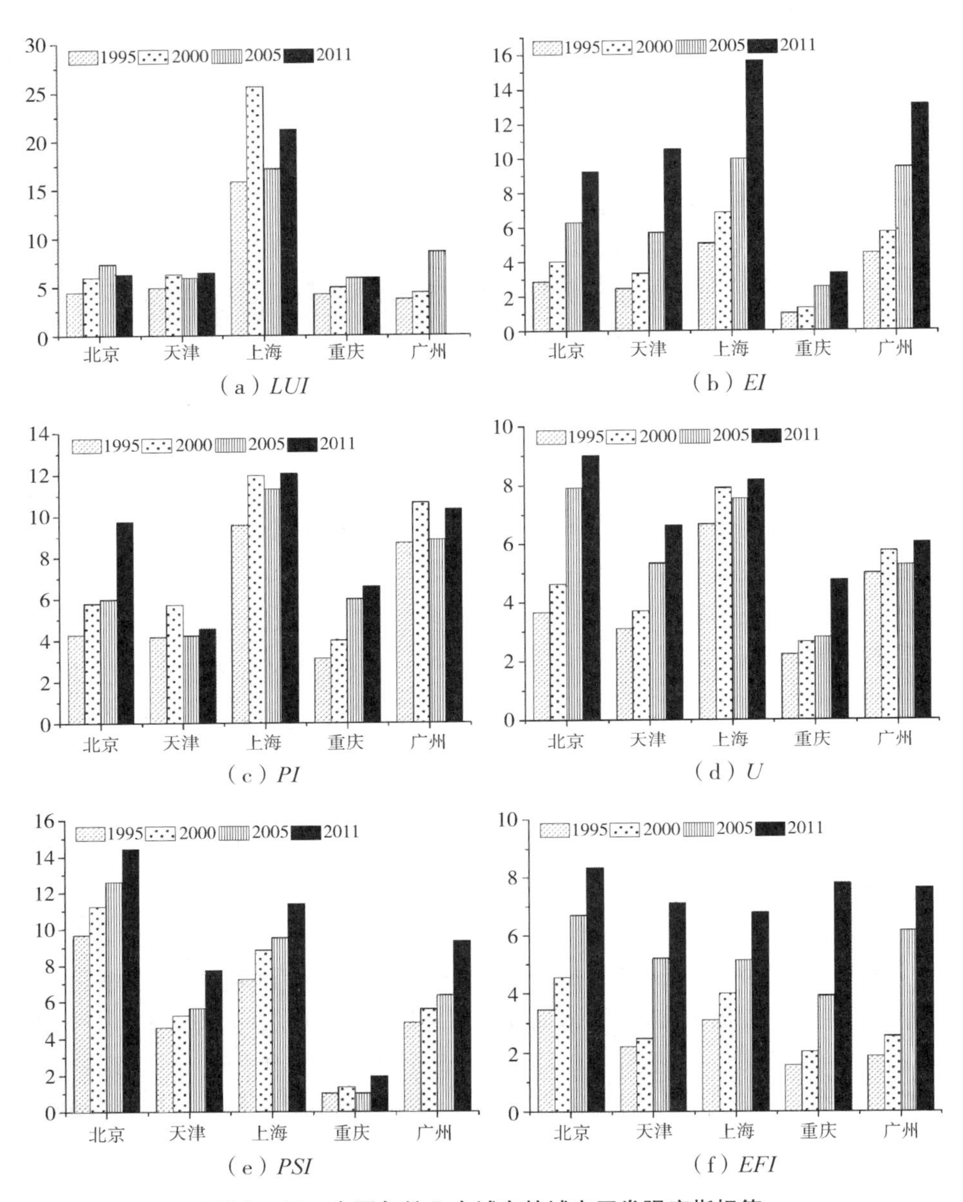

图 5-10 主要年份 5 个城市的城市开发强度指标值

的章节中已经介绍过，这里就不再加以详细说明，下面将重点介绍面板回归模型。

回归分析一般需要 3 个步骤：一是确定模型的影响形式（固定效应或随机效应）；二是要确定模型形式（混合、变截距或变系数）；三是选择估计方法。3 步完成以后就可以进行模型的设定与估计。首先来看模型影响形式：一般而言，面板数据模型可用固定效应（fixed effect）和随机效应（random effect）估计方法，

即如果选择固定效应模型，则利用虚拟变量最小二乘法（LSDV）进行估计，如果选择随机效应模型，则利用可行的广义最小二乘法（FGLS）进行估计。它可以极大限度地利用面板数据的优点，尽量减少估计误差。至于究竟是采用固定效应还是随机效应，则要看 Hausman 检验的结果。

其次是确定模型形式。面板数据模型根据常数项和系数向量是否为常数，分为 3 种类型，即混合回归模型（都为常数）、变截距模型（系数为常数）和变系数模型（皆非常数）。

混合模型：

$$y_{it} = \alpha + x_{it}\beta + u_{it}; i = 1,2,\cdots,N; t = 1,2,\cdots,T \tag{5-13}$$

变截距模型：

$$y_{it} = \alpha_i + x_{it}\beta + u_{it}; i = 1,2,\cdots,N; t = 1,2,\cdots,T \tag{5-14}$$

变系数模型：

$$y_{it} = \alpha_i + x_{it}\beta_i + u_{it}; i = 1,2,\cdots,N; t = 1,2,\cdots,T \tag{5-15}$$

判断一个面板模型究竟属于哪种模型，用 F 统计识别：

$$F_1 = \frac{(s_2 - s_1)/[(N-1)k]}{s_1/[NT - N(k+1)]} \sim F[(N-1)k, N(T-k-1)] \tag{5-16}$$

$$F_2 = \frac{(s_3 - s_1)/[(N-1)k+1]}{s_1/[NT - N(k+1)]} \sim F[(N-1)(k+1), N(T-k-1)] \tag{5-17}$$

来检验一下两个假设：

$$\begin{aligned} &H_1: \beta_1 = \beta_2 = \cdots = \beta_N \\ &H_2: \alpha_1 = \alpha_2 = \cdots = \alpha_N; \beta_1 = \beta_2 = \cdots = \beta_N \end{aligned} \tag{5-18}$$

其中，s_1、s_2、s_3分别为变系数模型、变截距模型和混合模型的残差平方和；K 为解释变量的个数；N 为截面个体数量；α 为常数项；β 为系数向量。若计算得到的统计量 F_2 的值小于给定显著性水平下的相应临界值，则接受假设 H_2，采用混合模型。反之，则需用 F_1检验假设 H_1，如果计算得到的 F_1值小于给定显著性水平下的相应临界值，则认为接受假设 H_1，用变系数模型，否则采用变系数模型。此外，一般来说，用样本数据推断总体效应，应用随机效应回归模型；直接对样本数据进行分析，采用固定效应回归模型。

5.2.4 城市开发强度对 CO_2 排放的作用机理

5.2.4.1 面板单位根检验

一般协整检验前要检验面板数据是否存在单位根，以检验数据的平稳性，避免伪回归或虚假回归，确保估计的有效性。表 5－8 是面板单位根的估计结果。从表 5－8 可以看出，所有变量在原序列时都不平稳；然而，所有变量在一阶差

分时都以不低于10%的显著性拒绝了原假设，表现出了平稳性。因此，所有变量都属于一阶平稳。所以，下面将可继续用协整检验来探测6个城市开发强度指标与CO_2排放的关系。

表5-8　面板单位根检验结果

变量	水平		一阶差分	
	截距	截距与趋势项	截距	截距与趋势项
Levin-Lin-Chu 检测（common root）				
CE	12.9378	4.41233	-1.46214[c]	-2.83096[a]
LUC	0.33805	0.22721	-1.54670[c]	-2.65042[a]
EC	6.87839	0.14793	-0.95827	-1.93016[b]
PC	0.70351	-0.09154	-1.04814	-1.49301[c]
IC	0.63502	-0.06030	-0.36956	-1.30151[c]
PSC	1.27571	0.22467	-0.47938	-1.91908[b]
EEC	8.69490	-0.80649	-0.06397	-1.45938[c]
ADF-Fisher 检测（individual root）				
CE	0.11662	6.0196	10.2911	19.4528[b]
LUC	5.19095	3.79862	9.05595	18.2382[c]
EC	0.55045	11.7151	18.5390[c]	20.7037[a]
PC	2.53454	6.83594	13.2216	18.6084[b]
IC	2.75437	11.6403	19.8850[b]	20.3855[a]
PSC	0.49976	6.44727	18.7228[c]	21.7703[a]
EEC	1.38909	11.8268	16.1978	18.0428[c]

注：a表示1%显著水平，b表示5%显著水平，c表示10%显著水平。

5.2.4.2　Pedroni面板协整检验

面板协整检验是检验模型变量之间是否存在长期稳定的关系，其前提是解释变量和被解释变量在面板单位根检验时为同阶单整。Pedroni面板协整检验有3种假设项：无确定性趋势项、确定性截距和趋势、无确定性截距和趋势。本节采用全部3种假设项进行估计。表5-9是Pedroni面板协整检验的结果。在前2个假设下，有6个统计量拒绝了原假设；在第三个假设下，有7个拒绝了原假设，然而每个统计的显著性也各有差异。根据已有研究表明，面板ADF-统计要比尺度内其他3个统计量和尺度间其他2个统计量具有更好的功效。表5-9显示，面板ADF-统计在1%显著水平下都拒绝了原假设。所以，Pedroni面板协整检验表明，*LUC*、*EC*、*PC*、*IC*、*PSC*和*EEC*和CO_2排放之间存在长期相关关系。

表 5 -9 Pedroni 面板协整检验结果

趋势假设	无确定性趋势项	确定性截距和趋势	无确定性截距和趋势
备择假设：common AR 系数（尺度内）			
面板 v - statistic	-0.59884	-0.80353	-1.54457[c]
面板 rho - statistic	2.54663	5.33893	1.25541
面板 PP - statistic	-2.85745[a]	-3.67352[b]	-4.32105[a]
面板 ADF-statistic	-3.67322[a]	-4.07726[a]	-4.34667[a]
面板 v - statistic（weighted）	-0.43258	-0.17624	-1.54521
面板 rho - statistic（weighted）	1.86373	3.56538	1.67772
面板 PP - statistic（weighted）	-3.11992[a]	-2.67523[a]	-1.84323[a]
面板 ADF-statistic（weighted）	-4.42469[a]	-3.67654[a]	-2.80829[a]
备择假设：individual AR 系数（尺度间）			
组 rho - statistic	5.95616	6.03457	4.33234
组 PP - statistic	-4.37860[a]	-2.73178[a]	-2.70429[a]
组 ADF-statistic	-5.48345[a]	-3.78211[b]	-4.53627[a]

注：滞后期根据 SCI 准则自动获取；Newey - West 带宽根据 Bartlett kernel 选择；a表示 1% 显著水平，b表示 5% 显著水平，c表示 10% 显著水平。

5.2.4.3 城市开发强度对 CO_2 排放的作用机理

由以上分析可知，变量间存在协整关系。鉴于此，本节建立面板回归模型来定量探测城市开发强度对 CO_2 排放的影响。首先，鉴于约束条件 $T>k+1$ 和 $T=4$，所以 k 的最大值为 2，表示每个模型中最多只有 2 个变量。因此，6 个变量可划分为 3 组：① *LUC* 和 *EC*（模型 1）；② *PC* 和 *IC*（模型 2）；③*PSC* 和 *EEC*（模型 3）。

其次，运用 Hausman 检验模型的影响形式。原假设是 3 个模型都为随机效应模型。表 5 - 10 是 Hausman 检验结果。如表 5 - 10 所示，3 个模型的 *P* 值都低于 5% 的显著水平，拒绝了原假设随机效应模型。所以，3 个模型的影响形式都是固定效应模型。在确定模型的影响形式之后，将利用 *F* 检验确定模型形式。表 5 - 11 是 *F* 检验结果。如表 5 - 11 所示，对于模型 1 而言，在 5% 的显著水平下，F_2 大于 $F_{0.05}$（12，5），表明拒绝了 H_2；另外在 5% 的显著水平下，F_1 小于 $F_{0.05}$（8，5），表明接受了 H_1。所以，模型 1 的形式是变截距模型。同样的方法被用来测算模型 2 和模型 3，结果显示，模型 2 和模型 3 都是变截距模型，如表5 - 11 所示。

表5-10 Hausman 检验结果

模型	卡方统计	P值	模型的影响形式
模型1	14.163054	0.0008	固定效应
模型2	16.645515	0.0004	固定效应
模型3	9.941750	0.0069	固定效应

表5-11 F检验结果

F-检验	模型1	模型2	模型3
假设H_2	$F_{0.05}$（12，5）<5.2543	$F_{0.05}$（12，5）<6.7762	$F_{0.05}$（12，5）<5.3483
假设H_1	$F_{0.05}$（8，5）>1.5451	$F_{0.05}$（8，5）>2.0258	$F_{0.05}$（8，5）>2.6635

表5-12是面板模型系数估计结果。如表5-12所示，土地利用强度（*LUI*）、经济强度（*EI*）、人口强度（*PI*）、基础设施强度（*II*）和公共服务设施强度（*PSI*）都与CO_2排放呈正相关，而其中相关关系作用最大的为土地利用强度（*LUI*）；相反，生态环境强度对CO_2排放起抑制作用，表现出明显的负相关性。

正如预期，土地利用强度对CO_2排放表现出明显的促进作用。随着过去10多年经济的快速发展，5个城市也经历了较快发展。快速的城市扩张，造成的不单单是建设用地增加、能源消费过快，而且自然裸露地表面积逐步降低，相应的土地的碳汇通量也在下降。这两种情景都会导致CO_2排放的增加。所以，正如预期，土地利用强度与CO_2排放呈正相关。

在观察期内，经济强度对CO_2排放有正向影响。CO_2排放的增长一部分原因是由经济持续增长造成的，这点具有共识性。通常，随着经济的增长，城市地区主导着能源消费和由此带来的CO_2排放。在城市地区，较高的经济强度意味着较高的经济产出和人均产出（收入）。通常，能源是经济增长的必要条件，而CO_2排放是能源消费的附属品（非预期产出）。所以，较快的经济增长势必带来CO_2排放的快速增加。也许，到经济发展达到一定程度时，CO_2排放反而与经济强度呈负相关。

同样，在观察期内，人口强度对CO_2排放也有正向影响。如表5-12所示，人口强度包括了人口密度（权重=4.333%）和非农业人口比重（权重=2.024%）。随着城市化水平的提高，城市人口数量的增加势必直接导致生活、生存空间的降低，从而导致人口强度增加。另外，人口强度的增加也相应反映了经济水平和消费水平，在一定程度上增加了CO_2排放。

面板模型估计系数表明（表5-12），基础设施强度和公共服务设施强度也与CO_2排放呈正相关。如果基础设施强度和公共服务设施强度指标增长，则建设

用地也将相应增加。然而，如果在限定城市地区内，高强度的建设用地面积比例势必会造成更多的 CO_2 排放。究其原因，则是当城市人口或城市移民大量增加时，城市地区的基础设施和公共服务设施势必增加，势必直接或间接增加 CO_2 排放。比如，北京为了大量外来人口的生活而同时要保持城市居民的生活建设了大量的基础设施和公共服务设施。

也正如预期，生态环境强度对 CO_2 排放呈负相关。作为生态因素，生态环境强度在一定程度上对 CO_2 排放起抑制作用。这种作用可能来自两个方面：一是城市绿地系统是城市地区的自然碳汇，所以，提高自然碳汇的作用在一定程度上可以达到节能减排的作用；二是城市绿地系统可以通过合理布局和作用直接降低 CO_2 排放。根据相关研究表明，城市绿地系统的合理布局在降低 CO_2 浓度方面的作用可能大于其自身碳汇作用，而生态环境强度越高，这种效应就相应越明显。因此，提高生态环境强度可以对 CO_2 排放起抑制作用。

表 5－12　面板模型系数估计结果

变量	模型 1	模型 2	模型 3
LUC	1.355955[b]（1.943584）		
EC	0.627435[b]（0.384203）		
PC		0.727857[a]（0.667721）	
IC		0.600483[b]（0.354955）	
PSC			0.592710[a]（0.932750）
EEC			－1.044352[b]（－1.012643）
截距	4.559427[a]（6.912855）	6.603120[a]（4.434457）	10.176483（8.974360）
R^2	0.967247	0.864550	0.959357
F 统计量	38.91432	42.97607	30.85683
P 值	0.000000	0.000000	0.000000

注：a 表示 1% 显著水平，b表示 5% 显著水平。

5.3　小结与政策启示

对于全球变暖、大气中 CO_2 浓度增加，城市及城市地区负有不可推卸的责任。近年来，有关学者逐步认识到城市形态具有能够通过降低 CO_2 排放从而应对全球气候变化的贡献。所以，采取恰当的城市规划与空间优化措施对降低 CO_2 排放、应对人为气候变暖有非常重要的意义。尽管如此，有关城市形态对 CO_2 排放

作用机理的研究还相对较少。为了进一步揭示大城市空间快速增长对CO_2排放的作用机理，本章旨在通过定量的方法和数据（遥感和经济社会）来探测城市形态指标与CO_2排放的关系。

面板参数估计表明，城市形态每个指标对CO_2排放都呈现出了重要但具有差异性的作用。为了能较为清晰地解释城市形态对CO_2排放的作用机理，10个景观指数被大致分为3类：城市扩张（*TA*）、城市连续性（*COHESION*、*AI*、*CONTAG*）和城市形态复杂性（*AWMSI*、*AWMPFD*、*LSI*）。城市扩张促进CO_2排放，一是因为其降低了碳汇而增加了能源消费，二是其通过城市化过程吸引了成千上万人集中到城市地区，人们生活方式的改变势必增加CO_2排放。城市连续性（紧凑性）与CO_2排放呈负相关，适度的土地混合使用和密集开发的策略在一定程度上抑制了CO_2排放，表明紧凑城市能有效降低城市CO_2排放。相反，城市形态复杂性与CO_2排放呈正相关，表明破碎、不规则的土地利用模式影响了土地资源高效利用和城市精致发展，其在一定程度上促进了CO_2排放。

本章的研究发现丰富了已有研究，具有一定的理论和政策启示。鉴于城市地区对全球气候的变化的重要作用，在快速城市化背景下，本章分析了城市形态指数对CO_2排放的作用机理。不同的景观指数对CO_2排放的作用各不相同，为了能有效地制定CO_2减排政策，未来的城市规划应该着重考虑不同城市形态所起的减排作用。然而，经济增长是政府追求政绩的首要目的，而城市是经济增长的核心区，限制城市发展则会降低经济增长。所以，城市政府面临双重挑战与压力：稳定经济增长和降低CO_2排放。虽然降低能源消费量和提高能源利用效率能有效直接降低CO_2排放，但能源消费是现阶段中国经济增长的主要动力之一，所以，以牺牲经济从而达到降低CO_2排放的做法是不可取的。再加上中国的能源技术设备及管理还相当的落后，在节能减排方面仍存在技术瓶颈，所以，从以上两方面达到减排目的面临挑战。但本章的研究表明，除了降低能源消费量和提高能源利用效率外，通过城市规划与管理同样可以起到一定程度的节能减排作用。在此背景下，正确理解城市形态对CO_2排放的作用机理，能为决策部门制定减排政策提供依据。同时，规划者需了解，紧凑城市在节能减排方面效果更好。此外，本章发现，通过城市规划和空间组织优化倡导合理的城市开发强度对CO_2排放会起到抑制效果。所以，城市规划者和政策制定者在制定未来规划时应考虑城市开发强度的作用。第一，倡导合理的土地利用强度；第二，提倡优生优育，适当控制城市人口规模，进而控制人口密度；第三，以经济增长为单一目标的发展模式是不可取的；第四，合理控制基础设施和公共服务设施强度；第五，提高生态环境强度。通过以上分析，合理控制城市开发强度有助于CO_2减排。

6 城市化进程中 CO_2 排放绩效的核算

随着国际社会对气候变化问题的日益关注，发展低碳经济已成为全球共识。面对国际减排压力，发达国家与发展中国家承担“共同但有区别的责任”。中国作为最大的发展中国家和 CO_2 排放大国，历来重视气候变化问题，承诺降低 CO_2 排放强度以应对全球变暖。然而，由于中国幅员辽阔，各地区经济结构和资源禀赋存在显著差异，部分地区经济增长靠粗放式高碳增长方式，CO_2 排放绩效低，部分地区经济增长源于生产率的提升，CO_2 排放绩效较高。因此，减排政策的制定应充分考虑 CO_2 排放绩效的空间异质性问题。城市群是推进城镇化的主体形态，同时也是中国非均衡发展、实现效率优先的主要空间载体，以城市群为单元研究 CO_2 排放绩效（包括排放强度和排放绩效）及其空间分异，进一步研究减排潜力和影响因素，有助于节能减排政策制定的同时促进低碳城镇化发展。鉴于此，本章首先基于 DMSP/OLS 夜间灯光数据模拟反演了全国 343 个地级城市单元的 CO_2 排放，分析其时空格局和排放类型转移；然后以中国 20 个城市群为研究单元，在核算 CO_2 排放强度和 CO_2 排放绩效的基础上分析城市群的减排潜力；最后基于面板模型分析影响 CO_2 排放绩效的影响因素。本章研究旨在有效提高城市群节能减排效率和实现低碳城市化发展提供理论支撑和政策建议。

6.1 城市尺度 CO_2 排放估算

目前，国际上关于 CO_2 排放的研究主要集中在全球、国家、区域等宏观尺度，城市尺度较少涉及；而国内关于 CO_2 排放的研究也主要集中在全国、区域、省级尺度及部分发达城市，对全国范围内的市级城市尺度 CO_2 排放的相关研究相对匮乏。究其原因，一是我国关于 CO_2 排放的研究主要是基于国家或省市公布的能源及经济社会等统计数据（能源统计年鉴、社会经济统计年鉴、区域投入产出表），而我国的统计数据大多是以国家或省区为单元，市级及更小尺度的统计数据较难收集，部分大城市除外（如北京、天津、广州等）；二是统计数据本身就

存在着数据缺失、数据不全、统计口径不一的缺点，具体表现在不同城市之间统计数据的统计口径、计算方法和统计误差等也存在差异性。以上两点给全面了解中国市级及以下尺度 CO_2 排放情况带来很大限制。因此，分析评估全国范围内城市尺度及城市群尺度的 CO_2 排放需借助新的空间信息获取手段，从而实现城市尺度 CO_2 排放的相关研究。

遥感技术是地理信息技术的一部分，作为现代高新技术的代表之一，遥感技术在国民经济中的作用越来越重要，也逐渐成为全球监测空间信息时空变化的重要渠道，其中遥感数据以其特有的时效性与可获性成为重要的数据源之一。DMSP/OLS（defense meteorological satellite program/operational linescan system）是美国军事气象卫星搭载的传感器。DMSP/OLS 能够有效地探测到城市夜间灯光、火光、渔船灯光等，甚至还可探测到小规模居民地、车流等产生的低强度夜间灯光，是监测人类活动强度的良好数据源（苏咏娴等，2013）。DMSP/OLS 夜间灯光数据内涵丰富，可表征人类活动的广度和强度。国内外已有很多学者将 DMSP/OLS 数据探测城市发展研究（城镇扩张、城市等级结构、城市能耗、城市 GDP 等）、人类活动及效应（人口分布、人口密度模拟、城市化过程等）和生态环境影响（土地利用、污染物排放、自然灾害等）等领域（吴健生等，2014a；苏咏娴等，2013；吴健生等，2014b）。研究表明，自工业革命以来，人类活动产生的 CO_2 排放是全球最主要的碳源，而 DMSP/OLS 夜间灯光数据恰能表征人类活动的广度和强度。因此，DMSP/OLS 夜间灯光数据结合已有的能源消费数据可估算能源消费 CO_2 排放，进而开展缺少统计资料地区的 CO_2 排放的相关研究，以满足研究区数据的完整性。然而，目前利用 DMSP/OLS 夜间灯光数据估算能源消费 CO_2 排放的相关国内外研究主要集中在宏观尺度（全球或国家尺度），微观尺度（市级城市及以下尺度）则较少涉及。

因此，本节首先利用 1992—2010 年 DMSP/OLS 夜间灯光影像，以 TM 遥感影像分类结果为验证，精确提取全国地级城市的建成区，结合 30 个省或直辖市以及 66 个地级市的统计数据，建立 DMSP/OLS 灯光数值与 CO_2 排放统计量之间的关系方程（苏咏娴等，2013）。在此基础上，以地级城市为研究单元，模拟我国城市的 CO_2 排放，并分析城市尺度 CO_2 排放的时空格局动态变化。之后基于全国 20 个城市群来进一步评估 CO_2 排放绩效及其与城市化过程的相关性。

6.1.1 数据来源及处理

这里主要采用苏咏娴等（2013）的处理流程，数据来源及处理过程如下：

（1）DMSP/OLS 夜间灯光影像。采用的 1992—2010 年 DMSP/OLS 数据，来自美国国家海洋和大气管理局（National Oceanic and Atmospheric Administration, NOAA）下属的国家地球物理数据中心（National Geophysical Data Center, NGDC），该数据具有以下优点：①获取容易（网络等多种途径）；②消除了云和偶然噪声的干扰；③不会受到灯光饱和问题影响；④数据获取不受光线阴影干扰。DMSP/OLS 夜间灯光影像数据灰度值范围为 1～63，空间分辨率为 0.008333 度。由于同一时期不同传感器获取的夜间灯光数据之间有轻微差异，且存在一些光噪声，本节采用 Liu 等（2012）建立的方法对夜间灯光遥感影像进行融合去噪、切割、相对辐射标定以及地理坐标转换等预处理（苏咏娴等，2013）。

（2）Landsat TM 影像。选取多个城市多幅质量较好的 TM 遥感影像进行地表类型分类，检验和校正 DMSP/OLS 夜间灯光影像提取的建成区精度（苏咏娴等，2013）。

（3）能源统计数据。选取 30 个省份（西藏、台湾除外）及 66 个地级市（广州、深圳等）的能源统计资料，用于计算能源消费 CO_2 排放，进一步用于估算 DMSP/OLS 灯光数值与样本 CO_2 排放统计量之间的关系方程（苏咏娴等，2013）。

6.1.2 模型与方法

6.1.2.1 基于 DMSP/OLS 夜间灯光影像提取建设用地

基于 DMSP/OLS 夜间灯光影像提取建设用地（图 6－1）。采用 ArcGIS 的 Neighborhood Statistics 表面分析工具，借鉴地形起伏度分析方法：首先，在 3×3 栅格单元 Neighborhood Window 中，从 DMSP/OLS 夜间灯光（NSL）影像最大 Neighborhood Statistics 输出栅格中剔除最小 Neighborhood Statistics 的输出栅格，然后提取叠加区域内城市范围中的城市建成区的面积。其次，从 5×5 栅格单元 Neighborhood Window 中最小 DMSP/OLS 夜间灯光影像 Neighborhood Statistics 中剔除 3×3 像元 Neighborhood Window 中最小 DMSP/OLS 夜间灯光影像 Neighborhood Statistics，然后提取在叠加区域内城市地区范围中的建成区面积。最后，合并两部分得到整个建成区的面积，具体流程如图 6－1 所示。之后用 TM 影像对得到的部分年份建设用地边界进行精度验证，结果显示了较高的验证精度。此方法提取的建设用地不会漏掉灯光值比较暗的小城镇建成区，且能够有效提取较宽的道路主干道以及城郊之间分布于道路两侧的居民点（Liu et al，2012；苏咏娴等，2013）。

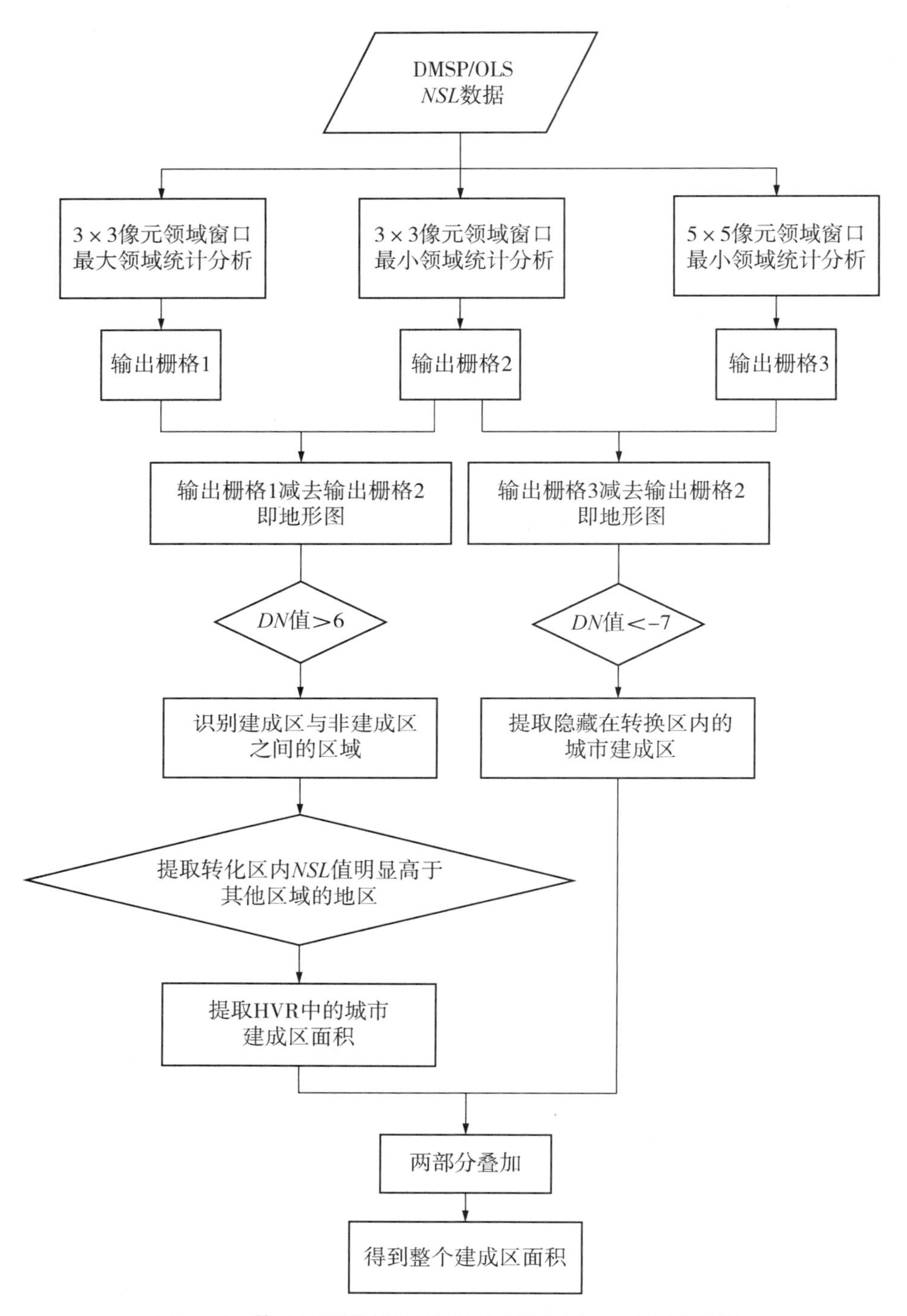

图6-1　基于DMSP/OLS夜间灯光影像提取建设用地流程

6.1.2.2 基于统计数据计算 CO_2 排放

采用 IPCC 温室气体排放清单编制方法结合已有的 30 个省区和 66 个城市的样本能源统计数据，计算能源消费 CO_2 排放，具体计算方法参加苏咏娴等（2013）。

$$CE = \sum_{i=1}^{9} CE_i = \sum_{i=1}^{9} PCE_i \times F_i \tag{6-1}$$

式中：CE 表示基于能源消费 CO_2 排放总量；i 表示能源类型，包括煤炭、焦炭、汽油、煤油、柴油、燃料油、天然气、热力和电力；PCE_i 表示各类能源消费量；F_i 表示各类一次能源的 CO_2 排放系数，热力换算成标准煤单位为千克标煤/百万千焦，电力的换算系数单位为 kg/(kW · h)。

6.1.2.3 核算 *NSL* 与 CO_2 排放的相关关系

利用建设用地边界切割 DMSP/OLS 夜间灯光影像，获取各省市建设用地范围内的夜间灯光数据，并统计各省市的夜间灯光总值，然后与相应的 CO_2 排放总量统计值进行拟合分析，结果显示如图 6－2 和公式（6－2）所示，夜间灯光数据总值（*SDN*）与 CO_2 排放统计值具有较好的线性相关关系，在 0.01 水平上显著相关，R^2 为 0.818（苏咏娴等，2013）。

$$SDN = 0.041 \times CO_2 \tag{6-2}$$

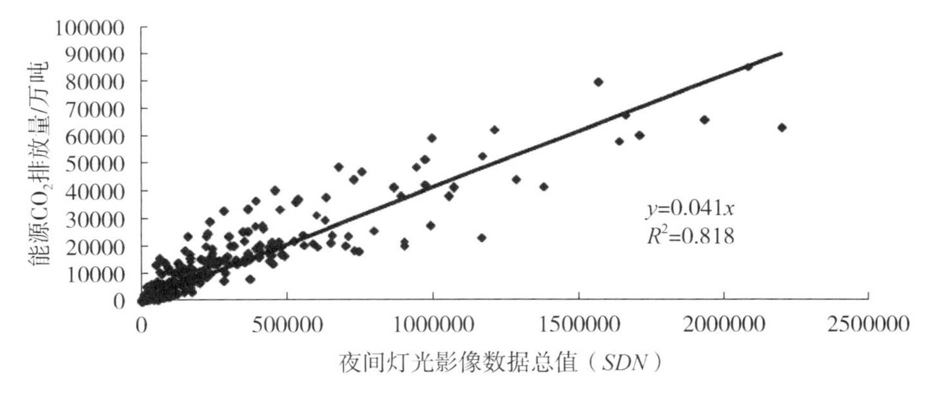

图 6－2 夜间灯光数据总值（*SDN*）与 CO_2 排放总量统计值的拟合关系

资料来源：苏咏娴等（2013）。

6.1.2.4 CO_2 排放总量模拟值的精度检验

为验证整体 CO_2 排放总量模拟值的准确性，本节将模拟得到的 30 个省份及 66 个城市得到的 CO_2 排放总量与基于能源统计数据直接得到的 CO_2 排放总量进行误差检验。通过检验发现（图 6－3），模拟得到的 30 个省份及 66 个城市的 CO_2 排放总量与基于 IPCC 方法得到的 CO_2 排放之间的均方根误差（*RMSE*）为 1543.79 万吨，相对误差（*RE*）为 15.65%。由此可见，基于夜间灯光数据模拟所得 CO_2 排放总量的精度良好，可用来开展全国所有城市能源消费 CO_2 排放的时空格局变化及其后续相关研究。

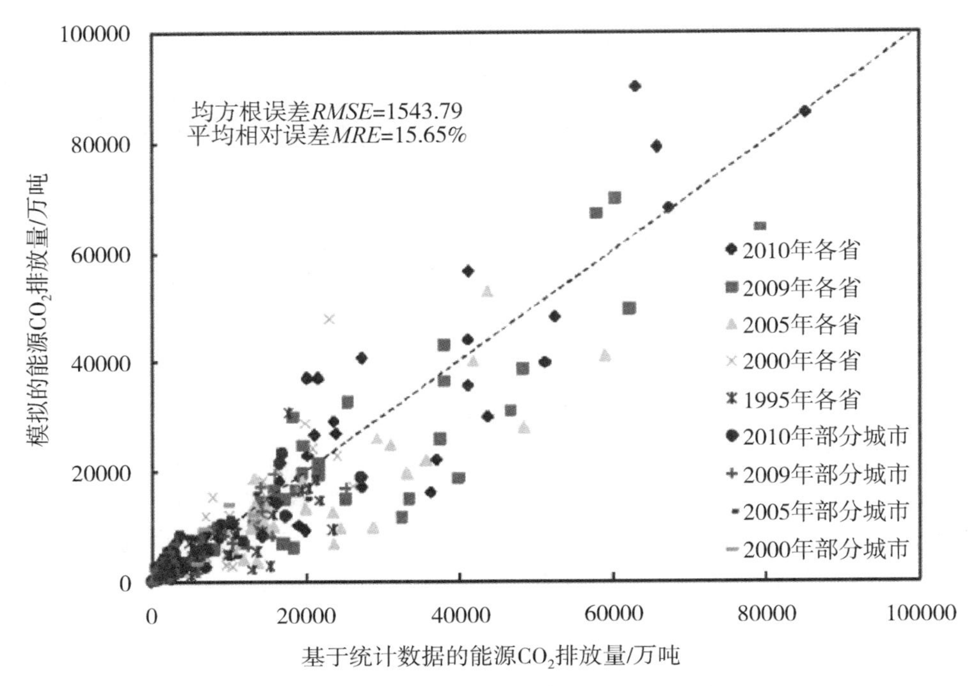

图6－3　能源消费CO_2排放总量统计值与DMSP/OLS影像模拟值散点图

资料来源：苏咏娴等（2013）。

6.2　城市尺度CO_2排放时空格局

6.2.1　全国CO_2排放的时空格局

本节中城市数量共343个，其中不含台湾、香港和澳门，海南分为3部分（海口、三亚和其他）。从城市CO_2排放总量来看，1992—2010年，我国城市CO_2排放总量快速增长，由1992年的12.76亿吨逐步增长到2010年的97.53亿吨。由图6－4可知，CO_2排放增长大致可划分为5个阶段：1992—1994年增长率较高，年平均增长率为29.32%，增量为8.58亿吨；1994—1999年增长率较低，年平均增长率仅为8.23%，增量为10.35亿吨；1999—2002年增速有所加快，年平均增长率为11.48%，增量为12.21亿吨；2002—2007年增速急速下滑，年平均增长率仅为4.80%，增量为11.61亿吨；2007—2010年排放速度开始加速，年平均增长率为20.68%，增量为42.04亿吨。就增幅而言，2007—2010年的增幅最大，增幅和前三个阶段的增量之和持平。

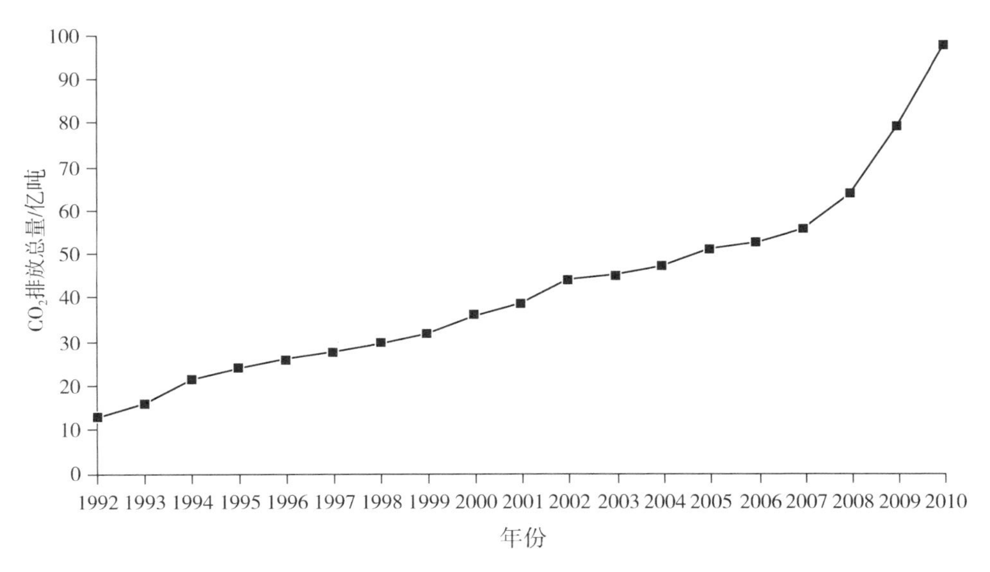

图 6－4　1992—2010 年全国城市 CO_2 排放总量变化趋势

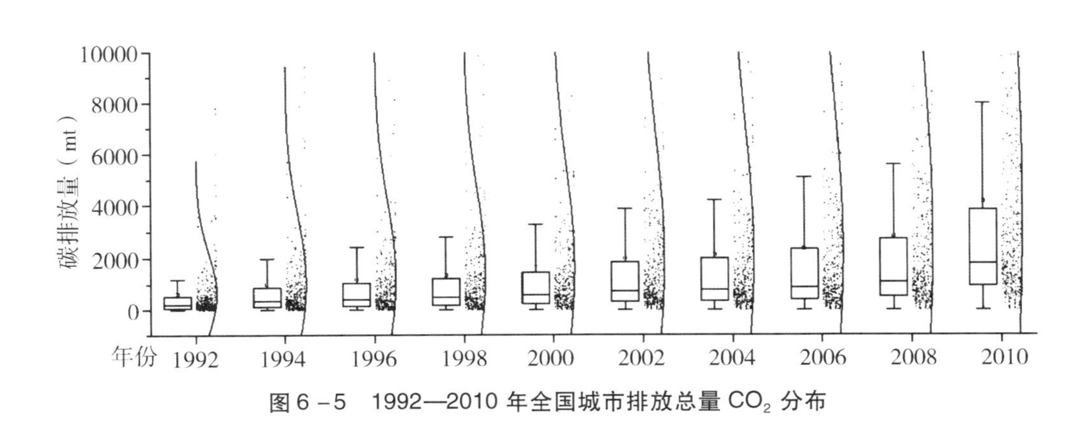

图 6－5　1992—2010 年全国城市排放总量 CO_2 分布

从城市 CO_2 排放的时空格局来看，排放总量存在显著性差异（图 6－5）。1992—2010 年，CO_2 排放总量较大的城市基本为发达城市或较发达城市，这些城市大多经济规模较大，像北京、天津、上海等中心城市。而 CO_2 排放总量较小的城市主要为欠发达城市，这些城市一类是经济规模较小或工业化与城市化程度较低的中西部城市，如新疆、西藏、甘肃等省省内的城市；另一类是能源消费较小的城市，特别是化石能源消费占比低，如海南、福建等省省内的城市。从空间上来看，CO_2 排放总量较大的城市主要分布在东部地区，基本呈东部 > 中部 > 西部格局。东部地区 CO_2 排放总量较高，一方面是因为经济发展水平高，产业结构偏重；另一方面是因为化石能源消费比重大，能源结构主要依赖煤炭及相关附属产品。

另外，还观察了1992年、2000年和2010年的CO_2排放总量分布累积情况。如图6-6所示，1992年和2000年，CO_2排放总量在4000万吨以下的城市占了总量的将近94%。2010年，CO_2排放总量在4000万吨以下的城市占总量的比例也达到了80%左右，1.2亿吨以下的城市几乎占了总数的100%，少数城市例外，如北京、天津、上海、重庆等发达城市或中心城市。以上分析说明，全国所有城市的CO_2排放总量基本以4000万吨以下为主。

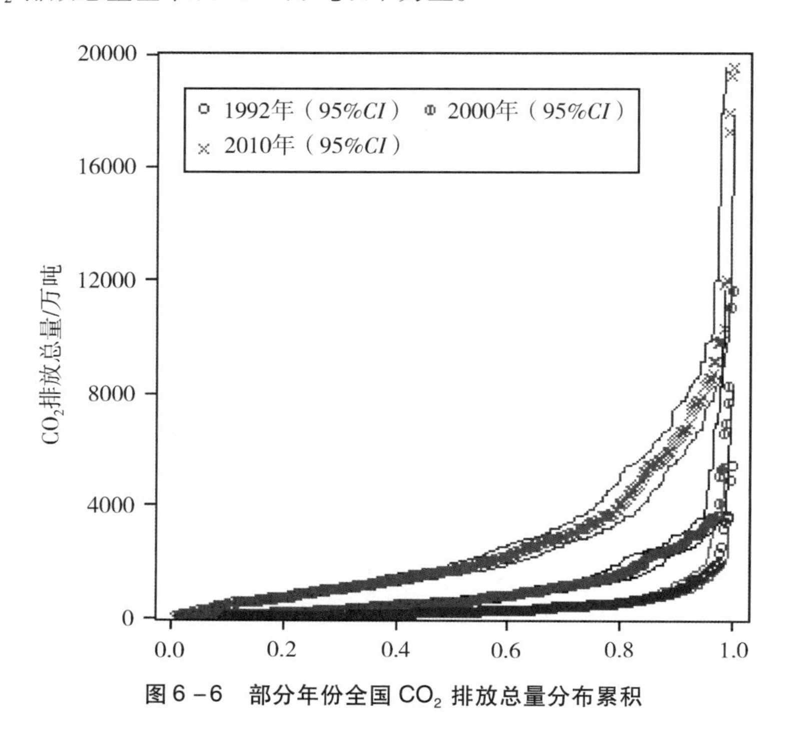

图6-6　部分年份全国CO_2排放总量分布累积

通过计算全局Moran's I来探测城市CO_2排放总量的空间集聚性。图6-7是1992—2010年全国城市CO_2排放总量的Moran's I值演变趋势。从图中可以看出，历年的Moran's I变化大致可以分为三个阶段：第一阶段是1992—1995年，这一阶段，Moran's I是一直上升的，集聚性不断增强；第二阶段是1995—2004年，这一阶段，Moran's I一直下降，空间集聚性显著下降，空间自相关性变弱；第三阶段是2004—2010年，这一阶段Moran's I呈快速上升趋势，集聚性显著增强。以上分析表明，全国CO_2排放总量分布一直存在正的空间相关性，但空间自相关性呈现波动性变化，2004年以来空间集聚性逐步增强，由此可见1992—2010年我国CO_2排放总量在整体上存在明显的空间聚集性。

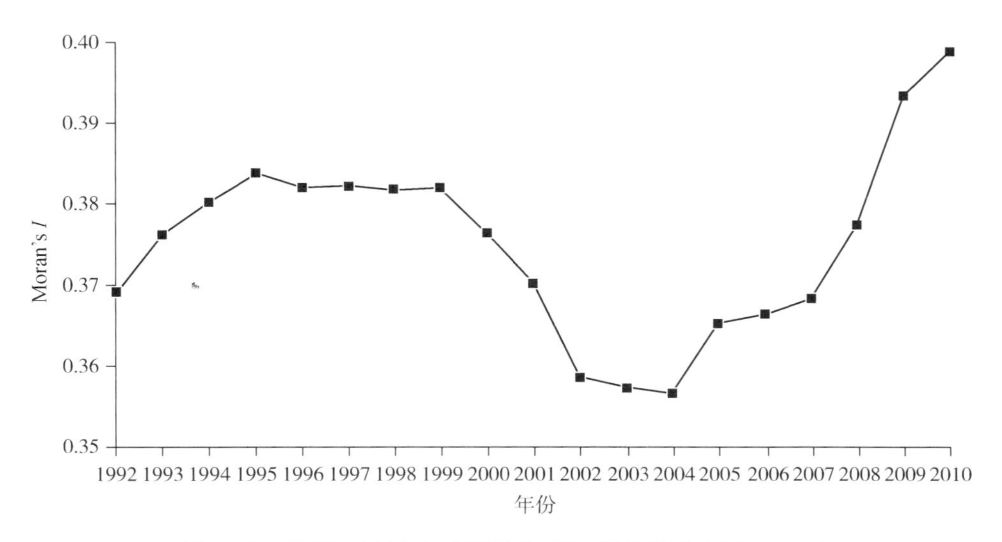

图 6－7　1992—2010 年全国城市 CO_2 排放总量的 Moran's *I*

6.2.2　全国 CO_2 排放类型划分

本节以全国 343 个城市为研究对象，选择 1992—2010 年全国 CO_2 排放总量数据来表征不同年份的区域 CO_2 排放水平，分析 20 世纪 90 年代以来全国 CO_2 排放类型及转移的时空演变轨迹。在数据处理方面，将全国 343 个城市按历年全国 CO_2 排放平均值划分为以下 4 种类型，① 低水平：CO_2 排放总量低于全国平均 CO_2 排放总量的 50%；② 中低水平：CO_2 排放总量介于全国平均的 50%～100%；③中高水平：CO_2 排放总量介于全国平均的 100%～150%；④ 高水平：CO_2 排放总量高于全国平均的 150%。

1992 年和 2010 年全国 CO_2 排放类型有 4 种：低水平、中低水平、中高水平和高水平。1992 年，低水平的 CO_2 排放类型占了总数的 50% 左右，比例较小的类型为中高水平，具体如下，低水平（172，50.15%）、中低水平（68，19.83%）、中高水平（47，13.70%）和高水平（56，16.32%）；2010 年，低水平类型的数量相比于 1992 年有所下降，中低水平和高水平的数量则有较大提升，中高水平的数量则依然最低，即低水平（136，39.65%）、中低水平（95，27.70%）、中高水平（40，11.66%）和高水平（72，20.99%）。

6.3 城市群地区CO_2排放强度

6.3.1 城市群地区

城市群是指在特定地域范围内，以1个以上特大城市为核心，由至少3个以上大城市为构成单元，依托发达的交通通信等基础设施网络，所形成的空间组织紧凑、经济联系紧密、并最终实现高度同城化和高度一体化的城市群体（方创琳等，2011；方创琳等，2014）。中国城市群是中国未来经济发展格局中最具活力和潜力的核心地区，是中国主体功能区划中的重点开发区和优化开发区，在全国生产力布局中起着战略支撑点、增长极点和核心节点的作用（方创琳等，2011）。首次召开的中央城镇化工作会议和《国家新型城镇化规划（2014—2020年）》进一步明确了城市群作为推进国家新型城镇化的主体地位。在快速城市化过程中，城市群高密度集聚式发展导致了高强度的相互作用，拉动了城市群地区城市经济的高速度增长，并造成一系列环境问题，如温室效应，这又使其成为生态环境问题高度集中且激化的敏感地区。面对到2030年左右实现CO_2排放峰值的目标，制定各种减排活动方案及采取的各项政策措施都首先依赖于对CO_2排放效率的精确评估，包括排放强度及排放绩效（王群伟等，2010）。

根据方创琳等（2014）对中国城市群已有的研究成果，本节选取20个城市群作为城市群CO_2排放强度和排放绩效的测度对象，分别是：东部城市群（长江三角洲城市群、珠江三角洲城市群、京津冀城市群、山东半岛城市群、辽中南城市群、海峡西岸城市群）、中部城市群（长江中游城市群、江淮城市群、中原城市群、晋中城市群、哈长城市群）、西部城市群（成渝城市群、关中城市群、广西北部湾城市群、天山北坡城市群、兰西城市群、呼包鄂榆城市群、滇中城市群、黔中城市群和宁夏沿黄城市群）。20个城市群的空间结构及空间布局如表6-1所示。据不完全统计，2010年，中国20个城市群以占全国不到25.82%的面积，已集中了全国62.83%的人口、78.42%的城镇人口、67.06%的建设用地面积、80.56%的经济总量、59.7%的第一产业增加值、95.29%的第二产业增加值、86.38%的第三产业增加值、76.87%的全社会固定资产投资总额和87.24%的实际利用外资。城市群已成为中国未来经济发展格局中最具活力和潜力的核心地区。

表 6－1　中国城市群空间区域分布

区域	城市群名称
东部	京津冀城市群、长江三角洲城市群、珠江三角洲城市群、辽中南城市群、海峡西岸城市群、山东半岛城市群
中部	长江中游城市群、中原城市群、哈长城市群、江淮城市群、晋中城市群
中部	成渝城市群、关中城市群、北部湾城市群、呼包鄂榆城市群、黔中城市群、滇中城市群、天山北坡城市群、兰西城市群、宁夏沿黄城市群

6.3.2　CO_2 排放强度的时空格局

本节首先评价城市群地区的 CO_2 排放强度，旨在分析历年来城市群地区的 CO_2 排放强度的空间分异和演变趋势，具体分析可以概括为以下几个方面：

6.3.2.1　CO_2 排放强度存在显著性差异

各城市群的 CO_2 排放强度存在显著性差异（表 6－2）。1995 年，CO_2 排放强度最高的是呼包鄂榆城市群和天山北坡城市群，分别是 15.77 吨/万元和 13.37 吨/万元，其次是宁夏沿黄城市群、珠江三角洲城市群、晋中城市群、兰西城市群、北部湾城市群；CO_2 排放强度最低是成渝城市群和长江中游城市群，分别为 1.98 吨/万元和 2.32 吨/万元，其余 CO_2 排放强度较小的城市群还有黔中城市群、长江三角洲城市群、海峡西岸城市群；最大值与最小值之间相差 6.95 倍。2000 年，天山北坡城市群 CO_2 排放强度最高，呼包鄂榆城市群、宁夏沿黄城市群、晋中城市群次之，低 CO_2 排放强度的依然是成渝城市群、长江中游城市群和黔中城市群；最大值与最小值之间相差 9.35 倍。2005 年 CO_2 排放强度格局相比 2000 年有较大变化，天山北坡城市群 CO_2 排放强度依然最高，其次是宁夏沿黄城市群、兰西城市群、滇中城市群，低 CO_2 排放强度的仍然是成渝城市群、长江中游城市群和黔中城市群；最大值与最小值之间相差 6.07 倍。2010 年，天山北坡城市群 CO_2 排放强度最高，由 1995 年的 13.37 吨/万元降为 5.68 吨/万元，15 年间排放强度降低了近 1/3，其他较高的有宁夏沿黄城市群、兰西城市群、滇中城市群和关中城市群，CO_2 排放强度最低的仍然为成渝城市群，排放强度由 1995 年的 1.98 吨/万元下降为 1.00 吨/万元，15 年间排放强度降低近一半，较低的还有长江中游城市群；最大值与最小值之间相差 4.71 倍。由以上分析可知，CO_2 排放强度较高的城市群大多数是经济规模较低的城市群，如天山北坡城市群和宁夏沿黄城市群，CO_2 排放强度偏大主要是由于能源利用效率较低、CO_2 排放系数偏高的缘故（石敏俊等，2012）。CO_2 排放强度较低的城市群里，一类是经济总

量大、城市化水平高的地区，如成渝城市群和长江中游城市群；另一类是能源消费量和CO_2排放总量较少的地区。

表6-2　主要年份各城市群CO_2排放强度

单位：吨/万元

城市群	1995年	2000年	2005年	2010年	城市群	1995年	2000年	2005年	2010年
京津冀城市群	5.40	4.27	2.55	2.18	晋中城市群	7.11	6.90	3.56	2.48
长江三角洲城市群	3.16	2.73	2.10	1.85	成渝城市群	1.98	1.15	1.03	1.00
珠江三角洲城市群	7.57	5.07	2.42	1.49	关中城市群	4.71	3.88	2.98	2.88
辽中南城市群	3.56	3.50	2.29	1.86	北部湾城市群	5.45	5.00	3.56	2.64
海峡西岸城市群	3.57	3.08	2.54	2.06	呼包鄂榆城市群	15.77	11.91	2.97	2.27
山东半岛城市群	3.61	3.13	2.22	1.88	黔中城市群	3.09	2.10	1.92	1.67
长江中游城市群	2.32	1.79	1.55	1.24	滇中城市群	4.23	4.22	3.62	3.40
中原城市群	4.81	4.02	2.67	2.26	天山北坡城市群	13.37	12.53	7.31	5.68
哈长城市群	5.38	3.51	2.60	2.41	兰西城市群	6.62	6.12	3.70	3.14
江淮城市群	3.60	2.93	2.12	2.08	宁夏沿黄城市群	12.46	7.73	5.41	5.11

6.3.2.2　空间分布总体呈现西高东低特征

空间分布呈西高东低特征。从地理分布上看，CO_2排放强度较大的省份主要分布在西部地区。天山北坡城市群、呼包鄂榆城市群、兰西城市群等西部城市群CO_2排放强度偏大与煤炭资源富集于这些城市群有关，这些城市群一方面产业结构偏重高耗能产业，另一方面能源结构依赖于煤炭及煤炭转换而来的火电，煤炭资源还转换为电力、煤化工等高碳产品向外输出，因此，这些城市群万元GDP的能耗和CO_2排放均较高（石敏俊等，2012）。

6.3.2.3　区域差异逐步缩小、集聚趋势增强

图6-8是部分年份城市群CO_2排放强度的统计性分布示意图。如图6-8所示，历年CO_2排放强度的均值逐步降低，具体表现为从1995年的5.89吨/万元逐步下降为2010年的2.48吨/万元，15年间排放强度均值下降近一半以上。历年CO_2排放强度的离散程度有缩小趋势（图6-8），CO_2排放强度分布的25%～75%（50%集中区间）分布趋势集聚增强，具体表现为从1995年的3.57～7.11吨/万元变为1.86～2.88吨/万元，离散度缩小。

在城市群尺度上，选择1995年、2000年、2005年和2010年4个年份进行核密度估计，以关注其变动趋势。所采用数据为相应年份各城市群的CO_2排放强度。图6-9为各城市群CO_2排放强度在4个年份上的核密度估计图。由图6-9可知，1995—2010年，CO_2排放强度呈偏态分布的总体趋势基本不变，但在峰值上有所下降。2000年相比于1995年，密度分布整体向左移动，移动幅度较大；

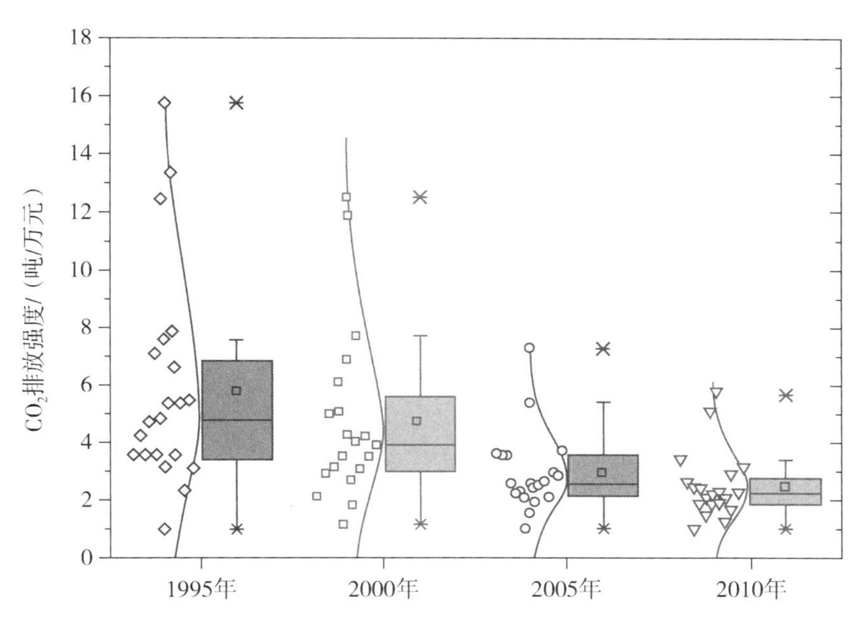

图 6－8 主要年份城市群 CO_2 排放强度统计性分布示意

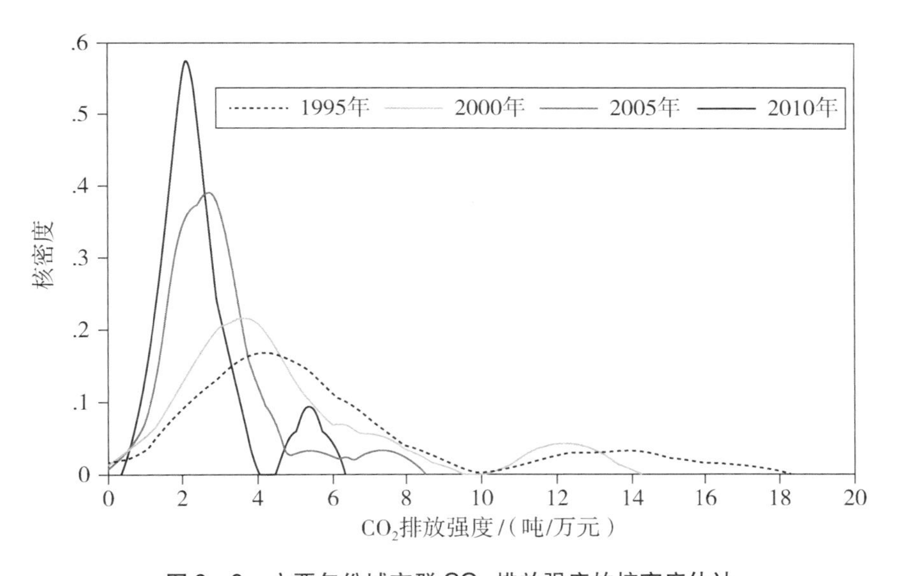

图 6－9 主要年份城市群 CO_2 排放强度的核密度估计

2005 年相比于 2000 年，2010 年相比于 2005 年密度分布进一步向左移动，移动幅度较小。这说明，1995—2010 年城市群 CO_2 排放强度差距呈不断缩小的趋势，2005—2010 年相比于 1995—2000 年 CO_2 排放强度差距幅度更小，说明梯度差异变大。同时，也可以看出，1995 年 CO_2 排放强度集中在 4.2 吨/万元，分布在 2～8吨/万元，2000 年排放强度集中在 3.8 吨/万元，分布在 3～6 吨/万元，

2005 年排放强度集中在 3 吨/万元，分布在 1.5 ～3.5 吨/万元，2010 年排放强度集中在 2.2 吨/万元，分布在 1 ～3 吨/万元，可以看出 CO_2 排放强度集聚性加强。从核密度曲线的尾部变化来看，高水平地区的差异也在缩小，CO_2 排放强度分布区间更加集聚。总体上，1995—2010 年城市群 CO_2 排放强度呈区域差异逐步缩小和集聚性逐步增强的趋势。

6.4 城市群地区 CO_2 排放绩效

在评价城市群 CO_2 排放强度的空间分异的基础上，本节重点分析 CO_2 排放绩效。CO_2 排放绩效是从环境生产理论出发，基于经济产出是期望产出（正产出）和 CO_2 排放（负产出）是非期望产出的视角，选取转换函数定量衡量投入产出效率的指标，具体来讲，CO_2 排放绩效高则投入产出效率高，CO_2 排放绩效低则投入产出效率低。基于此，本节从生产理论的角度，综合考虑能源、资本、劳动力等相关要素，利用投入产出分析构建兼顾期望产出与非期望产出的一种可考察动态变化的 CO_2 排放绩效指数。然后利用 1992—2010 年我国 20 个城市群的面板数据对我国城市群地区的 CO_2 排放绩效进行实证研究，并讨论其减排潜力和影响因素，以期填补城市群 CO_2 排放绩效研究这一薄弱环节，并为提高我国城市群 CO_2 排放绩效和制定有效的节能减排措施提供科学依据。

6.4.1 数据来源

本节选用中国 20 个城市群 1995—2010 年的投入产出数据。投入产出基本数据来源于历年《中国统计年鉴》《中国城市统计年鉴》《中国区域经济统计年鉴》《中国能源统计年鉴》、各省区统计年鉴及各城市统计年鉴及能源统计公报，由于统计年鉴中关于能源消费的数据主要体现在全国、省级和个别大城市尺度上，缺失城市及更低级别的连续多年的能源统计数据，本节提出利用 DMSP/OLS 夜间灯光数据模拟反演能源消费以获取城市尺度能源消费数据。首先核算省级行政区内所有灯光数据总量及能源消费总量，之后对其关系进行拟合分析，通过拟合优度确定二者之间的关系。通过比较，线性相关关系在 3 种关系（对数、指数和线性）中展现了较强的相关性和拟合优度，因此，利用各省区能源消费量与夜间灯光数据总量之间的线性相关关系反演各城市的能源消费量，表 6 - 3 是历年能源消费量模拟参数。

表 6 -3 历年能源消费模拟模型参数

年份	K	R^2	年份	K	R^2	年份	K	R^2
1992	0.0240	0.881	1998	0.0201	0.902	2005	0.0211	0.846
1993	0.0235	0.769	1999	0.0199	0.874	2006	0.0212	0.901
1994	0.0227	0.841	2001	0.0202	0.913	2007	0.0209	0.876
1995	0.0212	0.867	2002	0.0204	0.896	2008	0.0203	0.901
1996	0.0209	0.894	2003	0.0212	0.911	2009	0.0209	0.848
1997	0.0204	0.887	2004	0.0208	0.884	2010	0.0216	0.906

假设生产过程中需要资本投入、劳动力投入和能源投入 3 种投入需求，生产过程中的期望产出 GDP 和非期望产出 CO_2，其基本含义如下：

期望产出：选用 20 个城市群以 1995 年基期的实际地区生产总值 GDP（Y）。

非期望产出：选择 20 个城市群的历年 CO_2 排放总量（C）。由于城市尺度 CO_2 排放总量无法获取，本节基于 DMSP/OLS 夜间灯光数据模拟反演 CO_2 排放，具体见 7.1。

资本投入：采用资本存量来表示城市群的资本投入（K）。由于资本存量无法直接从统计年鉴获得，本节根据柯善咨等（2012）的“永续盘存法”来估算城市群以 1995 年为不变价换算的资本存量，建筑和设备的折旧年限为 20 年和 6.5～7.5 年。

劳动力投入：采用城市群历年从业人员数作为劳动力投入量计算指标（L）。

能源投入；选取城市群能源消费量作为能源投入（E），具体包括原煤、焦炭、原油、汽油、煤油、燃料油、天然气和电力等，城市群的能源估算过程见上文分析。

城市群经济增长（GDP）、CO_2 排放总量、资本存量、劳动力和能源消费量数据的统计性描述如表 6 -4 所示。

表 6 -4 1995—2010 年投入产出指标的统计描述

变量	单位	均值	中值	最大值	最小值	标准差
资本存量/K	亿元	4476.164	1748.403	43513.214	67.125	6904.278
劳动力/L	万人	385.230	274.620	1633.021	45.560	322.842
能源消费量	万吨	7375.870	4401.629	65116.780	292.419	8359.888
GDP/Y	亿元	7928.311	4386.303	70675.324	98.835	10346.656
CO_2 排放总量/C	万吨	14701.085	8555.625	130871.960	499.554	16829.450

6.4.2 环境生产技术

在经济生产过程中，一定生产要素的投入$x=(x_1, x_2, \cdots, x_n) \in R_N^+$，除了获得期望产出（好的产出，如GDP等）$y=(y_1, y_2, \cdots, y_m) \in R_m^+$，同时也产生非期望产出（坏的产出，如温室气体、各种污染物等）$c=(c_1, c_2, \cdots, c_j) \in R_j^+$。所以，该过程可以描述为（王群伟等，2010）：

$$T = \{x, y, c : x \text{ can produce}(y, c)\}, x \in R_N^+ \tag{6-8}$$

由于该生产数据集T产出包含坏的环境要素，所以这种技术被称为环境生产技术，假定其产出集合为：

$$P(x) = \{(y, c) : (x, y, c) \in T\} \tag{6-9}$$

该集合是闭合有界的，同时满足以下性质：

（1）投入和期望产出具有强可处置性，即：若$(y, c) = \in P(x)$，且$y' \leqslant y$或$x' \geqslant x$，则$(y', c) \in P(x), P(x) \subseteq P(x')$。

（2）期望产出和非期望产出具有“零结合”性（null-jointness），即$(y, c) \in P(x)$且$c=0$，则$y=0$，说明在生产过程中，期望产出时刻伴随着非期望产出，要避免非期望产出就必须停止生产。

（3）非期望产出具有弱可处置性，即若$(y, c) \in P(x)$且$0 \leqslant \theta \leqslant 1$，则$(\theta y, \theta c) \in P(x)$。弱可处置性表明要减少非期望产出必须以牺牲一定的期望产出为代价；在一定成本约束下，非期望产出和期望产出的同比例减少是可能的，环境规制在此过程中发挥了不可替代的作用。

6.4.3 VRS－DEA模型

静态CO_2排放绩效用历年CO_2排放绩效表示，反映了实际投入产出对最优投入产出的比例，用VRS－DEA模型测算。数据包络分析（DEA）是使用数学规划评价具有多个输入与输出的决策单元（DMU）间的相对有效性，也就是说评价DMU是否位于生产可能集的“前沿面”上（方创琳等，2011；Fang et al，2013）。基于规模报酬不变（constant returns to scale，CRS）的DEA模型，记为CRS模型（Charnes et al，1978）。该模型假定了各决策单元位于最佳生产规模，从而忽略了规模效应（仲云云等，2012）。在CRS模型中引入约束条件就可以将其转化为规模报酬可变（variable returns to scale，VRS）模型，记为VRS模型，利用VRS模型可以将综合效率分解为纯技术效率与规模效率的乘积，记为$CE = PTE \times SE$，CE为CO_2排放静态绩效，PTE为纯技术效率，SE为规模效率。VRS具

体模型如下（方创琳等，2011）：

$$\begin{cases} \min[\theta - \varepsilon(\sum_{m=1}^{M} s^- + \sum_{n=1}^{N} s^+)] \\ s.t. \sum_{h=1}^{H} x_{mh}\lambda_h + s^- = \theta x_m^h \quad m = 1,2,\cdots,M \\ \sum_{h=1}^{H} y_{nh}\lambda_h - s^+ = y_n^h \quad l = 1,2,\cdots,N \\ \sum_{h}^{H} \lambda_h = 1 \\ \lambda_h \geqslant 0 \quad h = 1,2,\cdots,H \end{cases} \tag{6-10}$$

式中：H 表示城市群个数；M 表示投入要素；N 表示产出要素；x_{mh}（$x_{mh}>0$）表示第 h 个城市群第 m 种投入要素；y_{nh}（$y_{nh}>0$）表示第 h 个城市群第 n 种产出要素；对于第 h 个城市群，θ 表示投入产出综合效率指数；ε 为阿基米德无穷小量；λ_h表示权重变量用来判断城市群的规模收益情况；s^-表示松弛变量，表示城市群达到有效需要减少的投入量；s^+表示剩余变量，表示城市群达到有效增加的产出量；$\sum_{h}^{H}\lambda_h = 1$ 为约束条件。

6.4.4 Malmquist 指数

CO_2 排放绩效的动态变化用 Malmquist 指数来表示，该指数更加侧重时间段内投入产出的变化。Malmquist 指数最初是由 Malmquist（1953）提出的，Caves 等（1982）首先将 Malmquist 指数用于生产率变化的测算，后经 Färe 等（1994）学者不断完善，以距离函数来描述的一种非参数方法。本节采用基于 DEA 模型的 Malmquist 指数，利用距离函数的比率来计算动态 CO_2 排放绩效。用以下公式来说明 Malmquist 指数的原理（仲云云等，2012；曹珂等，2014）。

以 t 时期技术 T^t 为参照，基于投入角度的 Malmquist 指数可以表示为：

$$M_i^t = D_i^t(K^t,L^t,E^t,Y^t,C^t)/D_i^t(K^{t+1},L^{t+1},E^{t+1},Y^{t+1},C^{t+1}) \tag{6-11}$$

$$M_i^{t+1} = D_i^{t+1}(K^t,L^t,E^t,Y^t,C^t)/D_i^{t+1}(K^{t+1},L^{t+1},E^{t+1},Y^{t+1},C^{t+1}) \tag{6-12}$$

式中：（K^t，L^t，E^t，Y^t，C^t）和（K^{t+1}，L^{t+1}，E^{t+1}，Y^{t+1}，C^{t+1}）分别表示 t 时期和 $t+1$ 时期的投入产出向量；D_i^t 和 D_i^{t+1} 分别表示以 t 时期和 $t+1$ 时期的技术为参照的 CO_2 距离函数。为了更具有科学性，Färe 等（1994）将 Malmquist 指数 t 时期到 $t+1$ 时期的几何平均值用公式表示为：

$$M_i^{t,t+1} = \left[\frac{D_i^{t+1}(K^{t+1},L^{t+1},E^{t+1},Y^{t+1},C^{t+1})}{D_i^t(K^t,L^t,E^t,Y^t,C^t)} \times \frac{D_i^{t+1}(K^{t+1},L^{t+1},E^{t+1},Y^{t+1},C^{t+1})}{D_i^{t+1}(K^t,L^t,E^t,Y^t,C^t)}\right]^{\frac{1}{2}} \tag{6-13}$$

如果改进过的 Malmquist 指数大于 1 时，表明全要素生产率随时间而增长。在规模报酬不变的情况下，Malmquist 指数可以进一步分解为技术效率变化指数（*ECH*）和技术进步指数（*TCH*）（曹珂等，2014）：

$$M_i^{t,t+1} = \frac{D_i^{t+1}(K^{t+1},L^{t+1},E^{t+1},Y^{t+1},C^{t+1})}{D_i^t(K^t,L^t,E^t,Y^t,C^t)}\left[\frac{D_i^{t+1}(K^{t+1},L^{t+1},E^{t+1},Y^{t+1},C^{t+1})}{D_i^t(K^t,L^t,E^t,Y^t,C^t)} \times \frac{D_i^{t+1}(K^{t+1},L^{t+1},E^{t+1},Y^{t+1},C^{t+1})}{D_i^{t+1}(K^t,L^t,E^t,Y^t,C^t)}\right]^{\frac{1}{2}} = ECH \times TCH \tag{6-14}$$

技术效率变化指数（*ECH*）又可以分解为纯技术效率指数（*PECH*）和规模效率指数（*SECH*）：

$$M_i^{t,t+1} = \frac{D_i^t(K^{t+1},L^{t+1},E^{t+1},Y^{t+1},C^{t+1}/VRS)}{D_i^t(K^t,L^t,E^t,Y^t,C^t/VRS)} \times \frac{S_i^t(K^t,L^t,E^t,Y^t,C^t)}{S_i^t(K^{t+1},L^{t+1},E^{t+1},Y^{t+1},C^{t+1})} \times \left[\frac{D_i^t(K^t,L^t,E^t,Y^t,C^t)}{D_i^{t+1}(K^t,L^t,E^t,Y^t,C^t)} \times \frac{D_i^t(K^{t+1},L^{t+1},E^{t+1},Y^{t+1},C^{t+1})}{D_i^{t+1}(K^{t+1},L^{t+1},E^{t+1},Y^{t+1},C^{t+1})}\right]^{\frac{1}{2}} \tag{6-15}$$

所以，如果用 Malmquist 指数表示 CO_2 排放绩效的动态变化，记为 *MCPI*，则有：$MCPI = ECH \times TCH$，$ECH = PECH \times SECH$（曹珂等，2014）。

6.4.5 从动态角度衡量 CO_2 排放绩效

基于 VRS－DEA 模型测算的 CO_2 排放绩效考察的是历年城市群与生产边界的关系，用的是截面数据，也可以说是静态分析，即截面分析。而 Malmquist CO_2 排放绩效指数是基于面板数据（时间序列和截面数据）的，其相对于 VRS－DEA 模型来说是动态分析，用来分析各城市群与生产边界的相对位置变化（效率变化），以及生产边界的移动变化（技术进步）（仲云云等，2012）。本节基于 20 个城市群 1995—2010 年的面板数据，用 Malmquist 指数计算了每一年相对于前一年的 CO_2 排放绩效，之后求出所有年份的 Malmquist 指数均值及分解项。计算结果如表 6－6 所示。

分省区来看，全要素 Malmquist CO_2 排放绩效指数普遍偏低，技术进步是主要抑制因素（表 6－5、表 6－6）。20 个城市群中 Malmquist 指数 *MCPI* 大于 1，即全要素 CO_2 排放绩效得到改善的城市群只有 2 个，即长三角城市群和珠三角城市群，占总数的 10%，Malmquist 指数平均年增长率在 3% 以上。Malmquist 指数排在前 5 位的城市群有长三角城市群、珠三角城市群、山东半岛城市群、成渝城

市群和京津冀城市群。全要素 CO_2 排放绩效下降的城市群中，辽中南城市群、海峡西岸城市群、天山北坡城市群和兰西城市群在1995—2010年静态 CO_2 排放绩效始终位于生产前沿面上，技术效率变化、纯技术效率变化，以及规模效率变化全部为1，也就是说 Malmquist 指数的下降都来自技术进步的拖累。然而，在绩效下降的城市群中，只有成渝城市群的 Malmquist 指数的变化积极作用来自技术进步，其他城市群则来自技术效率的贡献。在全要素 Malmquist 指数恶化的18个城市群中，只有长江中游城市群、北部湾城市群、呼包鄂榆城市群和宁夏沿黄城市群的绩效下降来自技术效率和技术进步的下降。

表6-5　城市群 CO_2 排放绩效值（1995—2010年）

城市群	CO_2 排放绩效值	城市群	CO_2 排放绩效值
京津冀城市群	0.801~0.964	晋中城市群	0.801~0.964
长江三角洲城市群	0.965~1.031	成渝城市群	0.801~0.964
珠江三角洲城市群	0.965~1.031	关中城市群	0.663~0.800
辽中南城市群	0.663~0.800	北部湾城市群	0.474~0.527
海峡西岸城市群	0.528~0.662	呼包鄂榆城市群	0.528~0.662
山东半岛城市群	0.801~0.964	黔中城市群	0.801~0.964
长江中游城市群	0.663~0.800	滇中城市群	0.663~0.800
中原城市群	0.528~0.662	天山北坡城市群	0.663~0.800
哈长城市群	0.663~0.800	兰西城市群	0.663~0.800
江淮城市群	0.801~0.964	宁夏沿黄城市群	0.474~0.527

表6-6　全要素 Malmquist CO_2 排放绩效指数及其分解结果

城市群		Malmquist 指数及分解				
		MCPI	*ECH*	*TCH*	*PECH*	*SECH*
东部城市群	京津冀城市群	0.941	1.115	0.844	1.000	1.115
	长江三角洲城市群	1.031	1.163	0.887	1.099	1.058
	珠江三角洲城市群	1.004	1.048	0.957	0.963	1.089
	辽中南城市群	0.800	1.000	0.800	1.000	1.000
	海峡西岸城市群	0.605	1.000	0.605	1.000	1.000
	山东半岛城市群	0.964	1.227	0.786	1.084	1.132
	东部城市群	0.891	1.092	0.813	1.024	1.066

续上表

城市群		Malmquist 指数及分解				
		MCPI	*ECH*	*TCH*	*PECH*	*SECH*
中部城市群	长江中游城市群	0.793	0.994	0.798	1.000	0.994
	中原城市群	0.662	1.148	0.577	1.036	1.107
	哈长城市群	0.786	1.057	0.743	0.957	1.104
	江淮城市群	0.891	1.185	0.752	1.079	1.099
	晋中城市群	0.942	1.259	0.748	1.244	1.012
	中部城市群	0.815	1.129	0.724	1.063	1.063
西部城市群	成渝城市群	0.964	0.957	1.007	1.000	0.957
	关中城市群	0.716	1.161	0.616	1.022	1.137
	北部湾城市群	0.474	0.983	0.483	1.000	0.983
	呼包鄂榆城市群	0.621	0.907	0.685	0.906	1.000
	黔中城市群	0.934	1.177	0.793	1.197	0.984
	滇中城市群	0.756	1.067	0.709	1.073	0.994
	天山北坡城市群	0.755	1.000	0.755	1.000	1.000
	兰西城市群	0.720	1.000	0.720	1.000	1.000
	宁夏沿黄城市群	0.527	0.927	0.569	1.000	0.927
	西部城市群	0.719	1.020	0.704	1.022	0.998
全国平均		0.777	1.064	0.731	1.030	1.033

6.4.6　从静态角度衡量CO_2排放绩效

首先将城市群的非期望产出通过转换函数转换为期望产出，然后基于城市群每年的投入产出截面数据，选择 VRS - DEA 模型和CO_2排放绩效指数模型，计算 1995—2010 年全国 20 个城市群的CO_2排放绩效指数，拟从静态角度衡量CO_2排放绩效，及其分解项纯技术效率 *PTE* 及规模效率 *SE*，计算结果如表 6 - 5 所示。

6.4.6.1　CO_2排放绩效的省区比较

各城市群的CO_2排放绩效存在显著性差异但总体呈升高趋势（表 6 - 7）。根据 20 个城市群 1995—2010 年的CO_2排放绩效值来看，长江三角洲城市群、山东半岛城市群、成渝城市群和黔中城市群一直处于相对最优水平，效率有效。具体来看，1995 年城市群CO_2排放绩效达到 DEA 效率最优的有长江三角洲城市群、珠江三角洲城市群、山东半岛城市群、晋中城市群、成渝城市群和黔中城市群 6

个城市群，占城市群总数的 30%；DEA 有效性在 80% 以上的有 7 个城市群，占总数的 35%，60%～80% 之间的有 7 个城市群，占总数的 35%，60% 以下的有 6 个城市群，占总数的 30%。2000 年城市群 CO_2 排放绩效达到 DEA 效率最优的有 6 个城市群，和 1995 年一样；DEA 有效性在 80% 以上的有 10 个城市群，占总数的 50%，60%～80% 之间的有 7 个城市群，占总数的 35%，60% 以下的只有 3 个城市群，占总数的 15%。2005 年城市群 CO_2 排放绩效达到 DEA 效率最优的有 5 个城市群。但 80% 以上的城市群有 14 个，达到总数的 70% 之多。2010 年城市群 CO_2 排放绩效达到 DEA 最优的有 5 个城市群，80% 以上的城市群有 14 个，同样达到总数的 70%。这体现出城市群 CO_2 排放绩效之间存在显著性差异，但整体城市群 CO_2 排放绩效有升高趋势，有效性逐步增加。

各城市群的纯技术效率区域差异也十分显著（表 6－7）。城市群 CO_2 排放纯技术效率要明显高于城市群 CO_2 排放绩效和规模效率，历年城市群纯技术效率逐步提高。1995 年纯技术效率有效性 80% 的城市群有 12 个，占总数的 60%；2000 年纯技术效率有效性除去北部湾城市群、滇中城市群和天山北坡城市群外，剩下所有城市群的纯技术效率有效性都高于 80%；2005 年城市群纯技术效率有效性 80% 以上个数较 2000 年少 1 个，但纯技术效率比 2000 年上升的概率占 88% 左右；同样 2010 年城市群 CO_2 排放纯技术效率有效性在 80% 以上的概率为 85%。由以上分析可知，虽然城市群 CO_2 排放纯技术效率间存在显著差异，但历年城市群纯技术效率总体呈增加趋势。

各城市群 CO_2 排放规模效率的格局与 CO_2 排放绩效分布格局基本相似（表 6－7）。各规模效率间的差异性明显高于纯技术效率，但各城市群 CO_2 排放规模效率总体上也呈增加趋势。从各城市群规模效率来看，其对 CO_2 排放绩效差异性贡献率要明显高于 CO_2 排放纯技术效率。1995 年达到规模效率最优的城市群有 6 个，占总数的 30%，2000 年则同样是 6 个，2005 年则为 5 个，少了珠三角城市群，到 2010 年规模最优城市群个数依然是 6 个，比 2005 年多了辽中南城市群。从规模效率有效性 80% 以上来看，历年的比例仍然是上升的，可见，城市群规模效率呈历年增加趋势。

总体来看，长江三角洲城市群、珠江三角洲城市群、山东半岛城市群、京津冀城市群、晋中城市群、成渝城市群和黔中城市群的 CO_2 排放绩效、纯技术效率和规模效率一直处于较高水平。长江中游城市群、中原城市群、辽中南城市群和哈长城市群绝大多数年份 CO_2 排放绩效等效率保持较高的水平。各个城市群 CO_2 排放绩效差异性主要取决于规模效率，纯技术差异则相对较小。

表6-7 主要年份中国城市群CO_2排放绩效值及其分解

城市群		1995年			2000年			2005年			2010年		
		CE	*PTE*	*SE*	*CE*	*PTE*	*SE*	*CE*	*PTE*	*SE*	*CE*	*PTE*	*SE*
东部城市群	京津冀城市群	0.668	1.000	0.668	0.698	1.000	0.698	0.829	1.000	0.829	0.925	1.000	0.925
	长三角洲城市群	1.000	1.000	1.000	1.000	1.000	1.000	1.000	1.000	1.000	1.000	1.000	1.000
	珠三角城市群	1.000	1.000	1.000	1.000	1.000	1.000	0.880	1.000	0.880	0.877	1.000	0.877
	辽中南城市群	0.636	0.753	0.844	0.616	0.816	0.754	0.972	1.000	0.972	1.000	1.000	1.000
	海峡西岸城市群	0.473	0.579	0.818	0.666	0.863	0.772	0.636	0.801	0.794	0.772	0.991	0.779
	山东半岛城市群	1.000	1.000	1.000	1.000	1.000	1.000	1.000	1.000	1.000	1.000	1.000	1.000
	东部城市群	0.796	0.889	0.888	0.830	0.903	0.871	0.886	0.967	0.913	0.929	0.999	0.930
中部城市群	长江中游城市群	0.803	1.000	0.803	0.870	1.000	0.870	0.878	1.000	0.878	0.888	1.000	0.888
	中原城市群	0.693	1.000	0.693	0.629	0.914	0.688	0.803	0.997	0.806	0.818	0.877	0.933
	哈长城市群	0.779	1.000	0.779	0.812	1.000	0.812	0.883	1.000	0.883	0.774	1.000	0.774
	江淮城市群	0.583	0.775	0.753	0.756	0.906	0.835	0.974	0.987	0.988	0.972	0.973	1.000
	晋中城市群	1.000	1.000	1.000	1.000	1.000	1.000	0.852	0.920	0.926	0.949	1.000	0.949
	中部城市群	0.772	0.955	0.826	0.813	0.964	0.841	0.878	0.981	0.896	0.880	0.970	0.909
西部城市群	成渝城市群	1.000	1.000	1.000	1.000	1.000	1.000	1.000	1.000	1.000	1.000	1.000	1.000
	关中城市群	0.588	0.938	0.626	0.926	1.000	0.926	0.961	1.000	0.961	0.920	1.000	0.920
	北部湾城市群	0.487	0.518	0.941	0.587	0.604	0.972	1.000	1.000	1.000	0.974	0.998	0.976
	呼包鄂榆城市群	0.759	0.762	0.996	0.935	0.961	0.974	0.642	0.663	0.968	0.566	0.568	0.997
	黔中城市群	1.000	1.000	1.000	1.000	1.000	1.000	1.000	1.000	1.000	1.000	1.000	1.000
	滇中城市群	0.681	0.709	0.960	0.562	0.662	0.849	0.593	0.660	0.899	0.827	0.878	0.942
	天山北坡城市群	0.377	0.576	0.655	0.484	0.677	0.715	0.570	0.683	0.835	0.697	0.734	0.950
	兰西城市群	0.678	0.975	0.695	0.692	0.920	0.752	0.717	0.812	0.883	0.779	0.870	0.896
	宁夏沿黄城市群	0.394	0.707	0.557	0.670	0.926	0.724	0.593	0.770	0.770	0.596	0.788	0.756
	西部城市群	0.663	0.798	0.826	0.762	0.861	0.879	0.786	0.843	0.924	0.818	0.871	0.937
全国平均		0.730	0.865	0.839	0.795	0.912	0.867	0.839	0.915	0.914	0.867	0.934	0.928

6.4.6.2 CO_2排放绩效的分区比较

在研究对象中，本节对全国20个城市群按照东部、中部、西部进行了区域划分，同时对各区域和20个城市群CO_2排放绩效、纯技术效率和规模效率进行了均值化，进而得到历年的全国和3大区域的CO_2排放绩效及纯技术效率和规模效率，如图6-10所示。

东部城市群CO_2排放绩效高于中部，中部高于西部，全国平均值低于东部和中部，略高于西部。从空间上来看，城市群CO_2排放绩效表现为东部高于中部，

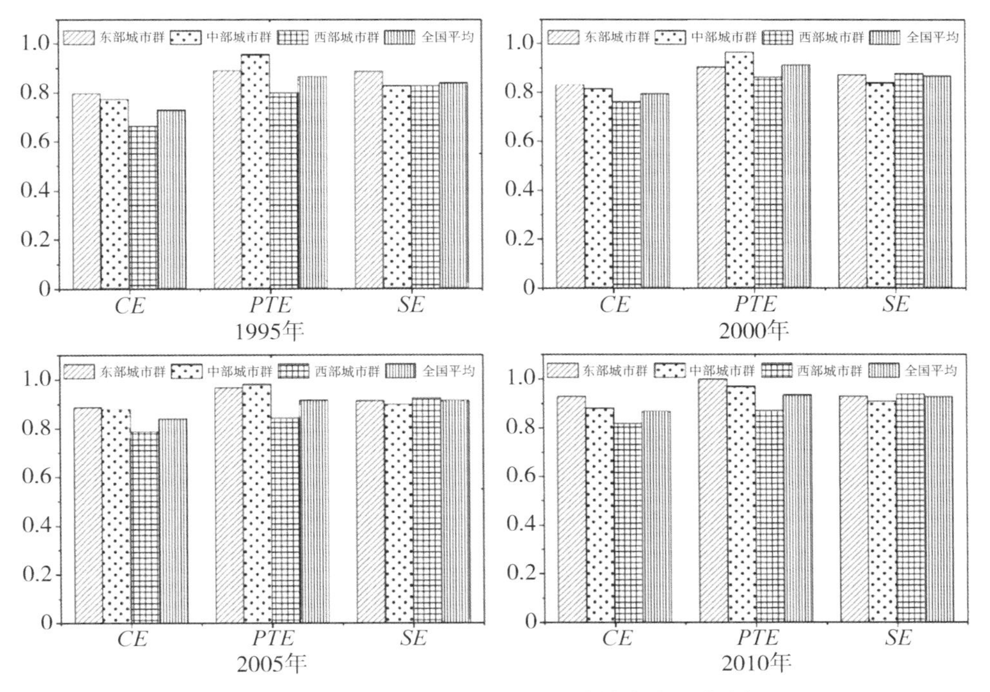

图 6－10　分区域城市群 CO_2 排放绩效值及其分解

中部高于西部的空间格局，呈现出与中国东部、中部、西部区域经济格局相类似的特征。从时间上来看，1995—2010 年，历年城市群 CO_2 排放绩效有逐步升高的趋势。

东部城市群 CO_2 排放纯技术效率低于中部，高于西部和全国均值，而全国均值略高于西部。1995—2000 年，中部地区的 CO_2 排放纯技术效率明显高于其他地区，这与 CO_2 排放绩效呈相反格局，然而，在 2010 年，东部城市群的纯技术效率开始高于中部和西部。从整个时间趋势上来看，三大地区的 CO_2 排放纯技术效率均表现出了一致的上升趋势。中部地区的 CO_2 排放纯技术效率一直高于 0.95，东部地区除 1995 年外，CO_2 排放绩效也一直高于 0.9，而西部地区的 CO_2 排放纯技术效率一直低于 0.9。

东部和西部城市群的 CO_2 排放规模效率相当，但都高于中部地区。三大区域及各城市群的 CO_2 排放绩效差异主要体现在规模效率上，虽然中部地区的纯技术效率较高，但中部地区的规模效率水平偏低，从而拉低了中部地区的 CO_2 排放绩效水平。与此同时，我国的规模效率水平也普遍处于较高水平，如果未来仍关注于提高投入规模，则 CO_2 排放绩效改变有限。相比之下，提高西部城市群的技术效率则显得更加有效，通过技术进步提高技术效率进而提升中国城市群的 CO_2 排放绩效才是有效途径。

6.4.6.3　CO_2 排放绩效收敛性检验

通过以上分析，各区域及城市群间 CO_2 排放绩效存在显著性差异，但这种差异会如何演变？基于此，为了进一步揭示三大地区及全国城市群之间 CO_2 排放绩

效的区域差异及变化过程，本节用绝对β收敛理论进行检验，β收敛检验模型如下：

$$Y_T = (y_{1T}, y_{2T}, \cdots, y_{nT})^{tr} \tag{6-16}$$

$$y_{iT} = (Inp_{iT} - Inp_{it})/(T - t) \tag{6-17}$$

$$P_t = (Inp_{1t}, Inp_{2t}, \cdots, Inp_{nt})^{tr} \tag{6-18}$$

$$Y_t = \alpha + \beta P_t + \varepsilon \tag{6-19}$$

式中：Y_T是城市群在T时刻的CO_2排放绩效增长率列向量；y_{iT}表示第i个城市群在T时刻的CO_2排放绩效增长率；p_{it}表示第i个城市群在t时刻CO_2排放绩效；p_{iT}表示第i个城市群在T时刻的CO_2排放绩效；P_t是城市群在t时刻的平均CO_2排放绩效列向量；β为待定系数；ε为扰动项。若β为负，则存在收敛性；反之则不存在收敛性。

Hausman检验拒绝了原假设随机效应模型，本节采用固定效应模型对城市群CO_2排放绩效进行收敛性检验，结果如表6-8所示。从表6-8可以看出，各地区回归效果较好，且系数β都显著为负，说明三大地区和全国范围内城市群CO_2排放绩效存在绝对β收敛。从系数的绝对值大小可以看出，东部城市群内部的收敛速度和趋同性要快些，西部次之，全国第三，中部最慢。未来为了进一步缩小城市群间CO_2排放绩效的差异性，有必要采取具有当地特色的节能减排政策，以降低CO_2排放和提高技术水平和管理水平。

表6-8　各地区CO_2排放绩效收敛性检验结果

特征值	东部	中部	西部	全国
*B*系数	-1.1045[a] (-11.8573)	-0.4978[a] (-5.2365)	-0.9237[a] (-8.6143)	-0.8876[a] (-14.6548)
Adjust-R^2	0.6046	0.5768	0.7047	0.6234
P（*F*统计）	0.0000	0.0000	0.0012	0.0001

注：a表示1%显著性。

分区域来看，三大区域及全国的全要素Malmquist CO_2排放绩效指数偏低，技术进步是主要抑制因素。如图6-11所示，通过均值计算，三大区域的全要素*MCPI*值都小于1，即全要素CO_2排放绩效均没有得到改善。Malmquist指数具体大小：东部>中部>西部。还发现，三大区域的技术效率、纯技术效率和规模效率均大于1，对CO_2排放绩效改善起积极作用，而技术进步则不断恶化，而且技术进步的退化的作用明显要高于技术效率的贡献，因此，总体上全要素Malmquist CO_2排放绩效是恶化的。从全国来看，*MCPI*的均值只有0.777，CO_2排放绩效也在逐步退化，主要来自技术效率和技术进步的双重作用，技术效率变化较慢，技术进步退化较快，使全国全要素*MCPI*一直持续退化。

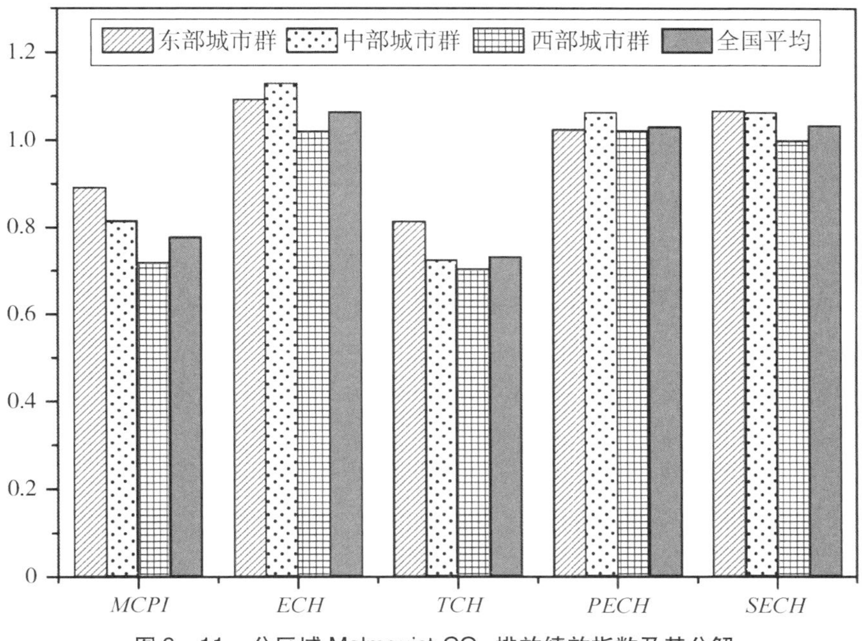

图 6－11　分区域 Malmquist CO_2 排放绩效指数及其分解

6.4.7　CO_2 减排潜力的测算与分析

6.4.7.1　测算方法

本节参考曹珂等（2014）的方法，将 CO_2 排放作为非期望产出，利用乘法逆转法对分期望 CO_2 排放进行转换。参考已有研究成果，创建生产技术集 $T = \{(x,y) \mid \lambda^T X \leqslant x, \lambda^T Y \geqslant y, \lambda^T e = 1\}$，建立转换方程 $f_i^k(C) = \frac{1}{c_i^k}$，对 CO_2 排放进行转换，涵盖非期望产出 CO_2 的技术集表示为 $T^{[MLT]}: T \text{ with } Y = [f(c), v]$。根据已有研究，定义城市群 i 在 t 时期的 CO_2 减排潜力为 ER_{it}，则：

$$ER_{it} = (CE_{it} - TCE_{it})/CE_{it} \tag{5-20}$$

式中：CE_{it}表示第 i 个城市群 t 时期的 CO_2 排放总量；TCE_{it}表示最优前沿面上的 CO_2 排放总量。ER_{it}越大，表示该城市群的减排潜力和减排规模越大。

6.4.7.2　减排潜力测算与分析

减排潜力是可减排 CO_2 量占实际 CO_2 排放总量的比重，减排潜力越大，意味着该城市群的减排空间越大。可减排量是指该城市群按照最优前沿面模型运行，在不变的投入和产出条件下的，可减少的 CO_2 排放总量。根据公式可首先计算出各城市群位于最优前沿面上的 CO_2 排放总量 TCE_{it}，结合实际 CO_2 排放总量

CE_{it}，就可计算出该城市群的减排潜力和减排量，如表6－9所示。

从全国范围内来看，城市群CO_2的减排潜力逐步变大，具体从2000年的12.27%增加到2010年的24.03%，可减排量也相应从31425.00万吨增加到155599.99万吨，说明全国范围内城市群地区的减排潜力巨大，城市群地区是我国未来经济发展格局中最具活力和潜力的核心地区，理应科学地提高技术水平和合理制定节能减排政策以期提升城市群地区的CO_2排放绩效，为我国降低CO_2排放，应对全球气候变化做出应有的贡献。

从单个城市群来看，城市群间减排潜力差异较大。以2010年为例，呼包鄂榆城市群、晋中城市群、黔中城市群、中原城市群、宁夏沿黄城市群和辽中南城市群年减排潜力均超过40%，这些地区一般是重化工比重较大或比较落后的中西部地区，其中呼包鄂榆城市群的减排潜力达到70%以上，意味着CO_2属于过度排放，这些地区也都是煤炭资源生产或消费地区，未来是实施节能减排政策的重点监控区。从减排规模上看，2010年，长三角城市群、京津冀城市群、辽中南城市群和晋中城市群占全国的比重都超过了9%，共占全国可减排规模的42.71%，属于可减排量大区。这些城市群的可减排量大，一部分原因是因为其每年的CO_2排放基数较大，即使每年的减排潜力不大，但二者相结合，使每年的可减排量变大，这些地区未来是需要进一步监控的地区。2010年，长江中游城市群、江淮城市群、北部湾城市群、黔中城市群、滇中城市群、天山北坡城市群和兰西城市群的减排规模都在2%以下，这些城市群的减排规模较小，其中一部分原因是基底CO_2排放总量不大。

我国是CO_2排放大国，同时也是CO_2减排大国。我国政府一直致力于降低CO_2排放强度，实现低碳经济发展：中国政府宣布计划在2030年左右实现CO_2排放峰值，给节能减排提出新的挑战目标，未来要实现该目标，年平均CO_2排放强度必须大幅下降。结合本节的测算结果，只有像长三角城市群、珠三角城市群、京津冀城市群能完成这样的目标，其他城市群则相对比较困难。

表6－9　主要年份各城市群的减排潜力、可减排量与减排规模

城市群	减排潜力/%			可减排量/万吨			减排规模/%		
	2000年	2005年	2010年	2000年	2005年	2010年	2000年	2005年	2010年
京津冀城市群	16.02	17.49	18.47	5377.56	7897.77	15208.98	17.11	13.06	9.77
长江三角洲城市群	5.66	6.59	15.39	2478.67	4692.93	20141.19	7.89	7.76	12.94
珠江三角洲城市群	8.22	12.10	17.04	3135.68	5337.49	9556.12	9.98	8.83	6.14
辽中南城市群	13.37	17.69	39.88	2103.00	3401.88	14579.31	6.69	5.63	9.37
海峡西岸城市群	10.54	9.04	29.12	1777.08	1976.43	10776.51	5.65	3.27	6.93
山东半岛城市群	16.42	19.39	22.27	2868.81	5283.04	10568.30	9.13	8.74	6.79

续上表

城市群	减排潜力/%			可减排量/万吨			减排规模/%		
	2000年	2005年	2010年	2000年	2005年	2010年	2000年	2005年	2010年
长江中游城市群	4.75	8.74	8.40	500.32	1470.49	2808.82	1.59	2.43	1.81
中原城市群	16.58	22.14	41.77	1749.05	3425.49	12316.49	5.57	5.67	7.92
哈长城市群	14.46	15.79	16.92	2274.07	3056.34	6663.53	7.24	5.06	4.28
江淮城市群	5.73	19.25	12.87	291.53	1427.59	2367.55	0.93	2.36	1.52
晋中城市群	30.53	56.17	63.94	4233.45	10066.11	16546.64	13.47	16.65	10.63
成渝城市群	3.91	17.41	19.88	205.07	1508.48	4004.73	0.65	2.50	2.57
关中城市群	10.44	11.19	16.92	536.46	866.92	3216.00	1.71	1.43	2.07
北部湾城市群	11.94	18.68	32.17	356.71	737.92	2578.54	1.14	1.22	1.66
呼包鄂榆城市群	35.43	70.41	70.29	1881.32	5570.04	13587.39	5.99	9.21	8.73
黔中城市群	19.29	21.93	46.18	260.01	526.28	2134.86	0.83	0.87	1.37
滇中城市群	7.94	6.10	11.22	379.55	426.34	1526.06	1.21	0.71	0.98
天山北坡城市群	1.91	16.95	24.74	98.94	1175.44	2880.32	0.31	1.94	1.85
兰西城市群	9.46	10.32	15.35	276.94	390.85	1058.06	0.88	0.65	0.68
宁夏沿黄城市群	34.91	40.01	41.37	640.77	1215.82	3080.57	2.04	2.01	1.98
全国	12.27	16.92	24.03	31425.00	60453.65	155599.99			

6.4.8 CO_2 排放绩效的影响因素分析

6.4.8.1 影响因素选择

城市群 CO_2 排放绩效无论从静态还是动态角度测算都存在显著性差异，虽然前文分析了其动态演变趋势与区域特征，但尚未对影响差异性的原因做出探讨，基于此，本节将通过计量经济模型进一步揭示影响 CO_2 排放绩效差异性的机制。在已有研究的基础上，本节选择以下影响因素：①经济发展水平（*GDPP*），即人均 GDP，同时考察人均 GDP 的二次项式，以期检测 CO_2 排放绩效与经济发展之间是否存在“EKC”假说；②产业结构（*IS*），用第三产业增加值占 GDP 比重表示；③工业化水平（*IP*），用第二产业增加值占 GDP 比重表示；④能源强度（*EI*），用单位 GDP 能源消费表示；⑤技术进步（*TP*），研发经费支出占 GDP 比重；⑥环保力度（*EP*），用环境治理投资额占 GDP 比重表示。以上数据来源于《中国城市统计年鉴》、各省市统计年鉴以及本节估算的相应数据。

6.4.8.2 回归结果及分析

以各城市群 CO_2 排放绩效作为因变量，以上各影响因素作为自变量，建立计

量经济模型：

$$MCPI(CE)_{it} = a_0 + a_1 GDP_{it} + a_2 (GDPP_{it})^2 + a_3 IS_{it} + a_4 IP_{it} + a_5 EI_{it} + a_6 TP_{it} + a_7 EP_{it} + \varepsilon_{it} \quad (6-21)$$

式中：$MCPI$ 表示 i 城市群 t 时期累积的排放绩效指数；CE 表示历年的排放绩效指数；a_0是截距项，a_1、a_2、a_3、a_4、a_5、a_6和 a_7表示待定系数；ε 表示随机干扰项；i 表示城市群；t 表示年份。Hausman 检验拒绝了原假设随机效应模型，本节采用固定效应模型进行回归分析，结果如表 6-10 所示。

从表 6-10 可以看出，经济发展对 CO_2 排放绩效（CE 和 $MCPI$）起积极正向作用，即经济发展有助于排放绩效的改善；另外，GDPP 二次项系数为正，说明经济发展和排放绩效之间不存在倒 EKC 曲线，即不支持环境库兹涅茨假说。

产业结构优化、技术进步和环境治理投资比重提高有助于排放绩效的改善。第三产业比重提高在一定程度上会改善 CO_2 排放绩效，意味着积极发展第三产业，减低能源消费和 CO_2 排放将会促进排放绩效的提高。技术进步与排放绩效起正相关作用，即提高研发投资占 GDP 比重，提升节能减排技术水平和能源利用效率会显著降低 CO_2 排放，有效推动排放绩效改善。环境治理投资比重增加也将会提升排放绩效，环境保护和治理政策的有效实施，环境治理投资增加，环境污染防治的加强和减少污染物排放都会相应地提高排放绩效。

工业化水平和能源强度与排放绩效呈负相关。工业化水平即第二产业比重的提高将会影响排放绩效的改善，也即工业化水平越高，能源消耗也就越高，相应的 CO_2 排放水平也就越高，这样不利于排放绩效的提高。能源强度越高意味着单位 GDP 消耗的能源也就越多，在一定 GDP 产出情况下，能源消费越多，CO_2 排放就越多，所以能源强度的提高会抑制排放绩效的进一步提高。

表 6-10　CO_2 排放绩效影响因素回归分析结果

变量	*CE*		*MCPI*	
自变量	回归系数	t 统计	回归系数	t 统计
GDPP	0.0365[b]	5.4765	0.0183[b]	2.2491
$GDPP^2$	0.0048	3.7183	0.0029	1.8843
IS	0.2344[b]	7.4412	0.1573[c]	5.4201
IP	-0.1546[a]	-7.1169	-0.0918[b]	-6.7353
EI	-0.3338[c]	3.3080	-0.2409[c]	4.9648
TP	0.2577[b]	1.9074	0.0236[c]	1.5324
EP	0.0632[c]	3.5834	0.0417[c]	3.0565
截距	0.1167[c]	2.1083	0.2516[c]	2.8074

6.5 小结

由于城市尺度能源统计数据的匮乏，本章基于 DMSP/OLS 夜间灯光数据和 TM 影像模拟反演了全国 343 个城市单元的 1992—2010 年的能源消费 CO_2 排放，填补了城市尺度统计数据不足的缺陷。分析结果显示：从全国层面来看，我国 CO_2 排放总量持续增长，各城市排放存在显著性差异，总体表现为东部高于中部，中部高于西部的区域空间格局，呈现出与我国东部、中部、西部区域经济格局相似的特征；全国 CO_2 排放总量集聚程度呈现出波动性变化特征，2010 年全国基本形成了以京津冀、长三角、山东半岛和珠三角为核心的高高集聚类型区，同时形成了以西部低低集聚类型区和中南部低低集聚区。基于 CO_2 排放总量划分了全国 CO_2 排放类型，并分析了其类型转移。城市群地区 CO_2 排放强度存在显著性差异，空间分布总体呈现西高东低特征，区域差异逐步缩小且集聚趋势增强。

在 DMSP/OLS 夜间灯光数据模拟反演能源消费 CO_2 排放的基础上，本节从生产理论的角度，借助环境生产技术、VRS - DEA 模型和 Malmquist 指数，综合考虑能源、资本、劳动力等相关要素，利用投入产出分析构建兼顾期望产出与非期望产出可从静态和动态变化视角下分析 CO_2 排放绩效的指数。然后利用 1995—2010 年我国 20 个城市群的面板数据对我国城市群地区的 CO_2 排放绩效进行实证研究，并分析了其区域差异性、减排潜力和影响因素，以期填补城市群 CO_2 排放绩效研究这一薄弱环节，并为提高我国城市群 CO_2 排放绩效和制定有效的节能减排措施提供科学依据。研究发现，中国全要素 CO_2 排放绩效在观察期内呈现上升趋势，区域差异显著，并表现出明显与区域经济格局类似的特征；减排潜力和减排规模表明，我国城市群地区的减排潜力逐步增大，具体从 2000 年的 12.27% 增加到 2010 年的 24.03%，可减排量也相应从 31425.00 万吨增加到 155599.99 万吨，鉴于城市群地区是我国未来经济发展格局中最具活力和潜力的核心地区，理应科学地提高技术水平和合理制定节能减排政策，以期提升城市群地区的 CO_2 排放绩效，为我国降低 CO_2 排放应对全球气候变化做出应有的贡献。

最后，本书将通过计量经济模型进一步揭示影响 CO_2 排放绩效差异性的机制，研究发现经济增长、优化产业结构、研发投入和环境治理投入比重有助于 CO_2 排放绩效的改善；工业化水平和能源强度不利于 CO_2 排放绩效的改善。

7 城市化进程中CO_2排放的情景模拟

中国是CO_2排放大国，为应对气候变化和温室效应，中国既面临着温室气体减排不同利益集团在政治外交上的博弈，同时也面临着国内资源环境承载力不足的巨大挑战。面对双重压力，中国政府宣布计划在2030年左右实现CO_2排放峰值，明确了应对气候变化低碳发展的战略方向。但开展各种减排活动和制定各类减排措施首先依赖于对未来CO_2排放的精确估算，这也是进一步制定和明确未来CO_2减排的基础。鉴于此，本章设定了2种基于不同指标类型选择的情景模拟了中国2012—2025年的CO_2排放，以期达到“不同速率、不同组合、不同政策”结果之间的比较，也旨在通过设置多种情景，分析中国在何种发展模式下，既能保持稳定的经济增长又最有利于减缓CO_2排放。

7.1 基于城市化发展的情景模拟

IPAT模型，即“$I=PAT$”，其中，I、P、A、T分别为CO_2排放总量、人口数量、富裕度和技术，考察的是不同影响因素对CO_2排放的影响。近年来的多项研究表明，CO_2排放不仅与人口、经济和能源消费有直接的联系，而且与城市化水平也有较为密切的关系。为了分析城市化水平对CO_2排放的影响，本节将城市化水平和产业结构引入模型，对模型中的人口和经济进行分解，形成考察人口、经济、城市化、产业结构和科技对CO_2排放的影响，进而对各个省区设置不同的发展情景，研究何种情景下对区域制定经济发展对策和减缓CO_2排放最为有利。

7.1.1 情景设定

（1）经济增长情景。表7－1是中国未来可能的3种经济增长情景的增长率预测。事实证明，中国过去的超高速增长，实际上违背了经济发展规律，带来资源加快消耗、生态环境破坏、效率低下和产能过剩等问题，错过了结构调整和自主创新的机会。适应经济发展“新常态”是中央经济工作会议提出的总体要求，

对实现经济可持续发展具有重要意义。基准情景是参考国家“十二五”规划及中央经济工作会议有关要求，同时结合当前及未来经济的发展形势而设定的。低增长和高增长情景是按照基准情景为参考相应调整了1个百分点。据了解，国家经济和社会发展“十三五”规划要改变超高速增长率，实现中高速增长率的常态，可见，随着经济的高速发展，未来10年内经济增速可能趋于平缓。鉴于此，本节设置了未来10年的经济增长情景，如表7-1所示。

表7-1　中国未来经济增长率预测

情景	2010—2015年	2015—2020年	2020—2025年
基准情景	7.5%	7%	6%
低增长情景	6.5%	6%	5%
高增长情景	8.5%	8%	7%

（2）人口增长情景。“十二五”期间，为保持低生育水平稳定，全国总人口控制在13.9亿人以内，人口年均自然增长率控制在0.7%以内。国际能源情报署（EIA，2009）对中国人口的预测为：2015年人口为13.89亿人，2020年为14.21亿人。按此预测，2010—2015年人口平均自然增长率为0.6%，2016—2020年为0.5%。未来，为继续保持低生育水平，同时也确保一定的人口增长，中增长方案设定2020—2025年的人口平均自然增长率同样为0.5%，高增长方案为0.6%。鉴于此，设定全国未来人口中增长方案，2015年为13.89亿人，2020年为14.24亿人，2025年为14.56亿人；高增长方案，2015年为14.00亿人，2020年为14.30亿人，2025年为14.74亿人，如表7-2所示。

表7-2　中国未来总人口增长预测（亿人）

情景	2015年	2020年	2025年
中增长方案	13.89	14.24	14.56
高增长方案	14.00	14.30	14.74

（3）城市化情景。改革开放以来，中国的城市化发展取得了显著成效，城市化水平从1978年的17.90%增长到2011年的51.27%，平均增长率为1.01%。根据国家新型城镇化发展规划（2014—2020年）的预测，到2020年中国的城市化水平将达到60%，平均增长1个百分点，按此增长速度，到2025年，城市化水平为65%。鉴于此，本节设置的城市化水平中增长方案，2015年为55%，2020年为60%，2025年为65%；城市化水平低增长方案的设置将低于中增长方案每5年2个百分点，2015年为54%，2020年为58%，2025年为63%，具体如表7-3所示。

表7－3　中国未来城市化水平预测

情景	2015年	2020年	2025年
中增长方案	55%	60%	65%
低增长方案	54%	58%	63%

（4）技术进步情景。中国政府一直致力于推进低碳经济发展，2004年，国家发展和改革委员会在能源发展中长期规划中提出2003—2020年年均节能率为3%，即能源强度下降为3%；“十一五”期间，政府提出降低20%的能源强度；“十二五”期间，政府部门提出降低16%的能源强度。综合以上规划要求，本节设置技术进步中增长方案是未来每年能源强度下降3%如表7－4所示；高增长方案在中方案的基础上下降0.5%，即3.5%，如表7－4所示。

表7－4　中国未来技术进步情景预测

情景	2010—2015年	2015—2020年	2020—2025年
中增长方案	3%	3%	3%
高增长方案	3.5%	3.5%	3.5%

根据以上影响因素的分析，同时结合中国发展的实际情况，本节设置了10种发展情景，如表7－5所示。在设置发展情景时，本节不仅考虑变量间的组合与排列，而且结合了中国发展的现状及未来发展趋势。由于本节的目的旨在寻找符合中国未来发展的最优模式（稳定经济发展的同时又最有利于减缓CO_2排放）。因此，本节选择4个变量（经济、人口、城市化和技术进步）组合了10种发展情景：情景B，情景BTU，情景BH，情景L，情景LT，情景LH，情景H，情景HP，情景HT和情景AH。表7－5是具体发展情景设置及相关情景描述。

表7－5　中国未来发展情景及情景描述

情景	情景描述	经济增长（A）	人口数量（P）	城市化水平（U）	技术进步（T）
情景B（基准情景）	假设经济增长按照目前情形，2015—2025年，经济保持较快增长，增速逐步变慢，人口和城市实现中增长，技术进步中速	基准情景	中增长方案	中增长方案	中增长方案
情景BTU	在B情景的基础上，放慢城市化速度，加快技术进步增长	基准情景	中增长方案	低增长方案	高增长方案
情景BH	在B情景的基础上，在加快人口增长的同时提高技术发展水平	基准情景	高增长方案	中增长方案	高增长方案

续上表

情景	情景描述	经济增长（A）	人口数量（P）	城市化水平（U）	技术进步（T）
情景 L	经济和城市化发展在情景 B 的基础上进一步放慢	低增长情景	中增长方案	低增长方案	中增长方案
情景 LT	在情景 L 的基础上突出技术进步发展	低增长情景	中增长方案	低增长方案	高增长方案
情景 LH	在经济低速发展的基础上，人口、城市化水平和技术进步都快速增长	低增长情景	高增长方案	中增长方案	高增长方案
情景 H	在情景 B 的基础上强调经济增长	高增长情景	中增长方案	中增长方案	中增长方案
情景 HP	在情景 H 的基础上强调人口高速增长	高增长情景	高增长方案	中增长方案	中增长方案
情景 HT	在情景 H 的基础上强调技术进步加快	高增长情景	中增长方案	中增长方案	高增长方案
情景 AH	经济、人口、城市化和技术都高速增长	高增长情景	高增长方案	中增长方案	高增长方案

注：方案划分参考燕华等（2010）。

7.1.2　预测方法

首先采用面板数据模型对改进的 IPAT 模型进行估计。基于面板数据模型估计结果，利用下列模型来估计 2015—2025 年 10 种不同情景下的 CO_2 排放，具体模型如下：

$$\ln EM_{it} = \alpha + \beta_1 \ln P_{it} + \beta_2 \ln A_{it} + \beta_3 \ln T_{it} + \beta_4 \ln U_{it} + \eta_i$$

式中：EM 表示 CO_2 排放；P 表示人口数量；A 表示经济水平；T 表示技术进步；U 表示城市化水平；α 表示截距；η 表示误差项，β_1、β_2、β_3、β_4 表示系数；i 表示省区；t 表示年份。

对 CO_2 排放数据进行进一步处理：

$$EM_{it} = \exp(\alpha + \beta_1 \ln P_{it} + \beta_2 \ln A_{it} + \beta_3 \ln T_{it} + \beta_4 \ln U_{it} + \eta_i)$$

历年全国 CO_2 排放总量：

$$EM_t = \sum EM_{it} t = 2015, 2020, 2025$$

7.1.3 模拟过程

表7-6是面板单位根的检测结果。从表7-6可以看出，所有变量在原水平值时都不能拒绝原假设，而在一阶差分时都显著拒绝了原假设，显示了平稳性。因此，可以继续进行面板协整检验和FMOLS估计变量间的长期关系。

表7-7是面板Pedroni协整检验结果。本节利用了趋势假设，包括无确定性趋势项、确定性截距和趋势、无确定性截距和趋势。从无确定性趋势项来看，有6个统计拒绝了原假设非协整；从确定性截距和趋势项来看，有7个统计拒绝了原假设；从无确定性截距和趋势来看，有6个统计拒绝了原假设。所以，面板Pedroni协整检验显示人口、经济、城市化和技术进步与CO_2排放存在长期相关关系。

协整检验后，进行FMOLS检验。表7-8是FMOLS检测回归结果。从表7-8可以看出，1%的人口增长可以引起1.359500%的CO_2排放增长，1%的经济增长可以引起0.373704%的CO_2排放增长，1%的技术进步可以引起0.277178%的CO_2排放减少，同理1%的城市化水平提高可以引起0.591743%的CO_2排放增长。

表7-6 面板单位根检验

变量	水平		一阶差分	
	截距	截距与趋势	截距	截距与趋势
		Levin-Lin-Chu检测（common root）		
ln*EM*	9.86438	11.8364	-21.2607[a]	-19.1668[a]
ln*P*	7.45089	3.37603	-12.1889[a]	-13.6134[a]
ln*A*	12.8813	0.89036	-5.85314[a]	-11.7708[a]
ln*T*	4.21049	7.39003	-15.8270[a]	-14.3800[a]
ln*U*	7.11117	-0.14841	-12.1172[a]	-12.4863[a]
		Breitung检测（common root）		
ln*EM*		-4.16615[c]		-8.94631[b]
ln*P*		0.93245		-7.29138[b]
ln*A*		7.20825		-5.48287[a]
ln*T*		-1.92443[b]		-2.07202[a]
ln*U*		-1.38384[c]		-6.69167[a]
		Im-Pesaran-Shin检测（individual root）		
ln*EM*	6.94940	5.96649	-17.0560[a]	-13.5340[a]

续上表

变量	水平		一阶差分	
	截距	截距与趋势	截距	截距与趋势
ln*P*	0.43313	0.65222	-10.3251[a]	-8.87672[a]
ln*A*	19.7374	7.53347	-3.75383[a]	-8.69289[a]
ln*T*	2.02629	-5.47261[b]	-15.0668[a]	-11.1620[a]
ln*U*	2.31694	3.11780	-9.20053[a]	-8.95612[a]

注：a 表示 1% 显著水平，b 表示 5% 显著水平，c 表示 10% 显著水平。

表 7-7 面板协整检验

趋势假设	无确定性趋势项	确定性截距和趋势	无确定性截距和趋势
备择假设：common AR 系数（尺度内）			
面板 v-statistic	-0.265419	-0.238256	-1.525700
面板 rho-statistic	2.603084	4.425116	1.319566
面板 PP-statistic	-2.458144[a]	-2.526636[a]	-3.103253[b]
面板 ADF-statistic	-3.627780[a]	-1.493838[c]	-3.694388[a]
面板 v-statistic（weighted）	-0.191670	-0.150265[c]	-1.649109
面板 rho-statistic（weighted）	2.611259	4.579338	1.895627
面板 PP-statistic（weighted）	-2.902991[a]	-2.352576[a]	-1.779753[a]
面板 ADF-statistic（weighted）	-4.649224[a]	-2.532676[a]	-2.592808[a]
备择假设：individual AR 系数（尺度间）			
组 rho-statistic	4.931659	6.604612	4.056057
组 PP-statistic	-4.383673[a]	-2.439537[a]	-2.698744[a]
组 ADF-statistic	-4.604860[a]	-2.321178[b]	-4.429429[a]

注：滞后期根据 SCI 准则自动获取，Newey-West 带宽根据 Bartlett kernel 选择；a表示 1% 显著水平，b表示 5% 显著水平，c表示 10% 显著水平。

表 7-8 FMOLS 检验结果

省区	因变量 ln*EM*			
	ln*P*	ln*A*	ln*T*	ln*U*
北京	0.824183（11.30692）[a]	0.289275（0.876098）[c]	-0.131756（-1.333606）[c]	0.152019（0.468544）[c]
天津	0.694356（4.258218）[a]	0.171245（2.248154）[b]	-0.254462（-2.58327）[b]	0.300521（0.492524）[c]
河北	1.500945（-0.612880）[c]	0.387984（2.301110）[b]	-0.072337（-0.412595）[c]	0.602407（2.481098）[a]
山西	0.551093（0.959887）[c]	0.301567（4.208939）[a]	-0.049979（-0.521487）[c]	0.541600（2.967801）[b]

续上表

省区	因变量 ln*EM*			
	ln*P*	ln*A*	ln*T*	ln*U*
内蒙古	3.277176 (1.191737)[c]	0.036837 (0.239765)[c]	−0.577542 (−3.538200)[a]	3.431111 (1.865341)[c]
辽宁	1.845928 (0.890808)	0.173370 (2.402487)[b]	−0.005342 (−0.587733)[c]	0.375841 (4.107257)[a]
吉林	4.158499 (3.100181)[b]	0.321985 (21.05442)[a]	−0.100307 (−2.468636)[b]	0.726538 (2.130747) *
黑龙江	7.793006 (3.701333)[a]	0.334755 (2.814689)[b]	−0.179252 (−0.994231)	0.758633 (1.679754)[c]
上海	0.736489 (3.443010)[a]	0.199758 (1.771537)[c]	−0.319790 (−2.034266)[c]	4.801402 (1.974920)[c]
江苏	1.972789 (−0.750660)	0.454410 (1.710387)[c]	−0.331841 (−1.938560)[c]	1.324628 (3.837937)[a]
浙江	2.407720 (6.934410)[a]	0.095659 (1.908148)[c]	−0.290727 (−4.341431)[a]	2.492042 (16.88751)[a]
安徽	0.993859 (1.378247)[c]	0.326869 (4.872980)[a]	−0.006397 (−0.048812)[c]	0.309674 (4.702756)[a]
福建	0.614288 (0.261912)[c]	0.521356 (−4.4651)[a]	−0.380492 (−2.72180)[b]	5.504444 (4.492441)[a]
江西	1.181380 (0.852470)[c]	0.352563 (1.986303)[c]	−0.040064 (−0.435103)	0.721609 (4.703909)[a]
山东	0.214461 (0.200950)[c]	0.088948 (2.750715)[b]	−0.122598 (−3.541862)[a]	2.252716 (15.74788)[a]
河南	2.091465 (4.251184)[a]	0.293459 (4.791035)[a]	−0.092854 (−1.355126)[c]	0.341816 (2.268962)[b]
湖北	3.467381 (2.927361)[b]	0.213272 (4.659398)[a]	−0.047483 (−0.577729)[c]	1.000147 (3.967640)[a]
湖南	1.053785 (3.175042)[a]	0.305124 (3.209294)[a]	−0.008492 (−0.209965)[c]	0.945590 (8.912996)[a]
广东	1.168380 (10.03458)[a]	0.050295 (−1.313565)[c]	−0.045818 (−1.522928)[c]	2.310187 (7.085244)[a]
广西	3.915327 (4.343413)[a]	0.323124 (1.796867)[c]	−0.675417 (−3.353234)[a]	1.140652 (1.956864)[c]
海南	3.024624 (2.562536)[b]	0.353403 (1.097361)[c]	−0.722216 (−1.993635)[c]	0.322842 (1.181016)[c]
重庆	1.280668 (4.016290)[a]	0.303874 (6.178282)[a]	−0.028903 (−0.561329)[c]	0.572423 (3.760052)[a]
四川	1.148358 (2.598093)[a]	0.609136 (14.35764)[a]	−0.283824 (−3.893509)[a]	0.032401 (0.232509)[b]
贵州	2.579990 (3.144259)[a]	0.097241 (0.356331)[c]	−0.129274 (−0.723764)[c]	1.304333 (1.040142)[b]
云南	2.159211 (−2.163103)[c]	0.146812 (0.747565)[b]	−1.348419 (−4.304103)[a]	4.021002 (4.038191)[a]
陕西	4.267050 (3.315569)[a]	0.243101 (6.012256)[a]	−0.010848 (−0.435752)[c]	0.018400 (0.058465)[c]
甘肃	4.126984 (4.754707)[a]	0.306104 (0.109017)[c]	−0.093864 (−1.166967)[c]	0.942129 (5.731639)[a]
青海	2.147035 (4.759040)[a]	0.428308 (2.723734)[b]	−0.339483 (−2.309805)[b]	2.738816 (3.855121)[a]
宁夏	1.95013 (5.578269)[a]	0.551342 (−4.00193)[b]	−0.339291 (−3.29132)[b]	0.104496 (0.246638)[c]
新疆	0.194117 (0.302559)[c]	0.465409 (3.115279)[a]	−0.168746 (−1.181087)[c]	0.002431 (0.004111)[c]
面板	1.359500 (12.57321)[a]	0.373704 (15.77366)[a]	−0.277178 (−7.872822)[b]	0.591743 (8.880020)[a]

注：a 表示1%显著水平，b 表示5%显著水平，c 表示10%显著水平。

7.1.4 结果分析

结合面板数据回归结果和预测模型，本节预测了2015—2025年的CO_2排放。图7－1是2015—2025年10种情景下CO_2排放的预测结果。从图7－1中可以看

出，2015 年、2020 年和 2025 年，中国的 CO_2 排放总量将会分别达到 105.72 ～ 112.48 亿吨、121.84 ～ 134.92 亿吨和 136.26 ～ 158.63 亿吨。

图 7－1 显示，在情景 B（基准情景）下，中国的 CO_2 排放总量在 2015 年、2020 年和 2025 年将会分别达到 109.86 亿吨、129.53 亿吨和 148.29 亿吨。在情景 B 的基础上，如果经济增长速度提高 1%（情景 H），中国的 CO_2 排放总量在 2015 年、2020 年和 2025 年将会分别增加 1.53 亿吨、4.11 亿吨和 7.41 亿吨。在经济增长加快的基础上，如果人口增长也加快（情景 HP），相对于基准情景（情景 B），中国的 CO_2 排放总量在 2015 年、2020 年和 2025 年将会分别增加 2.62 亿吨、5.39 亿吨和 10.34 亿吨。然而，如果低碳技术的研发和利用速度加快，即使是经济快速发展（情景 HT），相对于基准情景，中国的 CO_2 排放总量在 2015 年、2020 年和 2025 年将会分别减少 1.25 亿吨、2.82 亿吨和 4.81 亿吨。如果在情景 HT 的基础上，人口增长加速（情景 AH），相对于基准情景（情景 B），中国的 CO_2 排放总量在 2015 年、2020 年和 2025 年将会分别增加 2.34 亿吨、4.09 亿吨和 7.68 亿吨。

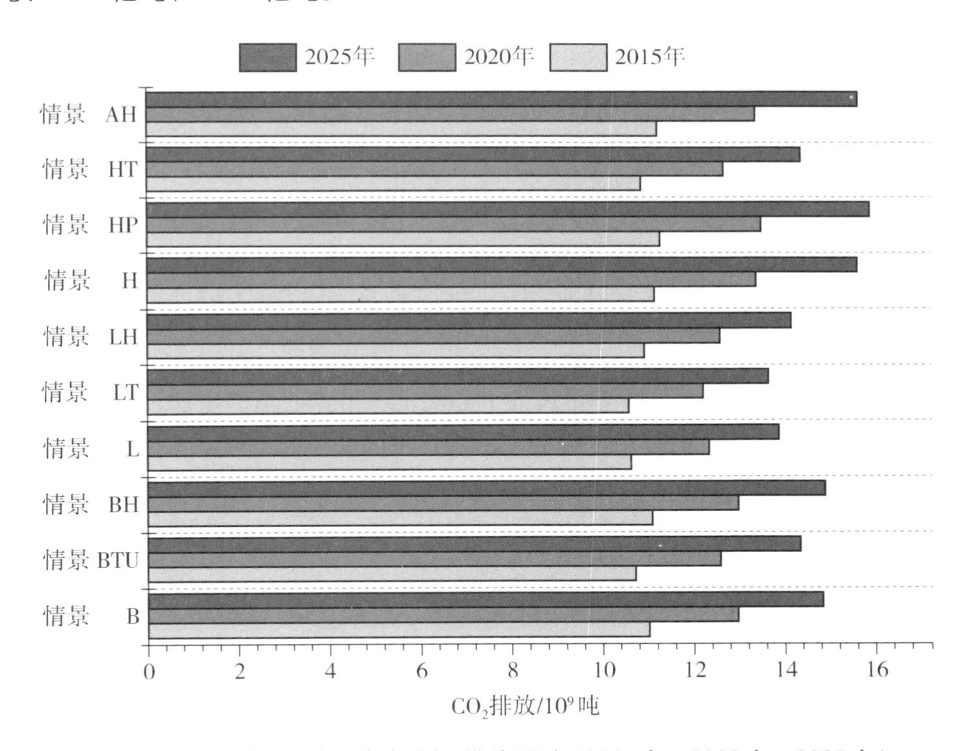

图 7－1　不同情景下中国未来 CO_2 排放预测（2015 年、2020 年、2025 年）

图 7－1 还显示，当经济增长速度处于低增长水平（相对基准情景下调 1%），同时也放慢城市化进程（情景 L），相对于基准情景，中国的 CO_2 排放总

量在2015年、2020年和2025年将会分别减少3.87亿吨、6.51亿吨和9.71亿吨。如果经济增长速度放缓，增加研发投入、提高技术进步速度（情景LT），相对于基准情景（情景B），中国的CO_2排放总量在2015年、2020年和2025年将会分别减少4.14亿吨、7.70亿吨和1.20亿吨。

对比发现，10种情景中，中国CO_2排放总量最低的情景是情景LT。在情景LT的基础上，如果人口增长速度加快，CO_2排放总量相应也会增加。如果经济增长中速、城市化水平增长较慢、技术进步加快、人口增长中速（情景BTU），相对于基准情景（情景B），中国的CO_2排放总量在2015年、2020年和2025年将会分别减少2.65亿吨、3.79亿吨和5.15亿吨。然而，如果人口增长速度加快（情景BH），相对于情景BTU，中国的CO_2排放总量在2015年、2020年和2025年将会分别增加3.45亿吨、3.78亿吨和5.41亿吨。

由以上分析可知，在情景LT方案下，中国的CO_2排放水平最低。但情景LT要求经济低速增长、人口中速增长、城市化水平增长较慢、技术进步速度加快。然而，以目前中国的发展速度和模式及未来发展形势，是不能满足情景LT的条件的。作为CO_2排放大国，中国面临着双重挑战：一方面既要保持经济稳定增长，另一方面还要减缓或降低CO_2排放水平。因此，在10种发展情景中，只有情景BTU（经济中速增长、人口中速增长、城市化低速发展和技术进步高速发展）能同时满足经济增长较快的同时还能抑制CO_2排放总量的过快增加。

7.2 基于产业结构优化的情景模拟

在上节的基础上，本节在变量选取上剔除了城市化变量，增加了产业结构变量，以凸显产业结构优化对CO_2排放的影响。在因变量的选取上，也区别于上节中的CO_2排放总量指标，本节选用人均CO_2排放量作为因变量来进行预测，在人均的基础上，进而估算总量指标。

7.2.1 情景设定

本节设计了3种情景来模拟CO_2的排放趋势，即基准情景、控制情景和低碳情景。①基准情景：产业结构和能源强度按照2011年水平进行预测，发展政策和2011年保持一致；②控制情景：政府部门制定相应的节能减排政策下的发展目标进行预测；③低碳情景：以环境保护为前提，政府部门采取更有效的节能减排措施控制CO_2排放的速度和排放量。情景模拟指标如表7-9所示。具体情景模拟模型如下（Du et al，2012）：

表 7－9 情景模拟分类描述

情景分类	情景描述
基准情景	年均经济增长率：7.5%（2012—2015 年）、6.0%（2016—2020 年）、6.0%（2021—2025 年）；年均人口增长率：0.6%（2012—2015 年）、0.5%（2016—2020 年）、0.5%（2021—2025 年）；产业结构和 2011 年一样；能源强度和 2011 年一样
控制情景	年均经济增长率：7.5%（2012—2015 年）、6.0%（2016—2020 年）、6.0%（2021—2025 年）；年均人口增长率：0.6%（2012—2015 年）、0.5%（2016—2020 年）、0.5%（2016—2020 年）；重工业比重每年下降 0.5%；能源强度年平均下降 3.0%
低碳情景	年均经济增长率：7.5%（2012—2015 年）、6.0%（2016—2020 年）、6.0%（2021—2025 年）；年均人口增长率：0.6%（2012—2025 年）、0.5%（2016—2020 年）、0.5%（2016—2020 年）；重工业比重每年下降 1%；能源强度年平均下降 3.5%

7.2.2 预测方法

具体预测方法见上节预测方法。同样采用计量方法结合下式对中国未来人均 CO_2 排放和 CO_2 排放总量进行预测分析：

$$In(per\_CO_2)it = \alpha + \beta_1 In(per\_CDP)_{it} + \beta_2 In(ratio\_heavy)_{it} + \beta_4 In(energy\_inten)_{it} + \beta_5 In(time)$$

式中：per_CO_2 表示人均 CO_2 排放量；per_CDP 表示人均 GDP；$ratio\_heavy$ 表示重工业比重；$energy\_inten$ 表示能源消费强度；α 是常数项；β_1、β_2、β_3、β_4、β_5 是待定系数，由 1995—2011 年各省份历史数据回归得到。同时，$(per\_CO_2)_{it} = exp\ [In\ (per\_CO_2)_{it}]$。

全国人均 CO_2 排放量为：

$$\overline{per\_CO_{2t}} = \frac{1}{30}\sum_{i=1}^{30} per\_CO_{2\,lt} t = 2012, \cdots, 2025$$

全国 CO_2 排放总量为：

$$aggreCO_{2t} = \sum_{i=1}^{30} (per\_CO_{2lt} \times pop_{it}) t = 2012, \cdots, 2025$$

7.2.3 结果分析

图 7－2 是 2012—2025 年 CO_2 排放总量预测演变图。从图 7－2 中可以看出，

到2015年、2020年和2025年，中国的CO_2排放总量将会分别达到92.82～103.33亿吨、101.84～132.35亿吨和110.72～161.46亿吨。虽然实施了节能减排措施，但对比3种不同情景分析，未来中国仍有很大的节能减排空间。

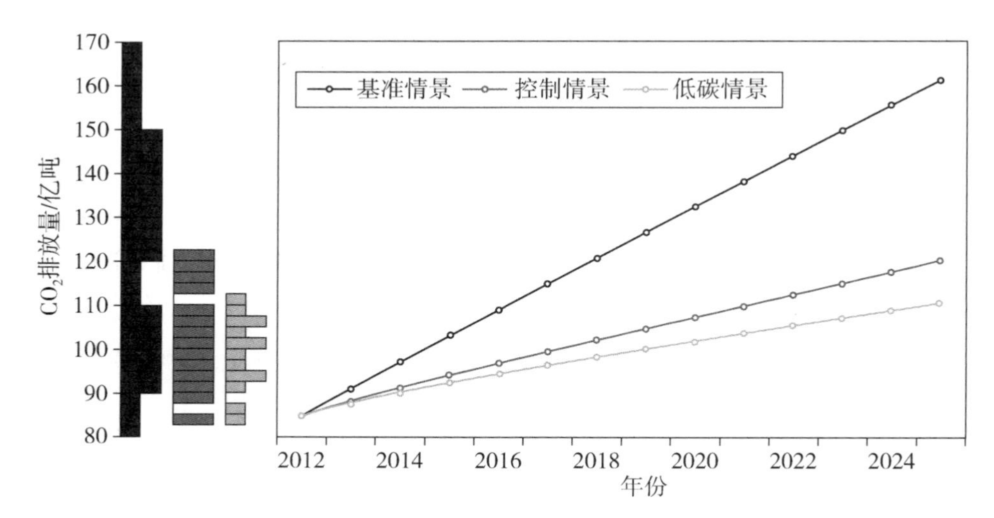

图7－2　不同情景下中国未来CO_2排放总量预测（2012—2025年）

基准情景下，以2011年的发展速度，CO_2排放总量到2015年、2020年和2025年将分别达到103.33亿吨、132.35亿吨和161.46亿吨；控制情景下，节能减排政策在一定程度上能够实施，那么CO_2排放总量到2015年、2020年和2025年将分别降到94.41亿吨、107.35亿吨和120.47亿吨；低碳情景下，如果能够采取更有效或更加严格的节能减排政策和环境保护措施，CO_2排放总量到2015年、2020年和2025年将分别降到92.82亿吨、101.84亿吨和110.72亿吨。

需要注意的是，本节的测算结果显示，2011年中国人均CO_2排放量为6.65吨，这一数据和丁铎尔"全球碳计划"年度研究成果（6.6吨）极为接近。中国的人均CO_2排放水平与其他国家相比，远低于欧洲（7.3吨）和美国（17.2吨）。主要原因有两个：一是从能效结构上看，中国在过去10年中经济发展迅速、技术进步加快、能源结构逐步优化，能效有了显著的提高，从而有效地降低了CO_2排放水平；二是中国为应对气候变化、全球变暖和碳减排所做出的巨大努力和贡献，比如确立节能减排的基本政策，以及通过规划提高可再生能源的利用比例等。气候变暖已成为全球面临的环境挑战，减少CO_2排放，推行低碳经济，落实减排责任，已成为全球共识。

按照控制情景相比于低碳情景，到2015年、2020年和2025年还分别有1.59亿吨、5.51亿吨和9.75亿吨的减排潜力，低碳发展任重道远。在过去10年中，中国经济高速发展，中国CO_2排放问题解决了中国的发展问题，实际上也是在为全球的稳定和发展做贡献；同时中国已经将生态文明列入国策，提出建设

美丽中国，这意味着中国将继续坚持走节能减排的道路，继续努力降低能耗和 CO_2 排放水平，落实减排责任。本节就 CO_2 排放预测而言，在3种情景模拟中，CO_2 排放总量增幅有所不同，预测结果能为政策制定和环境规划者针对减少 CO_2 排放、落实减排责任提供参考和依据。

7.3 小结与讨论

在传统IPAT模型的基础上引入城市化变量，探测人口、经济、城市化和技术进步对中国 CO_2 排放的影响，基于分省区的面板数据，估算了各影响因素的待定参数。同时基于人口、经济、城市化和技术进步未来的发展趋势，结合中国的发展现状及未来发展形势，设立了10种不同情景模拟了中国未来的 CO_2 排放。研究发现：到2015年、2020年和2025年，中国的 CO_2 排放总量将分别达到105.72～112.48亿吨、121.84～134.92亿吨和136.26～158.63亿吨。在10种发展情景中，只有情景BTU（经济中速增长、人口中速增长、城市化低速发展和技术进步高速发展）能满足经济增长较快的同时还能有效减缓 CO_2 排放总量，进而抑制 CO_2 排放总量的过快增加。

剔除城市化变量，引入产业结构变量，进而设立3种发展情景（基准情景、控制情景和低碳情景），模拟了中国未来的 CO_2 排放。研究发现：到2015年、2020年和2025年，中国的 CO_2 排放总量将会分别达到92.82～103.33亿吨、101.84～132.35亿吨和110.72～161.46亿吨。然而，控制情景相比于低碳情景，到2015年、2020年和2025年还分别有1.59亿吨、5.51亿吨和9.75亿吨的减排潜力，低碳发展任重道远。

由于 CO_2 排放初始计算方法不同，再加上情景模拟中变量选择不同、模拟方法不同、情景设置不同等原因，情景模拟结果也有所差别。表7－10是 CO_2 排放情景模拟结果对比情况。从表7－10中可看出，不同作者模拟的结果存在显著差异，本章所计算的结果和IEA（2008）及EIA（2009）相近。

表7－10　CO_2 排放情景模拟结果对比分析

文献	预测方法	时段/年	2015/亿吨	2020/亿吨	2025/亿吨
Chen et al（2004）	结构分解分析	2005—2020	—	130～200	
IEA（2008）	系统优化	2007—2030	88.28	100.04	
Cai et al（2007）	自下而上部分分析	2001—2020	—	53.67	
EIA（2009）	系统优化	2015—2035	82.04	94.17	

续上表

文献	预测方法	时段/年	2015/亿吨	2020/亿吨	2025/亿吨
ERI（2009）	系统优化	2005—2050	—	78.54	
Du et al（2012）	面板数据模型	2010—2020	113	147.09	
Guan et al（2008）[a]	投入产出－结构分解	2030	-	-	119（2030）
Guan et al（2008）[b]	投入产出－结构分解	2030	-	-	166（2030）
本章1（2015）[c]	面板数据模型	2015—2025	107.21	125.73	143.14
本章2（2015）[d]	面板数据模型	2015—2025	94.41	107.35	120.47

注：a表示中国生活方式情景，b表示西方生活方式情景，c表示基于BTU情景，d表示基于控制情景。

8　城市化进程中 CO_2 减排的主要措施与对策

气候变化已成为人类社会所面临的共同挑战。近年来，高温热浪、干旱、洪水和其他极端天气频繁发生，气候变化影响正逐步加剧。为应对气候变化，国际社会已形成共识，倡导绿色和低碳发展。中国是最大的发展中国家，发展经济，摆脱贫困，是未来在相当长一段时间内的主要任务。但在经济和城市化发展过程中存在诸多问题，如人口基数过大、能源效率较低、生态环境脆弱和资源环境承载力不足等。然而，中国目前并没有完成工业化或城市化进程，相反正经历着工业化阶段，能源消费增加是经济社会发展的客观必然。虽然倡导节能减排会给经济和社会发展带来诸多影响，但中国作为有担当和负责任的大国，正积极响应全球减排的号召，承担其应有的减排责任，为减缓全球气候变化做出应有的贡献。通过对城市化过程与 CO_2 排放的作用机理与效应研究，本章认为未来我国应发展低碳城市和低碳经济，推行低碳发展模式，走新型城镇化和低碳城镇化道路，主要减排措施应从以下几个方面考虑：发展低碳经济和优化产业结构、改变城市形态和控制开发强度、发展低碳能源和提高 CO_2 排放绩效及倡导绿色消费和提高低碳意识等。

8.1　倡导低碳城镇化

城镇化过程将是中国未来 CO_2 排放的主要增长来源（Wang et al，2014）。中国正处于以工业经济为主向以城镇经济为主转变的阶段，2011 年，我国城镇化水平首次突破 50%，达到 51.27%，与世界平均水平大体相当，若以发达国家的目前城镇化水平来看，未来我国的城镇化水平还有很大程度的提升空间。根据世界银行等相关研究机构预测，2030 年我国的城镇化水平总体可达到 68%～72%，相比于目前的水平来说未来还有近 20 个百分点的增长空间。如果以此来计算，再加上城镇化后期增长速度的放缓，存量的城镇化和增量的城镇化至少需要 30 年，提升城镇化发展质量任重道远。据有关研究表明，中国的城镇人均生活能耗是农村人均水平的 1.5 倍左右，城镇单位建筑面积能耗是农村地区的 4.5 倍左右，相应的总能耗和排放约为农村水平的 3 倍（柴麒敏，2014）。未来城镇化过

程中城乡格局的平衡对2030年我国CO_2排放峰值水平影响很大，而城镇化过程中建筑和交通模式一旦形成和固化，能耗和排放是较难降低的。目前我国城镇化发展速度较快，每年接近1个百分点，在此过程中，每年要有成千上万吨CO_2排放。中国在《中美气候变化联合声明》宣布，我国计划在2030年左右实现CO_2排放峰值，给节能减排带来了巨大挑战。在此背景下，需要进一步明确未来的低碳路线图，制定节能减排措施。CO_2排放是受多重因素共同作用的结果，根据本书对CO_2排放的社会经济影响因素分析，发现产业结构、能源结构等会显著影响CO_2排放。所以发展低碳城镇化，推行低碳城镇化模式，应从优化产业结构和调整能源结构等方面着手减缓CO_2排放，为实现2030年我国CO_2排放达到峰值做出贡献。

8.2 优化产业结构

我国正处在快速工业化和城镇化阶段，工业特别是高耗能、高污染行业增长过快，如电力、钢铁、有色、建材、石油加工和化工六大行业。未来我国要发展低碳经济，必须促进产业升级和优化。首先要大力发展第三产业，以专业化分工和提高社会效率为重点，积极发展生产性服务业。所谓生产性服务业是指为保持工业生产过程的连续性、促进工业技术进步、产业升级和提高生产效率提供保障服务的服务行业。生产性服务业是依托制造业而发展起来的新兴产业，它是以人力资本和知识资本作为主要投入要素，把精尖的、优秀的人力资本和知识资本注入工业，在很大程度上促进了第二、第三产业的融合发展。生产性服务业没有直接参与生产，而是依靠无形的投入促进发展，因此，生产过程中CO_2等温室气体排放较小，促进工业向低污染、低排放的清洁生产靠近。另外，生产性服务业能够促进专业化生产，无形中扩大了知识密集型产业，压缩了劳动密集型产业，从而提高了生产效率，这样，在投入一定的情况下，就可以减少生产过程的温室气体的排放，进一步减缓温室效应。以满足人们需求和方便群众生活为中心，提升发展生活性服务业。生活性服务业是服务经济的重要组成部分，是国民经济的基础性支柱产业，它直接向居民提供物质生活和精神生活消费产品及服务，其产品、服务用于解决购买者生活中（非生产中）的各种需求。要大力发展高技术产业，坚持走新型工业化道路，促进传统产业升级，提高高技术产业在工业中的比重。要积极实施“腾笼换鸟”战略，加快淘汰落后生产能力、工艺、技术和设备，对不按期淘汰的企业，要依法责令其停产或予以关闭。其次是要调整优化产业结构，推动产业转型升级。把化解产能过剩矛盾作为产业结构调整的重点，通过扩大内需、境外转移、兼并重组、淘汰落后，把化解过剩产能与调整生产力

布局和改造传统产业结合起来，力争尽早取得实效。总的来说，优化产业结构是要促进第三产业的发展，积极发展服务业，在满足社会需求的情况下，适当降低第二产业比重，特别是重工业，实现不同产业间的协调发展。总体上来说，产业结构优化遵循产业结构优化规律，在实践过程中不能为了只求降低 CO_2 排放而毫无计划地降低第二产业比重，它应该是通过技术进步提升产业结构整体素质和效率不断向前发展，实现资源优化配置，推进产业结构的合理化和高级化发展。通过产业结构优化降低工业特别是高耗能产业的比重，是实现低碳城镇化发展、推进低碳发展模式的关键。因为产业结构优化的结果将会进一步减少能源资源的使用和浪费从而达到节约资源的目的。随着产业结构不断优化，资源利用效率和配置将会得到提升，从而达到最大经济效益的目的，在获得最大投入产出比的同时，降低 CO_2 等温室气体的排放，减缓温室效应，为实现 2030 年我国 CO_2 排放达到峰值的目标做出必要的贡献。

8.3 调整能源结构

自工业革命以来，人为 CO_2 排放迅速增长，人类活动诸如煤、石油、天然气（等燃料的燃烧和森林退化是 CO_2 排放增加的首要因素。87% 的人为 CO_2 排放来自煤、石油和天然气的燃烧，9% 来自土地利用变化）4% 来自工业生产特别是水泥制造。所以，化石能源燃烧是最大的人为碳源，这些燃料的燃烧释放大量的能量进一步转化为热量、电力和交通动力。煤、石油和天然气是占比最大的化石能源，化石能源燃烧释放的 CO_2 中，煤占 43%，石油占 36%，天然气占 20%（IEA，2012）。煤是高碳能源，1 吨煤燃烧要释放 2.5 吨 CO_2，在所有能源中，煤释放的 CO_2 是最多的。消费化石能源最多的经济部门是电力/热力、交通和工业部门，电力/热力和交通部门所产生的 CO_2 排放几乎占全球 CO_2 排放的 2/3。所以，加快能源结构调整，必须改变以煤炭、石油等为主的能源结构，发展并普及太阳能、风能等在内的清洁能源。面对即将到来的能源危机，国际社会一致认为应采取开源节流战略，即一方面节约能源，另一方面开发新能源和清洁能源。我国的能源资源禀赋状况决定了我国过去、现在以至将来很长一段时间内仍将是以煤炭为主的多元能源结构。在实现战略目标过程中，需要实施以煤为主、多元发展的能源结构发展战略，即提高天然气、水电以及核能和其他能源在能源构成中的比重，努力调整和优化我国的能源消费结构。面对能源危机，我国一方面应该大力发展洁净煤技术，因为我国以煤为主的能源结构在短时期内不会变，随着经济和科技的发展，煤炭也可以变成清洁能源；大力发展煤炭清洁技术，不仅可以更好地缓解我国石油、天然气供应不足的问题，还有利于调整产业结构。另一

方面，我国更应该加大力度研发绿色清洁能源，如太阳能、风能、核电、海洋能、生物质能源和可再生能源等。绿色能源相比于传统化石能源不但在开采过程中降低了污染，减少排放，在使用过程中更是大大降低了 CO_2 等温室气体的排放。新能源使用在我国能源结构中的比重正逐步提高，但目前还处于较低水平，我国今后应重视新能源的开发，改变我国现在以煤炭、石油和天然气能源唱主角的局面。目前，新能源的发展在我国正方兴未艾，我国必须发展绿色能源以适应低碳城市的要求。除以上措施外，我国还必须调整和优化区域能源结构。因为我国能源资源生产和消费同时存在不均衡性，在实现全国能源结构优化的同时，必须着重关注区域能源结构的调整和优化。另外，更为重要的是要深化能源体制改革，完善能源制度建设。因为只有完善的体制和法律才能为新能源、绿色能源和可再生能源的发展营造良好的政策环境。

8.4 调控城市空间形态

科学的城市规划是建设低碳城市的第一步。城市形态是一种复杂的经济、文化现象和社会过程，是在特定的地理环境和一定的社会经济发展阶段中，人类各种活动的结果。城市空间形态对城市运行及城市各要素具有一定的锁定效应，是低碳城市规划的核心手段。在目前我国城市扩展迅速、规划实践空前发展的情况下研究城市形态，调控城市形态未来发展方向，对降低能源利用和 CO_2 排放具有积极的作用。

已有研究表明，城市形态与城市交通、土地利用、职住平衡、生活方式等要素有显著的相关关系，而这些要素又显著影响能源利用和 CO_2 排放，因此城市形态与 CO_2 排放也具有较强的相关关系，但这种关系并不是直接的关系，而是城市形态通过影响众多中间要素进而影响 CO_2 排放。越来越多有关城市形态的要素被证明与 CO_2 排放存在关系，如人口密度、土地混合利用程度、居民出行方式、职住分离度、城市绿化、城市基础设施和公共服务设施等，所以可以说正是因为不同的城市空间形态决定了这些要素的性质，从而影响到城市 CO_2 排放（杨磊等，2011）。众多研究表明，紧凑城市在降低城市 CO_2 排放方面具有较好的作用，主要是因为紧凑城市更多地关注了城市人口和建筑密度，着重强调土地混合使用和密集开发，同时也主张人们居住在离工作更近的地方，而紧凑城市这些要素都有利于降低城市 CO_2 排放，紧凑城市的建设理念在某种程度上达到了土地资源高效利用，是一种城市更为精致的发展。在我国，紧凑城市理念在城市规划中的应用主要体现在节约和集约利用土地资源、集中布局城市功能要素、加强城市空间增长管理、促进城市土地的高密度混合利用、加强城市规划管理等。在目前我国城

市扩展迅速、规划实践空前发展的情况下，紧凑城市的这些理念无疑是一种可持续发展战略的体现，是建设节能能源资源，降低 CO_2 排放的有效途径。所以，未来我国应调控城市形态，向紧凑型城市发展，倡导土地混合使用和密集开发，鼓励人们居住在更靠近工作地点和日常生活所必须的服务设施的地方，从而达到土地资源高效利用和城市精致发展，进而降低 CO_2 排放，实现低碳城市规划。

8.5 控制城市开发强度

城市开发强度是城市开发模式的一个重要指标（周素红等，2005），同时也是城市规划的一个约束指标。城市开发强度狭义上指土地开发强度，但本书中的城市开发强度是城市的综合发展强度或者密度，不单指土地开发强度，而是一个综合的概念。本书把城市开发强度分为六个方面，即土地开发强度、经济产出强度、人口强度（密度）、基础设施建设强度、公共服务设施建设强度和生态环境强度。经过本书的研究发现，土地利用强度、经济产出强度、人口强度、基础设施建设强度和公共服务设施建设强度在一定程度上都与 CO_2 排放呈正相关，促进了 CO_2 排放，而生态环境强度与 CO_2 排放呈负相关，抑制了 CO_2 排放。在一般情况下，土地开发强度越高，经济效益就越高；反之，如果土地开发强度不足，亦即资源利用不充分，在一定程度上会造成资源浪费。所以，适度集中化的开发模式会促进资源合理利用，得到可持续发展，进而达到低碳城市规划的目的。

土地利用强度强调了用地利用率、土地利用结构熵等，分析的是土地利用紧凑性，适度集约化用地布局模式在降低 CO_2 排放方面具有较好的作用，但如果土地利用强度过高，导致建设用地、居住用地和生产用地过大，势必造成绿地等绿化空间变小，导致 CO_2 排放增加。如果土地利用过于分散化，虽然可以就地分散污染物等，但同时也会造成土地资源利用的浪费，没有达到城市集约利用、精致发展的目的。所以控制土地利用强度，强调集中化用地开发是城市发展最为可持续的模式。经济产出强度实质上强调的是经济产出的紧凑性，关注的是土地单位面积经济产出。一般来说，根据土地的性质，应该是建设用地的单位产出最高，但如果一味地追求经济产出，导致建设用地比例过高，一方面将会影响用地结构之间的协调性，另一方面也会加大土地利用 CO_2 排放。对于产出经济强度，依然是强调合适的强度，保持合理的土地利用结构熵。人口强度也即是人口密度。衡量一个城市的人口分布是否合理，人口密度是否适当，应当看一定社会历史时期，一定的生产力条件下，自然资源和人口资源的结合和利用的好坏程度。如果人口密度过大，一方面会给资源环境带来沉重压力，另一方面也会加大 CO_2 排放，增大温室效应和城市热岛效应。基础设施建

设和公共服务设施建设强度更多的是从基础设施建设、基础设施投入、公共服务设施建设等方面着手探讨基础设施建设强度和公共服务设施建设强度对 CO_2 排放的作用机理。如果基础设施建设和公共服务设施建设强度过高，那么道路和建筑密度等就会相应增大，势必增加 CO_2 排放。所以，要在既能维持居住生活的便利，又能降低温室效应的基础上倡导合适的基础设施和公共服务设施开发强度。生态环境强度则是强调绿化面积、人均绿化面积等指标要素在城市空间的比例。如果生态相关指标在城市开发建设中比例过低，会给城市生态环境带来压力，影响城市的可持续发展，当然 CO_2 排放也会增大。如果城市建设中过度重视绿化，人均指标过高，生态环境质量当然良好，但会造成土地开发强度降低和土地资源利用效率低，不利于城市经济发展和人们生活水平提高，然而这样会降低城市温室效应，可以说极端做法各有利弊。所以，在现实城市开发建设中要倡导合理的生态环境强度，既能达到城市宜居宜业，山清水秀，又能减缓城市 CO_2 排放。

8.6 提高能源效率和排放绩效

提高能源效率和 CO_2 排放绩效对降低 CO_2 排放具有显著的作用。就节能减排而言，它包括节能和减排两个方面，二者之间既有联系又有区别。通常来说，节能必定减排，而减排未必节能。节能的关键是要提高能源效率和排放绩效。能源效率是单位能源所产生的经济效应。从投入产出的角度，也可以理解为在既定经济产出下，能源消耗越少，说明能源利用效率越高。排放绩效关注的是在既定经济产出下，CO_2 排放越少，说明排放绩效越高。在某种意义上，能源利用效率和 CO_2 排放绩效关注的是同一个问题，旨在降低 CO_2 排放总量，减缓气候变化。目前，我国的能源结构仍是以化石能源为主，温室气体减排任务艰巨。然而我国在能源利用过程中存在诸多浪费和使用效率低下等问题。据有关研究表明，虽然近年来，我国能源利用效率逐步提高，能耗强度逐步下降，但我国能源利用效率还是比发达国家低 10 个百分点，产品能耗与国际先进水平存在较大差距。面对着化石能源的不断枯竭以及能源消费的增长，我国节能工作面临着巨大的挑战。一方面，随着工业化和城镇化进程的加快，能源需求将继续保持增长；另一方面，在当前经济增速明显放缓的背景下，进一步降低单位 GDP 能耗，提高能源效率和排放绩效显得尤为困难。能源效率和能耗强度会受经济发展阶段、产业结构、能源价格、能源与环境政策等因素的影响。但在目前经济发展阶段下，我国的减排必须要靠加强技术和管理上的应用，从能源利用的各个环节出发，降低消耗、减少损失和污染物排放、制止浪费，有效、合理地利用能源，尽量做到不牺

牲经济增长速度而通过调整结构、技术进步、加强管理、深化改革等措施实现大幅度能效，提升能源利用效率和 CO_2 排放绩效，达到节约能源、降低 CO_2 排放的目的，从而达到社会效益和环境效应均衡。

8.7 倡导绿色消费和提高低碳意识

除了以上涉及本书研究的减排措施以外，还应当倡导绿色消费和提高公民低碳意识。因为减少 CO_2 排放不仅仅是政府的责任，个人也应当承担责任。在日常生活中公民应形成一种低碳的消费模式，一种可持续的消费模式，在维持日常生活水平不降低的同时尽量减少使用高耗能产品，实现由“高能”消费向“低能”消费转变。在减少 CO_2 排放方面，个人的行动非常重要。因为从长期来看，随着技术进步加快和产业结构逐步优化，工业 CO_2 排放比重会持续下降，而与公民日常生活相关的 CO_2 排放一定会成为 CO_2 排放的核心（杨磊等，2011）。所以，公民要在日常行为中减少 CO_2 排放，如出行选择公共交通能减少尾气排放，选择低污染、低消耗的绿色产品，支持发展绿色技术，重复使用、多次利用，等等。实行可持续的消费模式，个人就可以为实现低碳经济、建设低碳城市做出贡献。

8.8 制定政策措施

为使减排措施得以较好实施，共谋低碳经济发展，本书还提出以下政策建议：一是制定低碳规划，为低碳发展创造条件。如将低碳经济纳入社会经济发展规划，将低碳技术研发纳入科技规划，制定低碳专项规划和发展规划，向低碳转型。二是完善碳交易、碳税市场和平台建设。三是实施 CO_2 排放监测、统计和监管机制。四是继续开展低碳城市试点。五是制定相关政策，形成低碳发展的长效机制。六是加强国际合作，研发形成低碳技术体系。

9 主要结论与未来展望

城市化进程中能源消费所产生的CO_2排放是社会经济发展过程中不可避免的非期望产出，而CO_2等多种温室气体是导致全球变暖的主要原因。为阻止和减缓全球变暖趋势，发展低碳经济已成为全球共识。面对全球升温和减排压力，国际社会承担着“共同但有区别的责任”。中国是CO_2排放大国，既面临着温室气体减排不同利益集团在政治外交上的博弈，同时也面临着维持国内经济平稳增长和资源环境承载力不足的巨大挑战。面对多重压力，中国政府向国际社会公开承诺了一系列有关CO_2减排的目标。但开展各种减排活动和制定各类减排措施的前提是对中国CO_2排放的系统研究。因此，鉴于理论和实践的双重需要，迫切需要从多重角度综合解析城市化过程与CO_2排放的机理与效应。本书正是由此而展开，在系统总结和梳理国内外相关理论和研究的基础上对城市化过程与CO_2排放效应的作用机理进行探讨，提出本书的基本研究框架，运用定性分析方法对CO_2排放的关键影响因素、城市化过程对CO_2排放的作用机制和CO_2排放对城市化进程的约束机制及二者之间的演变机理进行了分析。在核算CO_2排放的基础上，系统分析了不同尺度下CO_2排放指标的时空格局和演变机理，探讨了不同尺度CO_2排放的区域差异及尺度贡献率。然后，从静态和动态双重视角对CO_2排放影响因素进行全面分析，着重分析了经济增长与能源消费和CO_2排放的计量关系。借助Landsat TM影像和ETM影像定量测度了城市形态相关指标，并剖析了城市形态对CO_2排放的作用机理；运用熵值权重法构建了城市开发强度综合评价指标体系，从六个方面详细刻画了城市开发强度对CO_2排放的作用机制。之后，利用DMSP/OLS夜间灯光数据模拟反演了全国343个地级城市单元的CO_2排放，着重分析了其时空格局演变和类型划分。并以此为基础在城市群尺度上核算了CO_2排放绩效，着重分析了城市群的减排潜力和排放绩效的驱动因素。通过设置不同的发展情景模拟了我国未来的CO_2排放，分析中国在哪种发展模式下，既能保持稳定的经济增长又最有利于减缓CO_2排放。最后，提出了城市化进程中有关CO_2减排的主要措施和对策。本章是本书的最后一章，主要是对相关结论进行汇总，指出论文研究中存在的问题和对未来研究的展望。

9.1 主要结论

（1）全国尺度上，CO_2 排放总量和人均 CO_2 排放量持续上升，CO_2 排放强度逐步下降；人均 GDP 和人均 CO_2 排放量高度相关，相关系数为0.98；协整检验、误差修正模型、脉冲响应函数及因果关系检验表明城市化水平与 CO_2 排放总量之间存在长期均衡的协整关系和短期动态调整机制。区域尺度上，四大地区 CO_2 排放总量和人均 CO_2 排放量持续上升，东部经济带总量居首，CO_2 排放强度呈下降趋势，东部地区居尾；选取总量指标和强度指标对四大地区 CO_2 排放类型进行了划分。省级尺度上，总量和人均指标总体表现为东部高于中部，中部高于西部的区域空间格局，呈现出与中国东部、中部、西部区域经济发展格局相似的特征，CO_2 排放强度总体呈下降趋势，东部地区偏低；核密度估计发现人均指标存在集聚效应且分化趋势严重。在区域差异和贡献率上，人均排放差异在不同尺度上均呈不同程度的缩小趋势；省级尺度区域差异对总体差异的贡献份额最大，贡献率远远高于经济区尺度水平，平均占到总体差异的66%。

（2）从截面视角来看，运用“自上而下”生命周期法和投入产出模型估算了各省区的 CO_2 排放总量，并在此基础上引入全局和局域参数估计模型解析了 CO_2 排放的影响因素，结果表明空间回归模型优于经典回归模型，局域空间回归模型优于全局空间回归模型，混合模型又优于单变量模型，因此，采用混合地理加权回归对 CO_2 排放的影响因素进行解析；研究表明，CO_2 排放受多重因素共同作用，其中人口规模、经济规模、能源结构和城市化水平对 CO_2 排放起积极促进作用，而经济规模和人口的作用最为显著，相反，能源效率对 CO_2 排放起抑制作用。从面板视角来看：各省区 CO_2 排放总量存在一定的空间集聚性和收敛性；各省区人均 CO_2 排放量也存在显著空间自相关，但集聚性和差异性在波动中下降，空间分布模式具有一定的空间锁定或路径依赖特征；扩展 STIRPAT 模型研究表明，经济增长、城市化水平、能源结构和产业结构与 CO_2 排放显著正相关，而经济增长与 CO_2 排放之间不存在 EKC 曲线，科技水平、能源强度和第三产业比重与 CO_2 排放显著负相关，不同程度上抑制 CO_2 排放。经济增长与能源消费和 CO_2 排放的关系：经济增长与能源消费和 CO_2 排放之间存在协整关系和长期相关关系，即能源消费和 CO_2 排放每增加1%便会分别增加0.8305%和0.5234%的经济增长，经济增长和能源消费每增加1%便会分别增加0.6288%和0.8226%的 CO_2 排放，经济增长和 CO_2 排放每增加1%便会分别增加0.6598%和0.8499%的能源消费量，相关关系受经济规模和能源消费影响而存在显著性差异，显著性较高的地区主要集中在北京、上海等中心城市和能源富集区域及重化工基地；经济增长

与能源消费和CO_2排放之间存在Granger因果关系，即经济增长与能源消费、能源消费与CO_2排放之间存在双向Granger因果关系和从经济增长到CO_2排放的单向Granger因果关系。

（3）运用遥感影像解译和计量经济模型分析了城市形态对CO_2排放的作用机理。在Landsat TM影像和ETM影像解译的基础上，运用ENVI/IDL 5.1软件和ArcGIS 10.1（ERSI）软件提取30个主要城市的建成区边界和城市土地利用；借助FRAGSTATAS 4.2软件测算了有关城市形态的10种指标，之后利用计量经济模型分析了城市形态指标对CO_2排放的作用机理。研究发现城市扩张促进CO_2排放，其降低了碳汇而增加了能源消费，势必增加CO_2排放；城市连续性（紧凑性）与CO_2排放呈负相关，适度的土地混合使用和密集开发在一定程度上抑制了CO_2排放，表明紧凑城市能有效降低城市CO_2排放；相反，城市形态复杂性与CO_2排放呈正相关关系，表明破碎、不规则的土地利用模式影响了土地资源高效利用和城市精湛的发展，其在一定程度上促进了CO_2排放。

（4）从土地利用强度、人口强度、经济强度、基础设施强度、公共服务设施强度和生态环境强度综合的视角构建了城市开发强度的指标体系。该指标体系涵盖了6个一级指标和32个二级指标，是目前较为综合的分类体系。依托该指标首先对32个二级指标进行权重量化，之后确定6个一级指标权重，形成等级层次分明的确权体系。之后，引入计量经济模型分析城市开发强度对CO_2排放的作用机理。研究发现城市开发强度指标对CO_2排放具有显著但差异性作用，其中土地利用强度、经济强度、人口强度、基础设施强度和公共服务设施强度与CO_2排放呈正相关关系，在一定程度上促进CO_2排放；而生态环境强度与CO_2排放呈负相关关系，对CO_2排放起抑制性作用。

（5）基于DMSP/OLS夜间灯光数据和CO_2排放数据之间的定量关联，在地级市尺度上反演模拟了中国343个城市单元的CO_2排放时空格局。研究表明，基于DMSP/OLS夜间灯光影像能有效估算城市单元CO_2排放总量，该数据能够比较可靠地反映CO_2排放的时空动态，从而弥补了传统统计资料不全的缺点，是一种有效的新型CO_2排放检测手段。全国CO_2排放总量持续增长，总体表现为东部高于中部，中部高于西部的区域空间格局，呈现出与区域经济格局相类似的特征。全国CO_2排放总量空间聚集程度呈现波动性变化特征，基本形成了以京津冀、长三角、山东半岛和珠三角城市群为核心的高高集聚类型区，和以西部为主的西部和中南部低低集聚区。在此基础上，从生产理论角度，借助环境生产技术、VRS-DEA模型和Malmquist指数，利用投入产出分析构建了兼顾期望产出与非期望产出的动态和静态CO_2排放绩效指数；基于全国20个城市群的投入产出数据对城市群地区的CO_2排放绩效进行了实证研究，同时分析了其区域差异、减排潜力及影响因素。研究结果表明，CO_2排放绩效在观察期内总体呈现上升趋势，区域差异显著；城市群地区的减排潜力逐步增大，具体从2000年的12.27%

增加到2010年的24.03%，可减排量也相应从31425万吨增加到了155599万吨；经济增长、第三产业比重、研发投入和环境治理投入有助于CO_2排放绩效的改善；工业化水平和能源强度抑制CO_2排放绩效的改善。

（6）扩展传统IPAT模型，引入城市化变量，探测人口、经济、城市化和技术进步对CO_2排放的影响。基于分省区的面板数据，估算了各影响因素的待定参数。基于人口、经济、城市化和技术进步未来的发展趋势，设立了10种不同情景模拟了全国未来的CO_2排放趋势。研究发现，到2015年、2020年和2025年，全国的CO_2排放总量将分别达到105.72～112.48亿吨、121.84～134.92亿吨和136.26～158.63亿吨。在10种发展情景中，只有情景BTU（经济中速增长、人口中速增长、城市化低速发展和技术进步高速发展）既能维持经济平稳增长又能有效减缓CO_2排放总量。剔除城市化变量，引入产业结构变量，进而设立3种发展情景（基准情景、控制情景和低碳情景），模拟了中国未来的CO_2排放趋势。研究发现，到2015年、2020年和2025年，全国的CO_2排放总量将会分别达到92.82～103.33亿吨、101.84～132.35亿吨和110.72～161.46亿吨。然而，控制情景相比于低碳情景，到2015年、2020年和2025年还分别有1.59亿吨、5.51亿吨和9.75亿吨的减排潜力，低碳发展任重道远。

（7）发展低碳城市和低碳经济，推行低碳发展模式，走新型城镇化道路，减排措施主要应从以下几个方面考虑：优化产业结构、调整能源结构、倡导科学规划改变城市形态和控制开发强度、节约能源和提高能源效率及CO_2排放绩效等。

9.2 未来展望

（1）开展水资源利用与CO_2排放关系研究。城市水资源利用是制约当下城市化健康发展的关键，开展城市化过程与CO_2排放的作用机理与效应研究，理应关注水资源与能源消费CO_2排放的关系。从理论上来说，水资源利用与能源消耗存在着一定耦合关系。水资源的生产、搬运、处理和运输是一项能源密集型工程，同时废水的收集和处理也需要巨大的能源消耗，由此可以分析水资源与能源消耗的耦合关系，并进一步分析水资源与CO_2排放的关系，进而形成关于水资源-能源-CO_2关系（water-energy-carbon nexus）的研究。该项研究符合国际研究前沿，同时符合国家战略需求，受到普遍重视，开展我国水资源—能源—CO_2关系研究具有重要意义，既能填补国内三者研究的这一薄弱环节，也能为提高我国健康城镇化发展提供科学依据。

（2）强化CO_2排放集成模拟研究。CO_2排放模拟研究以经济增长、能源消费和技术进步变化等为分析基础，是多目标和多情景设定状态下的综合集成模拟。集成模拟应以内生增长理论为基础，构造动力学模型和通用数学建模系统，首先进行CO_2排放的仿真模拟，然后将可计算一般均衡模型与各变量（人口、经济、技术、能源、产业结构等）增长模型动态结合起来，在一般均衡条件下集成模拟我国未来的CO_2排放趋势。在多情景模拟条件下，探寻综合效益最大化状态下的优化情景（比如不能以牺牲经济增长达到减排目的），为各区域相关节能减排政策制定提供技术支撑。

（3）促进多视角和多学科融合研究。城市化过程与CO_2排放研究极具复杂性，虽然论文在理论和实证分析中综合了地理学、生态学、环境科学、管理学和计量经济学等多学科知识以及地理加权回归、生命周期法、环境生产技术、数据包络分析和系列计量经济模型等技术方法，但是鉴于全球气候变化研究的复杂性，未来研究仍需要多学科知识的交叉和融合以提高其研究的科学性，为减缓和适应全球气候变化提供新的理论和技术创新。

参 考 文 献

[1] AL-MULALI U, FEREIDOUNI H G, LEE J Y M, et al. Exploring the relationship between urbanization, energy consumption, and CO_2 emission in MENA countries [J]. Renewable & sustainable energy reviews, 2013, 23: 107-112.

[2] ANG B W, PANDIYAN G. Decomposition of energy-related CO_2 emissions in manufacturing [J]. Energy economics, 1997, 19 (3): 363-374.

[3] ANG B W. Is the energy intensity a less useful indicator than the carbon factor in the study of climate change? [J]. Energy policy, 1999, 27 (15): 943-946.

[4] ANSELIN L. Local indicators of spatial association-LISA [J]. Geographical analysis, 1995, 27: 93-115.

[5] BECKER R A. Air pollution abatement costs under the clean air act: evidence from the PACE survey [J]. Journal of environmental economics and management [J], 2005, 50 (1): 144-169.

[6] BEINHOCKER E, OPPENHEIM J, IRONS B, et al. The carbon productivity challenge: curbing climate change and sustaining economic growth [M]. Washington DC: McKinsey Global Institute, 2008.

[7] BROWN M A, SOUTHWORTH F, SARZYNSKI A. The geography of metropolitan carbon footprints [J]. Policy and society, 2009, 27: 285-304.

[8] BRUNSDON C, FOTHERINGHAM A S, CHARLTON M. Geographically weighted regression: a method for exploring spatial nonstationarity [J]. Geographical analysis, 1996, 28 (4): 281-298.

[9] BRUNSDON C, FOTHERINGHAM A S, CHARLTON M. Spatial nonstationarity and autoregressive models [J]. Environment and planning A, 1998, 30 (6): 957-973.

[10] CAI W J, WANG C, WANG K, et al. Scenario analysis on CO_2 emissions potential in China's electricity sector [J]. Energy policy, 2007, 35 (12): 6445-6456.

[11] CHARNES A, COOPER W W, RHODES E. Measuring the efficiency of decision making units [J]. European jounal of operational research, 1978, (2): 429-

444.

[12] CHEN W Y, GAO P F, HE J K. Impact of carbon mitigation on China's energy system using China MARKAL-MACRO model [J]. Journal of Tsinghua University (Sci & Tech), 2004, 44 (3): 342 -346.

[13] CHENG Y Q, WANG Z Y, YE X Y, et al. Spatiotemporal dynamics of carbon intensity from energy consumption in China [J]. Journal of geographical sciences, 2014, 24 (4): 631 -650.

[14] CHOI I. Unit root tests for panel data [J]. Journal of international money and finance, 2001, 20: 249 -272.

[15] DIETZ T, ROSA E A. Rethinking the environmental impacts of population, affluence and technology [J]. Human ecology review, 1994, 2 (1).

[16] DU L M, WEI C, CAI S H. Economic development and carbon dioxide emissions in China: provincial panel data analysis [J]. China economic reviews, 2012, 23: 371 -384.

[17] ENERGY RESEARCH INSTITUTE UNDER NATIONAL DEVELOPMENT AND REFORM COMMISSION (ERI). China's low carbon development pathways by 2050: scenario analysis of energy demand and carbon emissions [M]. Beijing: Science Press, 2009.

[18] FAN Y, LIU L C, WU G, et al. Changes in carbon intensity in China: empirical findings from 1980—2003 [J]. Ecological economics, 2007, 62 (3): 683 -691.

[19] FANG C L, GUAN X L, LU S S, et al. Inputoutput efficiency of urban agglomeration in China: an application of data envelopment analysis (DEA) [J]. Urban studies, 2013, 50 (13): 2766 -2790.

[20] FENG K S, HUBACEK K, GUAN D B. Lifestyles, technology and CO_2 emissions in China: a regional comparative analysis [J]. Ecological economics, 2009, 69: 145 -154.

[21] FOTHERINGHAM A S, BRUNSDON C, CHARLTON M. Geographically weighted regressionthe analysis of spatially varying relationships [M]. Chichester, UK: John Wiley and Sons, 2002.

[22] GARBACCIO F R, HO S M, JORGENSON W D. Controlling carbon emissions in China [J]. Environment and development economics, 1999, 4 (4): 493 -518.

[23] GILBERT A, CHAKRABORTY J. Using geographically weighted regression for environmental justice analysis: cumulative cancer risks from air toxics in Florida [J]. Social science research, 2010, 40 (1): 273 -279.

[24] GREENING L A, DAVIS W B, SCHIPPER L. Decomposition of aggregate carbon intensity for the manufacturing sector: comparison of declining trends from 10 OECD countries for the period 1971—1991 [J]. Energy economics, 1998, 20 (1): 43 -65.

[25] GROSSMAN G, KREUGER A. Economic growth and the environment [J]. Quarterly journal of economics, 1995, 110: 353 -377.

[26] GUAN D B, HUBACEK K, WEBER C L, et al. The drivers of Chinese CO_2 emissions from 1980 to 2030 [J]. Global environmental change human and policy dimensions, 2008, 18 (4): 626 -634.

[27] HAINING R. Spatial data analysis: theory andrctice [M]. Oxford: Cambridge Universtiy, 2004.

[28] HATZIGEORGIOU E, POLATIDIS H, HARALAMBOPOULOS D. CO_2 emissions, GDP and energy intensity: a multivariate cointegration and causality analysis for Greece, 1977—2007 [J]. Applied energy, 2011, 88: 1377 -1385.

[29] HE K B, HUO H, ZHANG Q, et al. Oil consumption and CO_2 emissions in China's road transport: current status, future trends, and policy implications [J]. Energy policy, 2005, 33 (12): 1499 -1507.

[30] HU M G, LI Z J, WANG J F, et al. Determinants of the incidence of hand, foot, and mouth disease in China using geographically weighted regression models [J]. PLoS ONE, 2012, 7 (6): e38978.

[31] IE AGENCY (IEA). World energy outlook [J]. OECD/IEA, 2008: 578.

[32] INMACULADA M Z, ANTONELLO M. The impact of urbanization on CO_2 emissions: evidence from developing countries [J]. Ecological econogy, 2011, 70: 1344 -1353.

[33] IPCC. Intergovernmental panel on climate change 2006 [EB/OL]. 2006 IPCC guidelines for national greenhouse gas inventories. www. ipcc. ch.

[34] ISAKSSON L H. Abatement costs in response to the Swedish charge on nitrogen oxide emissions [J]. Journal of environmental economics and management, 2005, 50 (1): 102 -120.

[35] ISLAS J, GRANDE G. Abatement costs of SO_2 control options in the Mexican electric power sector [J]. Applied energy, 2008, 85: 80 -94.

[36] JAYANTHAKUMARAN K, VERMA R, LIU Y. CO_2 emissions, energy consumption, trade and income: a comparative analysis of China and India [J]. Energy policy, 2012, 42: 450 -460.

[37] JIANG K J, HU X L. Energy demand and emissions in 2030 in China: scenarios and policy options [J]. Environmental economics and policy studies, 2006, 7

(3): 233 - 250.

[38] JOBERT T, KARANFIL F, TYKHONENKO A. Convergence of per capita carbon dioxide emissions in the EU: legend or reality [J]. Energy economics, 2010, 32 (6): 1364 - 1373.

[39] KENNY T, GRAY N F. Comparative performance of six carbon footprint models for use in Ireland [J]. Environmental impact assessment review, 2009, 29 (1): 1 - 6.

[40] KLEPPER G, PETERSON S. Marginal abatement cost curves in general equilibrium: the influence of world energy prices [J]. Resource and energy economics, 2006, 28 (1): 1 - 23.

[41] KRUGMAN P. Increasing returns and economic geography [J]. Journal of political economy, 1991, 99 (3): 483 - 499.

[42] LEONTIEF W. The structure of American economy, 1919—1939: an empirical application of equilibrium qnalysis [M]. New York: Oxford University Press, 1951.

[43] LI H, MU H, ZHANG M. Analysis of China's energy consumption impact factors [J]. Procedia environmental sciences, 2011, 11: 824 - 830.

[44] LI Y F, LI Y, ZHOU Y, et al. Investigation of a coupling model of coordination between urbanization and the environment [J]. Journal of environmental management, 2012, 98 (15): 127 - 130.

[45] LIANG Q M, FAN Y, WEI Y M. Multiregional inputoutput model for regional energy requirements and CO_2 emissions in China [J]. Energy policy, 2007, 35 (3): 1685 - 1700.

[46] LIU L C, FAN Y, WU G, et al. Using LMDI method to analyze the change of China's industrial CO_2 emissions from final fuel use: an empirical analysis [J]. Energy policy, 2007, 35 (11): 5892 - 5900.

[47] LIU Z, GUAN D B, CRAWFORDBROWN D, et al. Energy policy: a lowcarbon road map for China [J]. Nature, 2013, 500: 143 - 145.

[48] LIU Z F, HE C Y, ZHANG Q F, et al. Extracting the dynamics of urban expansion in China using DMSPOLS nighttime light data from 1992 to 2008 [J]. Landscape and urban planning, 2012, 106: 62 - 72.

[49] MADDALA G S, WU S W. A comparative study of unit root tests with panel data and a new simple test [J]. Oxford bulletin of economics and statistics, 1999, 61: 631 - 652.

[50] MIELNIK O, GOLDEMBERG J. The evolution of the carbonization index in developing countries [J]. Energy policy, 1999, 27 (5): 307 - 308.

[51] MILLER R E, BLAIR P D. Inputoutput analysis: foundations and extensions [J]. Cambridge: Cambridge University Press, 2009.

[52] MUNOZ P, STEININGER K W. Austrias CO_2 responsibility and the carbon content of its international trade [J]. Ecological economics, 2010, 69 (10): 2003 -2019.

[53] PAUL B S, MICHAEL J L. A crossnational study of the association between per capita carbon dioxide emissions and exports to the United States [J]. Social science research, 2009, 38: 239 -250.

[54] PEDRONI P. Purchasing power parity tests in cointegrated panels [J]. Review of economics and statistics, 2001, 83: 727 -731.

[55] PETERS G P, MARLAND G, QUÉRÉ C L, et al. Rapid growth in CO_2 emissions after the 2008—2009 global financial crisis [J]. Nature climate change, 2012, 2: 2 -4.

[56] PHETKEO P K. Does urbanization lead to less energy use and lower CO_2 emissions? A crosscountry analysis [J]. Ecological economics, 2010, 70: 434 -444.

[57] PIECYK M I, MCKINNON A C. Forecasting the carbon footprint of road freight transport in 2020 [J]. Production economics, 2010, 128 (1): 31 -42.

[58] RAMANATHAN R. Combining indicators of energy consumption and CO_2 emissions: a crosscountry comparison [J]. International journal of global energy issues, 2005, 30 (15): 2831 -2841.

[59] RAWSKI T G. What is happening to China's GDP statistics? [J] China economic review, 2001, 12 (4): 347 -354.

[60] REY S J. Spatial empirics of economic growth and convergence [J]. Geographical analysis, 2001, 33 (3): 195 -214.

[61] SALVADOR E P, JOSÉLUIS P, MARIANA C G. Modeling population dynamics and economic growth as competing species: an application to CO_2 global emissions [J]. Ecological economics, 2008, 65: 602 -615.

[62] SHAFIK N, BANDYOPADHYAY S. Economic growth and environmental quality: time series and crosscountry evidence [J]. Background paper for the world development report, 1992.

[63] SHI M. The impact of population pressure on global carbon dioxide emissions, 1975—1996: evidence from pooled crosscountry data [J]. ecological economics, 2003, 44: 29 -42.

[64] SHUI B, HARRISS R C. The role of CO_2 embodiment in US China trade [J]. Energy policy, 2006, 34: 4063 -4068.

[65] SIDDIQI T A. The Asian financial crisis—is it good for the global environment? [J]. Global environmental change, 2000, 10: 1-7.

[66] SOLOVEITCHIK D, BenAderet N, Grinman M, et al. Multiobjective optimization and marginal pollution abatement cost in the electricity sector—an israeli case study [J]. European journal of operational research, 2002, 140 (3): 571-583.

[67] STRETESKY P B, LYNCH M J. A crossnational study of the association between per capita carbon dioxide emissions and exports to the United States [J]. Social science research, 2009, 38 (1): 239-250.

[68] SUN J W. The decrease of CO_2 emission intensity is decarburization at national and global levels [J]. Energy policy, 2005, 33 (8): 975-978.

[69] WAGGONER P E, AUSUBEL J H. A framework for sustainability science: a renovated IPAT identity [J]. Proceedings of the national academy of science of the United Stated of America, 2002, 99 (12): 7860-7865.

[70] WANG C, CHEN J N, ZOU J. Decomposition of energy related CO_2 emission in China: 1957—2000 [J]. Energy, 2005, 30: 73-83.

[71] WANG K, WANG C, LU X D, et al. Scenario analysis on CO_2 emissions potential in China's iron and steel industry [J]. Energy policy, 2007, 35 (4): 2320-2335.

[72] WANG P, WU W S, ZHU B Z, et al. Examining the impact factors of energy related CO_2 emissions using the STIRPAT model in Guangdong Province, China [J]. Applied energy, 2013, 106: 65-71.

[73] WANG Q W, ZHOU P, SHEN N, et al. Measuring carbon dioxide emission performance in Chinese provinces: a parametric approach [J]. Renewable and sustainable energy reviews, 2013, 21: 324-330.

[74] WANG S J, FANG C L, MA H T, et al. Spatial differences and multimechanism of carbon footprint based on GWR model in provincial China [J]. Journal of geographical sciences, 2014b, 24 (4): 804-822.

[75] WANG S J, FANG C L, GUAN X L, et al. Urbanization, energy consumption, and carbon dioxide emissions in China: a panel data analysis of China's provinces [J]. Applied energy, 2014a, 136: 738-749.

[76] WANG S J, FANG C L, WANG Y, et al. Quantifying the relationship between urban development intensity and carbon dioxide emissions using a panel data analysis [J]. Ecological indicators, 2015, 49: 121-131.

[77] WANG Z B, FANG C L, CHENG S W. Evolution of coordination degree of economic system and earlywarning in the Yangtze River Delta [J]. Journal of

geographical sciences, 2013, 23 (1): 147 -162.

[78] WANG Z H, YIN F C, ZHANG Y X, et al. An empirical research on the influencing factors of regional CO_2 emissions: evidence from Beijing city, China [J]. Applied energy, 2012, 100: 277 -284.

[79] WEI Y H D, YU D L, CHENG X J. Scale, agglomeration, and regional inequality in provincial China [J]. Tijdschrift voor economische en social geografie, 2011, 102 (4): 406 -425.

[80] WILLIAMSON J G. Regional inequality and the process of national development: a description of the patterns [J]. Economic development and cultural change, 1965, 13 (4): 43 -45.

[81] WORLD BANK. World bank development data [EB/OL]. 2010 - 03 - 24 [2014 -07 -01]. http: //data. worldbank. org/.

[82] WU L B, KANEKO S J, MATSUOKA S J. Driving forces behind the stagnancy of China's energy related CO_2 emissions from 1996 to 1999: the relative importance of structural change, intensity change and scale change [J]. Energy policy, 2005, 33 (3): 319 -335.

[83] YORK R, ROSE E A, DIETA T. STIRPAT, IPAT and ImPACT: analytic tools for unpacking the driving forces of environmental impacts [J]. Ecological economics, 2003, 46: 351 -365.

[84] ZAIM O, TASKIN F. Environmental efficiency in carbon dioxide emissions in the OECD: a nonparametric approach [J]. Journal of environmental management, 2000, 58 (2): 95 -107.

[85] ZHA D L, ZHOU D Q, ZHOU P. Driving forces of residential CO_2 emissions in urban and rural China: an index decomposition analysis [J]. Energy policy, 2010, 38: 3377 -3383.

[86] ZHA D L, ZHOU D Q. The inequality about provincial energy efficiency and its related CO_2 emission: decomposition based on kaya [J]. System engineering, 2007, 25 (11): 65 -71.

[87] ZHANG M, MU H L, NING Y D. Accounting for energy related CO_2 emission in China, 1991—2006 [J]. Energy policy, 2009, 37 (3): 1 -7.

[88] ZHANG X P, CHENG X M. Energy consumption, carbon emissions, and economic growth in China [J]. Ecological economics, 2009, 68: 2706 - 2712.

[89] ZHANG Y. Structural decomposition analysis of sources of decarbonizing economic development in China 1992—2006 [J]. Ecological economics, 2009, 68: 2399 -2405.

[90] ZHANG Z Q, QU J S, ZENG J A. Quantitative comparison and analysis on the assessment indicators of greenhouse gases emission [J]. Journal of geographical sciences, 2008, 18 (4): 387 -399.

[91] ZHANG Z X. Decoupling China's carbon emissions increase from economic growth: an economic analysis and policy implications [J]. World development, 2000, 28 (4): 739 -752.

[92] ZHOU P, ANG B W, POH K L. Measuring environmental performance under different environmental DEA technologies [J]. Energy economics, 2008, 30 (1): 1 -14.

[93] ZHOU P, ANG B W, POH K L. Slacksbased efficiency measures for modeling environmental performance [J]. Ecological economics, 2006, 60 (1): 111 -118.

[94] ZHU Q, PENG X Z. The impacts of population change on carbon emissions in China during 1978—2008 [J]. Environmental impact assessment review, 2012, 36: 1 -8.

[95] ZOFIO J L, PRIETO A M. Environmental efficiency and regulatory standards: the case of CO_2 emissions from OECD industries [J]. Resource and energy economics, 2001, 23 (1): 63 -83.

[96] 蔡博峰，于嵘. 景观生态学中的尺度分析方法 [J]. 生态学报，2008，28 (5): 2279 -2287.

[97] 陈培阳，朱喜钢. 基于不同尺度的中国区域经济差异 [J]. 地理学报，2012，61 (8): 1085 -1079.

[98] 陈彦光，刘继生. 城市土地利用结构和形态的定量描述：从信息熵到分数维 [J]. 地理研究，2001，20 (2): 146 -152.

[99] 陈卓咏. 最优城市规模理论与实证研究评述 [J]. 国际城市规划，2008，23 (6): 76 -80.

[100] 程叶青，王哲野，张守志，等. 中国能源消费碳排放强度及其影响因素的空间计量 [J]. 地理学报，2013，68 (10): 1418 -1431.

[101] 戴钰，刘亦文. 中国城市化发展、能源消费与碳排放的实证研究 [J]. 经济数学，2013 (1) : 54 -59.

[102] 杜官印，蔡运龙，李双成. 1997—2007 年中国分省化石能源碳排放强度变化趋势分析 [J]. 地理与地理信息科学，2010，26 (5): 76 -81.

[103] 樊杰，李平星. 基于城市化的中国能源消费前景分析及对碳排放的相关思考 [J]. 地球科学进展，2011，26 (1): 57 -65.

[104] 范英，张晓兵，朱磊. 基于多目标规划的中国二氧化碳减排的宏观经济成本估计 [J]. 气候变化研究进展，2010，6 (2): 130 -135.

[105] 方创琳，刘晓丽，蔺雪芹. 中国城市化发展阶段的修正及规律性分析[J]. 干旱区地理，2008，31（4）：512－523.

[106] 方创琳，祁巍锋，宋吉涛. 中国城市群紧凑度的综合测度分析［J］. 地理学报，2008，63（10）：1011－1021.

[107] 方创琳，关兴良. 中国城市群投入产出效率的综合测度与空间分异［J］. 地理学报，2011，66（8）：1011－1022.

[108] 方创琳. 中国城市群研究取得的重要进展与未来发展方向［J］. 地理学报，2014，69（8）：1130－1144.

[109] 方创琳. 中国快速城市化过程中的资源环境保障问题与对策建议［J］. 中国科学院院刊，2009，24（5）：468－474.

[110] 方创琳. 中国城市化进程及资源环境保障报告［M］. 北京：科学出版社，2009.

[111] 冯相昭，邹骥. 中国 CO_2 排放趋势的经济分析［J］. 中国人口·资源与环境，2008，18（3）：43－47.

[112] 高鹏飞，陈文颖，何建坤. 中国的二氧化碳边际减排成本［J］. 清华大学学报（自然科学版），2004，44（9）：1192－1195.

[113] 高树婷，张慧琴，杨礼荣，等. 我国温室气体排放量估测初探［J］. 环境科学研究，1994，7（6）：56－59.

[114] 龚建周，夏北成，李楠. 广州市土地覆被格局异质性的尺度与等级特征［J］. 地理学报，2006，61（8）：873－881.

[115] 关海玲，陈建成，曹文. 碳排放与城市化关系的实证［J］. 中国人口·资源与环境，2013（4）：111－116.

[116] 国家气候变化对策协调小组办公室，国家发展和改革委员会能源研究所. 中国温室气体清单研究［M］. 北京：中国环境科学出版社，2007.

[117] 国家统计课题组. 我国城镇化战略研究［J］. 经济研究参考，2002（35）：7－12.

[118] 国涓，刘长信，孙平. 中国工业部门的碳排放：影响因素及减排潜力［J］. 资源科学，2011，33（9）：1630－1640.

[119] 何介南，康文星. 湖南省化石燃料和工业过程碳排放的估算［J］. 中南林业科技大学学报，2008，28（5）：52－58.

[120] 柯善咨，向娟. 1996—2009 年中国城市固定资本存量估算［J］. 统计研究，2012，29（7）：19－24.

[121] 何小钢，张耀辉. 中国工业碳排放影响因素与 CKC 重组效应［J］. 中国工业经济，2012（1）：26－35.

[122] 黄金川，方创琳. 城市化与生态环境交互耦合机制与规律性分析［J］. 地理研究，2003，22（2）：211－220.

[123] 霍金炜，杨德刚，唐宏. 新疆碳排放影响因素分析与政策建议［J］. 地理科学进展，2012，31（4）：435－441.

[124] 黄永斌，董锁成，白永平，等. 中国地级以上城市紧凑度时空演变特征研究［J］. 地理科学，2014，34（5）：531－538.

[125] 雷 Wen，查尔斯 A Lin. 全球气候变化及其影响［J］. 水科学进展，2003，14（5）：667－674.

[126] 李健，周慧. 中国碳排放强度与产业结构的关联分析［J］. 中国人口·资源与环境，2012，22（1）：7－14.

[127] 李小平，卢现祥. 国际贸易、污染产业转移和中国工业CO_2排放［J］. 经济研究，2010（1）.

[128] 李志鹏. 基于系统动力学的城市交通能源消耗与碳排放预测：以天津市为例［D］. 天津：天津大学，2011.

[129] 李子奈，潘文卿. 计量经济学［M］. 北京：高等教育出版社，2010.

[130] 刘广为，赵涛. 中国碳排放强度影响因素的动态效应分析［J］. 资源科学，2012，34（11）：2106－2114.

[131] 刘红光，刘卫东. 中国工业燃烧能源导致碳排放的因素分解［J］. 地理科学进展，2009，28（2）：285－292.

[132] 刘明磊，朱磊，范英. 我国省级碳排放绩效评价及边际减排成本估计：基于非参数距离的方法［J］. 中国软科学，2011，3：106－114.

[133] 刘强，庄幸. 中国出口贸易中的载能量及碳排放量分析［J］. 中国工业经济，2008（8）：46－55.

[134] 刘亦文. 能源消费、碳排放与经济增长的可计算一般均衡分析［D］. 长沙：湖南大学，2013.

[135] 刘志林，秦波. 城市形态与低碳城市：研究进展与规划策略［J］. 国际城市规划，2013，28（2）：4－11.

[136] 刘竹，耿涌，薛冰，等. 城市能源消费碳排放核算方法［J］. 资源科学，2011，33（7）：1325－1330.

[137] 潘家华，张丽峰. 我国碳生产率区域差异性研究［J］. 中国工业经济，2011，5：47－57.

[138] 蒲英霞，葛莹，马荣华，等. 基于ESDA的区域经济空间差异分析：以江苏省为例［J］. 地理研究，2005，24（6）：965－974.

[139] 秦波，刘志林. 城市形态与低碳城市［J］. 国际城市规划，2013，28（2）：1－3.

[140] 石敏俊，王妍，张卓颖，等. 中国各省区碳足迹与碳排放空间转移［J］. 地理学报，2012，67（10）：1327－1338.

[141] 孙昌龙，靳诺，张小雷，等. 城市化不同演化阶段对碳排放的影响差异

[J]. 地理科学，2013，33（3）：266－272.

[142] 孙建卫，陈志刚，赵荣钦，等. 基于投入产出分析的中国碳排放足迹研究[J]. 中国人口·资源与环境，2010，20（5）：28－34.

[143] 唐志鹏，刘卫东，刘红光，等. 基于投入产出技术的中国部门生产链平均能耗[J]. 地理科学进展，2009，28（6）：919－925.

[144] 田立新，张蓓蓓. 中国碳排放变动的因素分解分析[J]. 中国人口·资源与环境，2011，21（11）：17.

[145] 汪刚，冯霄. 基于能量集成的 CO_2 减排量的确定[J]. 化工进展，2006，25（12）：1467－1470.

[146] 王冰妍，陈长虹，黄成，等. 低碳发展下的大气污染物和 CO_2 排放情景分析[J]. 能源研究与信息，2004，20（3）：137－145.

[147] 王群伟，周鹏，周德群. 我国二氧化碳排放绩效的动态变化、区域差异及影响因素[J]. 中国工业经济，2010，262：45－54.

[148] 王伟林，黄贤金. 区域碳排放强度变化的因素分解模型及实证分析——以江苏省为例[J]. 生态经济，2008（12）：32－35.

[149] 王铮，朱永彬. 我国各省区碳排放状况及减排对策研究[J]. 中国科学院院刊，2008，23（2）：109－115.

[150] 王中英，王礼茂. 中国经济增长对碳排放的影响分析[J]. 安全与环境学报，2006，6（5）：88－91.

[151] 韦保仁. 中国能源需求与二氧化碳排放的情景分析[M]. 北京：中国环境科学出版社，2007.

[152] 魏巍贤，杨芳. 技术进步对中国二氧化碳排放的影响[J]. 统计研究，2010，27（7）：36－44.

[153] 魏一鸣，刘兰翠，范英，等. 中国能源报告2008：碳排放研究[M]. 北京：科学出版社，2008.

[154] 邬建国. 景观生态学：格局、过程、尺度与等级[M]. 北京：高等教育出版社，2007.

[155] 吴健生，刘浩，彭建，等. 中国城市体系等级结构及其空间格局——基于DMSP/OSL夜间灯光数据的实证[J]. 地理学报，2014a，69（6）：759－770.

[156] 吴健生，牛妍，彭建，等. 基于DMSP/OLS夜间灯光数据的1995—2009中国地级市能源消费动态[J]. 地理研究，2014b，33（4）：625－634.

[157] 武红，谷树忠，关兴良，等. 中国化石能源消费碳排放与经济增长关系研究[J]. 自然资源学报，2013，28（3）：381－390.

[158] 徐国泉，刘则渊，姜照华. 中国碳排放的因素分解模型及实证分析：1995—2004[J]. 中国人口·资源与环境，2006，16（6）：158－161.

[159] 燕华，郭运功，林逢春. 基于 STIRPAT 模型分析 CO_2 控制下上海城市发展模式 [J]. 地理学报，2010，65 (8)：983 - 990.

[160] 张雷. 经济发展对碳排放的影响 [J]. 地理学报，2003，58 (7)：629 - 637.

[161] 张征华，彭迪云. 中国二氧化碳排放影响因素实证研究综述 [J]. 生态经济，2013 (6)：50 - 54.

[162] 赵荣钦，黄贤金，彭补拙. 南京城市系统碳循环与碳平衡分析 [J]. 地理学报，2012，67 (6)：758 - 770.

[163] 赵荣钦，黄贤金，钟太洋. 中国不同产业空间的碳排放强度与碳足迹分析 [J]. 地理学报，2010，65 (9)：1048 - 1057.

[164] 赵雲泰，黄贤金，钟太洋，等. 1999—2007 年中国能源消费碳排放强度空间演变特征 [J]. 环境科学，2011，32 (11)：3145 - 3152.

[165] 中华人民共和国国家统计局. 中国统计年鉴 (2012 年) [M]. 北京：中国统计出版社，2012.

[166] 仲云云，仲伟周. 中国区域全要素碳排放绩效及影响因素研究 [J]. 商业经济与管理，2012 (1)：85 - 96.